VOYAGE AGRICOLE

EN PRUSSE

HOLLANDE, BELGIQUE

ET

DANS PLUSIEURS PARTIES DE LA FRANCE

PAR

LE COMTE CONRAD DE GOURCY

PARIS

BOUCHARD-HUZARD   E. LACROIX
5, rue de l'Éperon.   15, quai Malaquais

J. LOUVIER
23, quai des Grands-Augustins

1863

VOYAGE AGRICOLE

ANGERS, IMPRIMERIE DE COSNIER ET LACHÈSE.

VOYAGE AGRICOLE

EN PRUSSE

HOLLANDE, BELGIQUE

ET

DANS PLUSIEURS PARTIES DE LA FRANCE

PAR

LE COMTE CONRAD DE GOURCY.

PARIS

<table>
<tr><td>Mme Ve BOUCHARD-HUZARD.
5, rue de l'Eperon.</td><td>E. LACROIX
15, quai Malaquais.</td></tr>
</table>

J. LOUVIER
23, quai des Grands-Augustins.

1863.

VOYAGE AGRICOLE

Je suis parti le 2 mai 1858 de Paris pour Beaugency;
je n'ai remarqué, dans ce trajet d'environ cent quarante-cinq kilomètres, que huit à dix petits champs de
colza; mais, après avoir traversé la Loire et en suivant
la route de Romorantin, pour me rendre à la ferme
de Hupemeau, à douze kilomètres de Beaugency, j'ai
aperçu un grand nombre de champs de cette plante
oléagineuse, parmi lesquels il s'en trouvait de fort
beaux. M. Ménard était chez lui, et il me fit voir
douze hectares de très-beaux colzas venus sur des
bruyères de Sologne récemment défrichées; ils donneront une trentaine d'hectolitres par hectare, grâce à une
haie de jeunes pins qui entourent une étendue de
quatre-vingt dix hectares. M. Ménard a été forcé
d'établir cette haie pour mettre ses récoltes à l'abri
d'une immense quantité de lapins et de lièvres, qui l'an
dernier encore n'ont pas laissé plus de deux hectolitres de colza par hectare; ils ont ravagé également
ses prairies artificielles et ses céréales.

M. Ménard a dépensé plus de 6,000 francs pour former cette immense haie, dont l'entretien lui coûtera près de 1,000 francs par an ; un homme est continuellement obligé d'en visiter tout le pourtour, afin de reboucher les trous commencés pendant la nuit par ces terribles rongeurs. Il a drainé une dizaine d'hectares avec des tuyaux, mais il a trouvé que la dépense était trop forte pour un fermier ; il a donc drainé depuis lors une trentaine d'hectares, en se contentant de garnir le fond des rigoles avec des jeunes pins maritimes formant des fagots de trois mètres de longueur ; ils coûtent de façon 3 francs le cent ; le bois employé peut valoir 7 francs par cent de ces fagots.

Les rigoles ont un mètre de profondeur et lui reviennent de 13 à 15 centimes le mètre courant ; il les met à trente mètres les unes des autres ; on couvre les fagots de bruyères, avant de reboucher les rigoles. M. Ménard dit que, si ses terres ne sont pas suffisamment bien assainies, il fera faire plus tard une rigole entre deux. Il fait border tous ses chemins de fossés très-évasés, afin d'éviter, autant que possible, l'éboulement des bords, le terrain étant très sablonneux ; il fait enlever ensuite la terre des bords des fossés sur une largeur de quarante centimètres et sur moitié de profondeur ; cela facilite l'écoulement de l'eau, et cette terre ainsi que celle sortie du fossé, sert à niveler les champs ou à les recharger. Les prés qu'il a créés dans sa ferme, couvrent déjà une étendue de quarante hectares ; comme il en purine tous les ans la moitié, il y récolte de trois à quatre mille kilos de foin.

M. Ménard se trouve très-bien de ses triangles formés avec des jeunes pins âgés de douze à quinze ans, pour sécher ses foins, surtout ceux des prairies artificielles, et il en augmente tous les ans le nombre. M. Ménard m'ayant conduit dans sa grande étable qu'il a rendue des plus commodes, m'a montré une petite vache castrée depuis quatre ans qui donne encore quatre

litres de lait ; mais il y a peu de ces bêtes qui conservent plus d'un an après la castration leur lait en
quantité suffisante pour payer leur nourriture et donner
un bénéfice convenable. Comme il éprouve de grandes
difficultés dans la fabrication de ses excellents petits
fromages, pendant les chaleurs de l'été, M. Ménard s'est
décidé récemment à changer sa manière d'agir ; il
achète maintenant des vaches devant vêler vers la fin
de juin, ou le commencement de juillet ; il peut
ainsi les faire castrer vers la fin de septembre, par M.
Charlier, elles lui produiront du lait pendant six ou
sept mois, et seront ensuite taries et engraissées. Il
compte en avoir assez pour obtenir, en moyenne,
quatre cents litres de lait par vingt-quatre heures, pendant la saison d'automne et celle d'hiver. Cette quantité
de lait produit de deux cent cinquante à deux cent
soixante petits fromages, vendus 50 francs le cent ; on
lui en demande bien plus qu'il n'en peut faire. L'année
qui vient de se terminer, a été bien moins favorable
pour lui que les années précédentes ; ses fromages ne
lui ont donné que quatorze mille francs brut au lieu de
dix-sept à dix-huit mille.

M. Ménard nourrit ses vaches à lait comme celles
qu'il engraisse ; elles reçoivent une nourriture composée suivant la saison, de fourrage vert ou sec, qui
passe par le hache-paille. Le fourrage sec est arrosé
avec de l'eau bouillante dans laquelle on a fait dissoudre deux kilos de tourteaux de colzas et un kilo de
farine dont moitié seigle et moitié orge ; le tout est
entassé, pour arriver à la fermentation vineuse.

J'ai été enchanté des résultats de la culture des
quatre journaliers, pour la famille desquels il a construit autant de maisons commodes. Elles contiennent
chacune une étable pour deux vaches, un élève et des
cochons ; ces maisons lui ont coûté 2,000 francs l'une ;
elles sont couvertes en ardoises et ont bonne mine. Il

y a ajouté un hectare de bruyères par habitation et les loue 120 francs. Les braves gens qui les occupent fauchent, fanent, et soignent un pré pour la moitié du foin qu'il produit, ce qui leur permet de nourrir leurs bêtes ; ils n'ont point de volailles qui abîmeraient leurs jardins et leurs récoltes.

Ils ont chacun un trou fait en terre, que le sous-sol argileux rend imperméable, et qui leur sert de citerne à purin. Ce trou reçoit les eaux de ménage et sert aussi de commodités ; il est entouré de paillassons pour ne pas offenser la pudeur ; ils ont scié un petit tonneau en deux, ce qui forme deux cuvettes, dont l'une, posée sur une brouette, leur sert à porter ce liquide très fertilisant, dans le jardin et le champ qui se trouvent derrière la maison. Ils répandent le liquide à la pelle, comme cela se pratique dans les Flandres, en Suisse, et dans d'autres pays ; leurs récoltes sont aussi belles que celles de leur patron, et c'est tout dire. Ces braves gens prospèrent depuis que M. Ménard s'est enclos et garanti contre les lapins et les lièvres. Il avait tracé un cercle autour duquel il comptait construire huit maisons pareilles ; mais, comme il est en procès avec son propriétaire, par suite des dévastations causées par le gibier existant en immense quantité sur cette très grande terre, M. Ménard n'a pas pu terminer son charmant hameau. Il lui serait pourtant bien utile, car les villages les plus rapprochés sont à plus de quatre kilomètres de la ferme.

Il trouve que les cendres lessivées, payées 1 franc 50 l'hectolitre, rendues chez lui, sont l'engrais acheté qui lui est le plus profitable. Voici l'assolement qu'il a adopté : première sole fumée à quatre-vingt mille kilos, semée en racines, colzas, haricots, pois et sorgho de Chine ; deuxième sole, froment ; troisième sole, trèfle sur une moitié, vesces sur l'autre ; celles-ci sont suivies par des navets, qui reçoivent des cendres ou deux cents

kilos de guano ; quatrième sole, après trèfle, froment
et orge, après navets ; cette sole reçoit cent cinquante
kilos de guano, et produit autant que la seconde. Il fait
du méteil au lieu de froment dans ses plus mauvaises
terres et obtient ainsi plus d'hectolitres. Il m'a dit
que le trieur Pernolet séparait fort bien le seigle du
froment.

M. Ménard a fait défoncer, l'an dernier, à cinquante
centimètres de profondeur, quatre-vingts ares de terre
drainée ; elles ont produit mille kilos de betteraves par
are ; il a défoncé encore cette année, mais sur une plus
grande échelle. Il a imaginé de former avec de jeunes
pins, de grands leviers armés par leur gros bout d'un
fort crochet de fer, qui sert à entourer les souches des
pins âgés de dix-sept à dix-huit ans, qu'il a fait couper
à un mètre de terre ; trois hommes les arrachent au
moyen de ce levier.

M. Ménard fait faire avec ces souches de pins des tas
de bois ayant huit pieds de longueur, quatre pieds de
largeur et autant de hauteur ; il les vend douze francs.
Il assure que des semis de pins des landes auront
produit, si on les arrache âgés de quarante ans, au
moins mille francs par hectare. Il dit aussi qu'une
excellente manière de tirer un bon parti des bruyères
de Sologne, qui ne sont pas trop éloignées du vignoble
ni très humides, serait de les cultiver, pendant cinq
ans, avec du noir animal, en leur faisant produire,
alternativement, colza et céréales d'hiver ; on sèmerait
ensuite des pins maritimes ou des pins sylvestres,
qu'on arracherait au bout de dix ou douze ans, pour en
faire des échalas et de mauvais fagots. On reproduirait
alors la culture pendant cinq ans pour recommencer le
semis de pins ; les aiguilles de pins fertilisent la terre,
de manière à produire après défrichement une belle
récolte de seigle sans engrais : soixante hectolitres de
cendres lessivées forment, assure-t-il, une excellente et

durable fumure pour ces terres froides, mais non pas pour des terres calcaires.

Etant arrivés à Blois vers neuf heures, nous avons été, M. Minangoin, l'habile directeur de la culture de la colonie de Mettray, et moi, chez M. Adolphe Salvat au château de Nozieu ; on y faisait les essais des instruments d'agriculture du concours régional de Blois ; mais la terre étant trop humide, les essais ne furent pas très-concluants ni très-intéressants. Nous avons visité la très-remarquable vacherie de M. Salvat ; elle est garnie de vingt-quatre vaches et génisses, celles-ci âgées de plus d'un an, et de trois taureaux, dont un de trois ans pèse 1,100 kilogr. ; un autre de deux ans pèse 900 kilogr. Il y avait en outre quatre veaux mâles, dont deux nouvellement nés ; les autres avaient de six à huit mois ; tous ces animaux sont de pur sang durham. Une des vaches qui a vêlé récemment donne vingt-quatre litres de lait par jour ; plusieurs de celles que j'ai pu examiner étaient fort bien écussonnées.

Les froments et avoines de M. Salvat sont semés en lignes de 0 m. 20 de distance et sont très-beaux. Il fait des chanvres à moitié avec les vignerons du voisinage ; ces gens bêchent la terre, répandent 600 kilogr. de guano que M. Salvat avance, et qu'ils enterrent au rateau, sèment le chénevis, arrachent le chanvre et le mettent en bottes qu'ils partagent en deux lots à tirer au sort. Ces gens remboursent la moitié du prix du guano, et cet engrais produit encore l'année suivante une belle récolte de froment pour M. Salvat.

Le trèfle incarnat n'est pas encore en fleurs ; il est déjà très-long.

Je ne parlerai pas du beau concours régional de Blois ; tous les amis de l'agriculture en ont lu de bonnes descriptions dans le Journal pratique. C'est M. Ménard qui a remporté la prime d'honneur ; il avait pour concurrents M. Adolphe Salvat, M. Duquesnoy, de la

Quézardière près Saint-Aignan, M. le comte d'Espinay-Saint-Luc de Montgiron près Romorantin, et M. Leroux au Lio, aussi près Romorantin. Ces quatre cultivateurs que j'ai visités bien souvent, auraient, je pense, remporté la prime d'honneur dans bien des départements où les bons cultivateurs sont moins nombreux que dans celui de Loir-et-Cher.

Nous nous sommes rendus, MM. de Vogué, de Lavergne de Saint-Morice et moi, chez le marquis de Vibray au château de Cheverny, à 12 kilom. de Blois. M. de Vibray, chez qui nous avons trouvé le duc de Maillé, nous fit voir, avant le déjeuner, l'intérieur de son magnifique château ; il l'a restauré aux trois quarts et rétabli comme il était en 1634, lorsque le fils du chancelier de Cheverny eut terminé sa construction. Nous avons visité ensuite son parc rempli de beaux arbres ; le marquis est, je pense, le sylviculteur le plus remarquable ; il a planté ou semé, quoique jeune encore, plus de mille hectares en bois, dont vingt en pins noirs d'Autriche et réuni chez lui plus de cent-trente variétés d'arbres résineux de pleine terre ; il nous a fait remarquer le *Sesquoia gigantea*, et le *Cupressus gigantea*, deux arbres qui arrivent à plus de cent mètres de hauteur et dont il fait un grand nombre de boutures qui prospèrent ; nous avons aussi admiré beaucoup d'autres arbres encore assez rares, dont quelques-uns déjà fort grands, tels que les Deodora, les Pinsapo, les Criptomeria japonica, et bien d'autres, qu'il serait trop long d'énumérer. M. de Vibray nous mena ensuite dans une partie du parc à l'abri des inondations de la rivière, car elles lui ont enlevé déjà les résultats de plusieurs années de ses travaux en pisciculture, travaux entrepris sur une assez grande échelle. Il nous a conduits après cela dans une ferme ayant une centaine d'hectares d'étendue en terre de Sologne ; il en a entrepris, il y a un an, l'amélioration et la culture ; il en a déjà drainé soixante hectares, et marné quarante ; la marnière se trouve sur la ferme ; nous avons admiré une vingtaine d'hectares de froments, autant de belles vesces d'hiver, et une jeune luzerne venant bien. Le marquis a des brebis de Sologne auxquelles il donnera des béliers south-down ; sa vacherie se compose jusqu'à cette heure de vaches du pays et de quelques bêtes normandes ; il a l'intention d'en faire venir de Hollande.

Il a desséché des étangs et fait avec leur vase accumulée et des terres tourbeuses, d'énormes tas de composts mêlés de marne et de chaux. Il a construit une tuilerie dans laquelle on fait d'excellents tuyaux de drainage, ce qui peut encore rendre de grands services aux propriétaires des environs. M. de Vibray nous a fait voir une petite sonde avec laquelle trois hommes lui ont déjà trouvé un certain nombre de sources, dont quelques-unes viennent de sept mètres de profondeur ; il compte les employer à des irrigations avec l'eau qui sort des rigoles de drainage.

J'ai visité le 9 mai M. Duquesnoy à la Quézardière, près de Saint-Aignan : ses récoltes de froments, avoines d'hiver, trèfle ordinaire et trèfle incarnat, vesces d'hiver mêlées à de l'orge, de l'avoine d'hiver, du seigle sont fort belles. Ses froments anglais sont très-productifs et donnent de très-belle farine qui fait d'excellent pain. Il sème ses froments en lignes et les fait sarcler à la main ; cela lui économise au moins le tiers de semence et empêche, lorsque les années sont pluvieuses, les céréales de verser. Il cultive, comme récoltes sarclées, des pommes de terre, des betteraves, des carottes et de gros potirons qui sont plantés sur des trous ayant un mètre en carré et quarante centimètres de profondeur et qu'on remplit de fumier de cochon ; les potirons sont énormes. Il a remarqué que, lorsque les insectes pullulent dans un carré de jardin, on les détruit, ou on les éloigne en arrosant cet espace avec de l'urine de cochon. M. Duquesnoy distille des pommes de terre ou du seigle depuis 1828 et emploie les résidus tout bouillants à arroser les fourrages hachés déposés dans des citernes où ils fermentent suffisamment. Il met de la marne et de la bruyère sous les bestiaux. Il a irrigué une partie de ses prés.

Il m'a dit qu'il avait beaucoup de charbon dans ses champs d'orge et d'orge d'hiver et qu'il s'en est débarrassé en chaulant la semence comme on le fait pour le froment.

J'ai passé quelques jours chez mon frère, au château de la Basme près de Contre (Loir-et-Cher). Deux de ses métayers, qui sont venus de Belgique très-jeunes avec leur père, ont des froments, des colzas et des prairies artificielles aussi beaux au moins que ce que j'ai vu en ce genre depuis Paris, et cela sur des terres qui ont coûté moins de 400 fr. il y a trente ans.

Je suis persuadé que ce que peuvent faire de mieux les propriétaires des parties de la France où la culture est très-arriérée, serait d'aller chercher en Belgique de braves familles de fermiers ayant beaucoup d'enfants en âge de travailler ; ils les mettraient dans leurs fermes à moitié, en ne leur donnant que trente à quarante hectares, au plus ; ils leur fourniraient le nombre d'animaux suffisant pour consommer la nourriture qu'ils pourraient récolter ; il faudrait leur acheter du tourteau de colza, dont les métayers paieraient la moitié, comme aussi pour le guano et pour le noir animal ; s'il y avait des bruyères à défricher, ils leur achèteraient suffisamment de ces engrais, pour les ajouter aux fumiers de la métairie, et les mettre en position de faire de bonnes récoltes qui les encourageraient à faire mieux encore.

Lorsque ces gens arriveraient dans des métairies sortant des mains de mauvais cultivateurs, ils ne trouveraient que très-peu de foin dans les greniers ; il faudrait leur fournir un bon hache-paille, avec lequel ils cou-

peraient les pailles de la ferme, qu'ils arroseraient avec
de l'eau bouillante, dans laquelle on aurait fait dissoudre 2 kilogr. de tourteaux de colza par tête de vache ou
de bœuf ; ces bêtes prospéreraient ainsi nourries sans
qu'on ait besoin d'acheter du foin, et fourniraient de
bon fumier. On remplacera la paille pour litière par des
bruyères s'il y en a à portée, ou par de la tourbe desséchée, par de l'argile calcinée par écobuage, par de
la marne ou enfin du sable si tout le reste manque : le
bétail ne sortant pas de l'étable ferait beaucoup de bon
fumier, et de bonnes familles de cultivateurs belges
ayant un nombre suffisant de bras, doubleraient en peu
d'années le revenu des métairies, diminuées de moitié
en étendue, quand bien même ces familles n'auraient
pas d'autres ressources que leur mobilier de maison ;
ils s'acquitteraient peu à peu, des avances qu'on aurait
été obligé de leur faire pour leur nourriture, avant qu'ils
n'aient récolté, ainsi que pour les semences et pour les
instruments aratoires.

Je connais diverses familles belges arrivées ainsi dans
des fermes du centre de la France ; entr'autres deux qui
sont dans la terre de la Ferté-Reuilly, près la station
de Reuilly, entre Vierzon et Issoudun (chemin de fer
d'Orléans à Limoges) ; ces braves gens ont doublé le
revenu du propriétaire et sont fort à leur aise ; ils cultivent aussi bien qu'on le fait dans leur pays, et servent
jusqu'à un certain point d'exemple aux métayers, leurs
voisins.

Je me suis arrêté le 11 mai à Langeais, la troisième
station du chemin de fer de Tours à Nantes ; j'ai pris le
lendemain matin un cabriolet qui m'a conduit à la
Briche, terre d'environ mille hectares, que M. Cail,
grand fabricant de machines à vapeur de Paris, a entrepris de cultiver depuis un an. M. et Mme Cail s'y
trouvaient pour une couple de jours.

Ils ont acheté depuis quatorze ans cette terre presque

totalement en friche, à part soixante-cinq hectares en culture, et une quarantaine d'hectares en prés, établis dans les meilleures parties de plusieurs grands étangs desséchés. Une première acquisition de cinq cents hectares avait été payée 296,000 fr. Ce que M. Cail a ajouté depuis, venant de divers propriétaires, lui a coûté 1,000 fr. par hectare pour les excellents fonds d'étangs calcaires, de 5 à 600 fr. pour les terres en culture ou en bois, lesquelles se trouvaient de bonne qualité, et enfin pour les terres en friche ou en bruyères 300 fr. Il s'y trouvait un grand nombre de fermes et locatures nouvelles et assez bien bâties, mais point d'habitation pour le propriétaire, seulement une maison de régisseur. M. Cail espère pouvoir encore réunir à ce qu'il a déjà, environ deux cents hectares ; il désire cultiver neuf cents hectares et avoir une centaine d'hectares en bois.

Il a déjà fait arracher vingt-deux mille pieds de peupliers, et il en reste encore à peu près six mille à arracher ; il ne veut voir sur sa propriété, qu'il dit devoir être de produit et nullement d'agrément, ni une seule haie, ni un seul arbre qui nuisent en effet bien plus aux récoltes qu'ils ne valent. C'est seulement dans le voisinage des ports de mer ayant de fréquentes communications avec les côtes anglaises, que les arbres par leurs fruits peuvent être d'un bon rapport, malgré le tort qu'ils font aux cultures.

M. Cail a transformé une énorme grange qu'il a trouvée dans sa ferme principale, en une très-belle étable logeant quatre rangs de bêtes. Les animaux se font face, laissant entre les mangeoires un corridor et un petit chemin de fer sur lequel roulent des wagons, sur lesquels on amène la nourriture fermentée qu'on distribue à droite et à gauche ; lorsque ces wagons sortent de l'étable pour aller chercher une autre charge de nourriture, ils trouvent une plate-forme qui les porte sur la

voie ferrée conduisant au bâtiment où est la distillerie ;
à côté existe une pièce où l'on prépare les aliments destinés aux bêtes à cornes ; le hache-paille est placé au-
dessus, ainsi que le brise-tourteaux et un moulin pour
réduire en farine les grains destinés au bétail ; on laisse
tomber de l'étage supérieur le fourrage coupé, la farine
ou les tourteaux pulvérisés, pour les arroser avec les résidus de distillation, et les déposer dans des boxes où
s'opère la fermentation. On ferme les boxes ou robinets
au moyen de planches superposées, au fur et à mesure
qu'elles se remplissent.

Cent-vingt hectares portent cette année du froment ; on sème en ce moment une égale étendue en
betteraves qui reçoivent du fumier avec 100 kilog. de
guano ; à défaut de fumier à employer, on met 300 kil.
de guano , mais je crois qu'il en faudrait le double pour
être certain d'obtenir une bonne récolte de ces racines.
On ne compte pas fumer pour le froment qui suivra les
betteraves, ni donner 200 kilos de guano aux terres
non fumées qui doivent produire du blé ; mais je le ré-
pète, on se repentira d'être trop économe de guano ;
pour cultiver avec profit, il faut fortement fumer, surtout les plantes qui ne craignent pas de verser. M. Cail
va construire en trois ans assez d'étables pour loger
mille grosses bêtes, y compris les étables qui existent
déjà dans les anciennes fermes.

J'ai vu de beaux champs de froments et de vesces
d'hiver ; mais j'en ai vu aussi laissant beaucoup à désirer et cela dans de bonnes terres calcaires ; cela provenait de la trop grande économie de guano : la terre
n'est jamais ingrate pour ceux qui la fument suffisamment. Les étables ne contiennent encore que cent-vingt
bœufs de travail, dix vaches à lait et un certain nombre
de chevaux ; il n'y a pas de troupeau de bêtes à laine.
La plus grande partie des terres a besoin d'être drainée ;
on s'en occupe ainsi que de creuser un canal qui em-

mènera les eaux, car la plaine n'a pas beaucoup de pente.

Je me suis rendu de la Briche au charmant château de Montchemin à trois kilomètres de Corméry, ville située à vingt-quatre kilomètres de Tours sur la route de Loches. M. Allibert, habitant de Paris, a acheté cette terre il y a cinq ou six ans et y construit une très-jolie habitation dans une position délicieuse. Il a logé madame sa mère, sa sœur et son beau-frère dans l'ancienne habitation qui est aussi très-bien située. M. Allibert a construit de très-beaux bâtiments d'exploitation qui remplacent et complètent ceux de la ferme qui n'étaient ni en bon état, ni commodes.

Il cultive une centaine d'hectares dont une partie était en taillis devenus très clair-semés par le pâturage et qu'il a défrichés. Le fond de la propriété est bon, mais le sous-sol était garni de grosses pierres qu'il fait extraire de manière à pouvoir labourer à une profondeur convenable. Aussi a-t-il maintenant de fort belles récoltes; les froments sont si longs et si épais, qu'on pourrait craindre qu'ils ne vinssent à verser, si l'année était humide; les avoines d'hiver sont bonnes, ainsi que les colzas, vesces et trèfles; huit hectares ont été semés en betteraves sur billons. Il a de bonnes vignes et des prés bien garnis d'herbe, de la pierre à chaux et d'excellente marne en abondance. Les chevaux, les bœufs de labour et les vaches sont en fort bon état. On laisse le fumier pendant quinze jours ou un mois sous le bétail, en ayant soin de le tenir toujours dans une position horizontale, de couvrir les parties humides avec de l'argile pulvérulente, et de mettre un peu de paille sur la terre; cela donne d'excellent fumier. Le troupeau n'est pas encore fort considérable (environ cent-cinquante bêtes, les agneaux compris); les brebis sont berrichonnes et du pays de Crevant près de la Châtre, dans le département de l'Indre; une partie des agneaux provient d'un bélier southdown, de la race du fameux éleveur Jonas Webb, qui en a vendu la souche il y a une dizaine d'années à M. Hutchison, propriétaire à Peterhead plus loin que la ville d'Aberdeen.

M. Hutchison habitant un pays où il n'y a que son troupeau, est obligé de vendre ses béliers bon marché, pour en trouver le débit. Un de mes amis, grand propriétaire écossais, me l'avait désigné comme très-délicat et méritant toute la confiance des cultivateurs qui voudraient avoir de bons béliers southdown, sans vouloir faire le voyage. Je l'ai indiqué à plusieurs de mes amis ou connaissances ; il les a déjà satisfaits plusieurs fois, en leur envoyant des béliers d'un an pour 150 et 200 francs la pièce ; il les embarque à Aberdeen pour Londres, d'où ils vont dans un des ports de France, en communication directe avec la capitale de l'Angleterre. Le port d'un bélier revient, suivant la distance à parcourir en France, de 40 à 50 francs.

Lorsqu'on veut de ces béliers, on l'écrit à M. Hutchison. Le premier choix est de 200 francs et le second de 150 francs, à l'âge d'un an ; s'il peut en livrer, on fait parvenir, avant l'expédition des béliers, au banquier de Londres qu'il désigne, la somme convenue, et on peut être sûr d'être bien servi.

Tout le bétail ne consomme ici que du fourrage passé par le hache-paille, que ce fourrage soit vert ou sec. On ajoute du tourteau ou des farines au fourrage sec. M. Allibert a de beaux cochons de race berkshire perfectionnée.

Ayant suivi les cours d'arboriculture de M. Dubreuil, il a planté des espaliers et de doubles lignes de poiriers à trente-trois centimètres de distance les uns des autres; il les pince, au lieu de les traiter d'après les anciennes méthodes de la taille des arbres.

M. Allibert est monté en bons instruments de la fabrique de M. Meixmoron-Dombasle; il a machine à battre, hache-paille, coupe-racines, rouleau Croskill, etc. Un

de ses voisins, propriétaire cultivateur, M. Révérend,
a fait la connaissance, il y a une dizaine d'années, de M.
Desloges, fermier venu de la plaine de Caen et maintenant fermier près Mantelan, pays où se trouvent des
dépôts de falun. M. Desloges a défriché une grande
étendue de bruyères, et cultive fort bien. M. Révérend
a suivi depuis lors ses conseils et les exemples de
bonne culture qu'il lui donne. Ses récoltes sont remarquables.

M. Allibert a eu la complaisance de me conduire à
Mettray où nous avons visité M. Minangoin. Il nous
a dit que la machine à battre de Ransome d'Ipswich
battait au moyen de sa locomobile à vapeur, cent
cinquante hectolitres de froment en douze heures.

A Mettray les froments, avoines d'hiver, les féverolles
semées en lignes et parfaitement sarclées, tout est très-
beau. Les prairies artificielles et les luzernes sur vingt
hectares sont fort belles ; celles-ci sont mélangées de
sainfoin, cette terre argilo-calcaire a très-peu de fond.
Il y a une grande étendue de betteraves, dont une
partie a été repiquée après avoir été élevée sur couche;
elles sont destinées à être distillées. Les vaches ne sont
plus belles, depuis qu'on n'élève plus à la suite de
la pleuropneumonie qui a décimé les étables de la
colonie.

M. Minangoin m'a conduit au château de l'Orphra-
hière, chez M. Manuel qui était encore à Paris. Nous
avons admiré les six béliers adultes de race southdown ;
il y en avait dix antenais, et quatre-vingts agneaux de
pure race ; les cent-vingt brebis étaient au loin, ce qui
nous a empêchés de les voir. Nous avons encore vu un
grand nombre d'agneaux croisés southdown. On nous a
conduit à la distillerie qui touche à une immense étable
à bœufs qui n'était pas à moitié pleine. La vacherie de
la ferme de la basse-cour contient beaucoup de bêtes
hollandaises, fribourgeoises, une vache schwitz, une

vache ayrshire, et quelques autres bêtes de diverses races. Une autre étable, partagée en grandes boxes, contient un taureau , 4 fort belles vaches et quelques élèves Durham de pur sang.

On nous a fait voir un grand nombre de cochons de race berkshire, newleicester, et des craonnais ; j'ai regretté d'y voir un énorme verrat de cette espèce, qui consomme beaucoup, et n'est pas précoce ; il fournit toujours de la viande chère, surtout si on la compare à celle des bonnes races anglaises. J'ai encore vu un énorme champ de colzas repiqués ; j'ai appris là, qu'on leur coupait la première tige près de terre, au moment où elle se forme ; cela force les plantes à taller et augmente, assure-t-on, de beaucoup, le produit de cette culture. Nous sommes ensuite allés chez M. Trousseau, élève de M. Pluchet, propriétaire cultivateur, fabricant de sucre et distillateur à Trappes ; M. Trousseau a voulu perfectionner ses connaissances en agriculture, en passant une année dans des fermes anglaises. Il est fils du célèbre docteur de ce nom. M. Trousseau a loué le joli château du Plessis avec quatre cents hectares de bonnes terres calcaires. Il a commencé par nous faire voir une étable contenant vingt-sept bêtes, dont douze produisent du lait , vendu à 13 centimes le litre, rendu à Tours ; ce qui lui rend maintenant 20 francs par jour , pour une production de cent cinquante-quatre litres ; cela fait en moyenne près de treize litres par bête en 24 heures. La vacherie contient deux très-belles bêtes croisées durham, de jolies normandes de moyenne taille, et des maucelles. M. Trousseau est désireux de se procurer un taureau durham de pur sang bien écussonné. Il vient d'acheter à 16 francs par tête, cent brebis de demi sang southdown et Berry. Son écurie contient 18 belles juments percheronnes et un étalon de même race assez bon. Il élève des chevaux de gros trait, de cette excellente race.

Les cochons de couleur blanche qu'il avait fait venir des environs de Newark , Angleterre, lui avaient coûté 250 francs la pièce ; ayant trouvé que les mères ne donnaient que peu de petits, il a troqué un de ses verrats contre un berkshire, et les truies provenant de ce croisement donnent maintenant des portées convenables, qu'elles nourrissent bien. Une femelle de ce croisement, destinée à la reproduction, pèse à l'âge de huit mois, cent quinze kilos ; quatre cochons de la même portée, vendus à un voisin, ayant été peu nourris, ne pèsent que quatre-vingt huit kilos chacun ; cela prouve combien il est avantageux de bien nourrir les animaux qu'on élève.

M. Trousseau a à son service un excellent forgeron qui a très-bien copié les charrues Howard , en les renforçant dans les parties où elles se brisaient souvent ; elles résistent maintenant, mais elles ont le grand inconvénient d'exiger l'emploi de trois bons chevaux , dans un terrain où une bonne araire n'en demanderait que deux ; celle-ci a coûté 50 à 60 fr. pendant que la Howard en coûte 130.

Il possède un rouleau Croskill de moyenne grosseur, un autre rouleau ordinaire en fonte ; un scarificateur Colman, très-bon instrument, un bon semoir de Smith, une machine à peler les chaumes de Bental, qui devient à volonté une très-énergique fouilleuse (elle demande trois chevaux), une machine à faner ; des rateaux à cheval. (M. Legendre de Saint-Jean-d'Angély les établit bien mieux que tous les autres ferblantiers et à meilleur compte). M. Trousseau a encore une machine à battre de Renaud et Lotz avec sa locomobile à vapeur ; elle bat en dix heures cent-cinquante hectolitres de froment, tandis que celle à manége de Duvoir n'en bat que vingt ; mais la paille sortant de cette dernière est plus facile à vendre que l'autre et, comme il n'est qu'à deux lieues de Tours, cette vente peut lui être avantageuse.

Il a un séparateur, deux hache-paille, un broyeur de tourteaux, une petite charrue indienne de Ransomes pour la culture des récoltes sarclées.

M. Trousseau achetait dans le commencement de sa culture beaucoup de fumier de cavalerie ; il y a renoncé et l'a remplacé par du guano.

Il a déjà drainé cent-quinze hectares ; son propriétaire, M. Maurice, s'est engagé à fournir les tuyaux ; mais ne voulant en fournir qu'une certaine quantité par an, cela eût retardé de bien des années cette immense amélioration. M. Trousseau a donc été forcé d'avancer les fonds nécessaires pour l'achat des tuyaux qui lui viennent d'Ancenis ; cela lui occasionne une perte d'intérêts. Son bail lui spécifie la manière dont il doit drainer, et le drainage lui revient à 200 fr. l'hectare. Comme les bâtiments ne suffisent pas au bétail qu'il tient, il a déjà été forcé de faire des contructions, et de transformer en partie en bergeries les bâtiments des fermes éloignées ; les rateliers de ces étables peuvent s'élever ou s'abaisser à volonté, lorsque c'est utile, en les fixant contre les poteaux au moyen de cales de bois enfoncées à coups de marteaux.

Il a trouvé le moyen d'empêcher les brebis pleines de se faire du mal lorsqu'elles passent par les portes ; il a d'abord établi des portes à deux battants ; il a ensuite remonté le seuil assez haut pour que les brebis ne puissent arriver à la porte que par une espèce de pont juste assez large pour qu'il n'y passe que le nombre convenable ; de cette manière elles ne sont pas serrées en passant. Les mangeoires fixées aux rateliers sont assez profondes pour contenir les fourrages hachés et éviter qu'ils ne tombent à terre et assez imperméables pour contenir l'eau qui y arrive en venant de tonneaux placés à une certaine hauteur. Il fait remplir ces tonneaux au moyen d'une pompe, lorsque le temps est trop mauvais pour faire sortir les brebis dans la cour. On a le soin de les tenir, pendant un quart d'heure au moins, sur une place de la cour garnie de litière ou de fumier afin qu'elles aient le temps de se vider, au lieu de le faire sur les chemins.

On alloue dans la bergerie un mètre carré pour chaque bête adulte. Les bêtes reçoivent, au moins une fois par semaine, du sel en rentrant le soir, afin de ne pas les exciter autant à boire que si on le leur donnait le matin; on renouvelle cette distribution de sel plus souvent, lorsque le temps est pluvieux. M. Trousseau a fait venir deux excellents bergers des environs de Coulommiers ; il les nourrit et leur donne 500 fr. à chacun.

M. Trousseau a déjà fait bien des luzernes parfaitement réussies; il compte en avoir cinquante hectares. Il les sème seules de préférence en septembre ou en mai, au lieu de les semer dans une céréale. Il a dix hectares de sainfoin dans les terres calcaires ayant peu de fond.

Sa culture s'étend sur deux-cent-quarante hectares de terre et trente de prés. Mais un de ses fermiers cultivant environ cent-cinquante hectares terminera son bail dans trois ou quatre ans.

Son propriétaire, M. Maurice, s'est réservé le droit de planter sur ses terres deux mille pieds d'arbres. Ils ont déjà bouché un maître-drain, dont les tuyaux ont plus de 0 m. 20 de diamètre. M. Trousseau ajoute des manchons ayant moins de 0 m. 35 de diamètre. Il fournit à ses draineurs tous les outils employés en Angleterre pour ce travail ; ils sont garnis d'acier de manière à rester toujours tranchants. Il cultive le ray-grass d'Italie avec grand succès, et m'a appris la manière de le conserver dans le même champ, qui dans ce cas doit se trouver près de la ferme pour faciliter la rentrée du fourrage vert ; on arrose entre chaque coupe avec du purin afin de pouvoir faucher cinq ou six fois, puis on laisse le ray-grass se ressemer de lui-même vers la fin de sa seconde année ; cela réussit très-bien ainsi.

M. Trousseau a eu l'extrême obligeance de me faire conduire à vingt-quatre kilomètres, chez M. Pavy, le fameux éleveur de cochons anglais ; c'est aussi un fort bon cultivateur ; à mon grand regret, je ne l'ai pas trouvé chez lui ; il s'était rendu avec madame au concours d'Alençon.

J'ai visité la ferme sous la conduite de son chef de culture, ancien élève de la ferme-école de la Charmoise. Il m'a fait voir d'abord une trentaine de truies et de verrats adultes, et à peu près autant d'élèves dont un tiers est de pure race middlesex ; le très-grand perfectionnement de cette race est dû au capitaine Gunter, également fameux éleveur de durham ; le capitaine Gunter a un régisseur extrêmement capable qui a dirigé, pendant assez longtemps, la remarquable vacherie de lord Ducie, qui provenait en grande partie de celle de M. Bateš, le plus célèbre des éleveurs de durham ; aussi M. Knowles, le dit régisseur, veut-il en arriver à ne plus élever que des durham de Bates. Ses taureaux et ses jeunes vaches bien réussis se vendent de 10 à 20,000 fr. la pièce.

Les truies sont de diverses bonnes races anglaises ; il en a aussi des craonnaises ; elles reçoivent des verrats middlesex. On vend des porcelets de pure race middlesex 100 fr. la pièce à l'âge de six semaines ou deux mois, et les demi-sang middlesex 100 fr. la paire. Les quelques truies qui allaitaient alors leurs petits avaient des portées moins nombreuses que celles que j'ai vues ici, l'an dernier, dans la visite que j'y ai faite ; plusieurs de ces bêtes avaient à cette époque huit à dix petits. Toutes ces bêtes adultes sont certainement grasses, ce qui est en partie cause, je crois, de l'infériorité du nombre des petits. On m'a cependant assuré qu'elles ne reçoivent que des betteraves crues auxquelles on ajoute un litre et demi de recoupes, ou bien un litre de farine d'orge ; on arrose ce mélange avec de l'eau, dans laquelle on a fait dissoudre du tourteau de colza dans la proportion de trois kilogrammes pour un hectolitre d'eau.

La vacherie contient des vaches normandes, des flamandes et une durham de pur sang, que M. Pavy veut vendre 800 fr., ne voulant pas devenir éleveur de bêtes de pure race ; il aura un taureau durham bien écussonné, afin de ne pas diminuer la quantité de lait donnée par ses vaches.

On prépare ici du thé de foin, en trempant une poignée d'excellent foin dans une chaudière d'eau bouillante pendant cinq minutes ; on ajoute au thé, après en avoir retiré le foin, de la farine de froment ; mais dans la première quinzaine qui suit la naissance du veau, on y met moitié lait pur, plus tard du lait écrémé doux mêlé par tiers de farine de graine de lin, d'orge et d'avoine ; plus tard encore, à six semaines, on ajoute du tourteau de lin ou d'œillette, mélangé à celui de colza ; on supprime alors le lait écrémé à moins de n'en avoir pas de meilleur emploi ; on élève ainsi de fort bonnes bêtes plus économiquement, lorsque le lait se vend bien.

Je me suis rendu de là au Mans et au concours régional d'Alençon, qui a été fort beau ; il y avait de plus une fort belle exposition chevaline, remarquable surtout par la grande quantité de beaux et bons chevaux que les cultivateurs normands y ont amenés. Je n'en ferai pas la description, non plus que de celui de Blois et de celui de Niort, le *Journal pratique d'agriculture* en ayant fait l'historique bien mieux que je ne pourrais le faire.

J'ai quitté Alençon vers la moitié du concours, après avoir bien admiré chevaux et bêtes à cornes, et je me suis dépêché de me rendre, sans perte de temps, au concours de Niort, qui ne devait plus durer que deux jours ; mais j'en suis bien moins content, à tous égards, que des deux précédents, surtout pour les bêtes à laine qui

avaient toutes été réunies en un lot. Le jury y adjugea les
premiers prix à d'énormes et abominables bêtes poite-
vines, sous prétexte que la moitié de leur corps avait le
mérite de n'avoir que du poil de chien au lieu de grosse
laine ; parce que ces laides bêtes étaient montées sur des
échasses grosses comme les bras d'un homme et enfin
qu'elles avaient des têtes grosses comme celles des
vaches.

Je me suis rendu le 23 mai à la Rochelle et de là à
Pnilboreau, afin d'y visiter pour la deuxième fois
M. Bouscasse père. Un de ses fils, ancien élève de l'école
Polytechnique, est directeur de la ferme-école dans la
même commune ; un autre, depuis assez longtemps, est
professeur à Grand-Jouan ; et le troisième ayant terminé son éducation à Paris depuis trois ans, aide son
père dans sa culture. Ce dernier s'est complétement
dévoué aux soins de la taille, ou pour mieux dire
du pincement des espaliers qui garnissent plus de deux
hectares de jardins maraîchers et de pépinières, enclos
de murs. Ses très-beaux arbres en espaliers dépassent
le nombre de mille ; il les a tous élevés et personne n'y
met la main que M. Bouscasse malgré ses soixante-
douze ans. Les murs sont tous garnis de fil de fer en
ligne horizontale à vingt centimètres les uns des autres ;
on y attache les branches dont on pince toutes les
pousses, sans en conserver aucune autre que le bour-
geon de prolongement ; les pousses pincées sont bientôt
garnies de fruits attachés aux branches mères.

M. Bouscasse m'a dit suivre cette méthode d'arboriculture depuis longtemps, après l'avoir trouvée dans un
petit livre très-mal écrit, qu'on a bien de la peine à
comprendre, et dont l'auteur est M. Picott-Amette ; il
m'a assuré, ce que j'ai pu voir moi-même, que cette
méthode lui avait merveilleusement réussi.

Le troisième fils cultive une centaine d'hectares d'excellentes terres et de prés. Son étable contient un fort

beau taureau durham, une vache durham pure, très-belle et près de terre ; elle a été achetée au haras du Pin, comme ne voulant pas vêler et elle a fait, depuis neuf années, neuf très-beaux élèves; elle donne entre deux parts, de 2,500 à 3,000 litres de lait. On a garni de ses produits trois fermes, parmi lesquelles se trouve la ferme-école dirigée par le fils aîné. Il possède un beau taureau durham de pure race et des vaches de marais ; elles sont connues sous le nom de vaches maraîchines. Il obtint au premier croisement des animaux ressemblant souvent plus à la mère qu'au père ; ils travaillent aussi bien que les bœufs parthenais qu'on emploie dans le pays ; cette qualité diminue, au second et au troisième croisement.

Il m'a fait voir de fort belles betteraves semées en lignes, à 80 centimètres de distance, et sarclées très-profondément à la houe à cheval ; il en récolte le plus souvent de soixante à soixante-dix mille kilogr. par hectare. Ses colzas, froments, sainfoins et luzernes sont d'une grande beauté.

Ces messieurs font de grandes meules de foin parfaitement dressées. Sans employer d'échafaudage pour monter le foin à une grande hauteur, ils se servent d'une forte perche ayant la hauteur nécessaire ; au bout de cette perche est attachée une poulie qui porte un cordeau, un bout est entre les mains d'un ouvrier posté sur la meule et l'autre sur la charrette de foin ; on attache à celui-ci un grand compas à trois branches recourbées en dedans ayant chacune à peu près la forme d'une des deux branches d'une ancre ; le charretier enfonce successivement les trois branches du compas dans le foin de manière à en saisir une quantité suffisante pour que deux ou trois hommes de la meule, en tirant le cordeau, l'amènent à eux ; ils la détachent du compas, qu'ils laissent retomber sur la voiture de foin, et ainsi de suite ; la voiture de foin est déchargée ainsi bien plus facilement, la meule se monte mieux et plus visite ; il faut enfin moins de bras pour ce travail , ce qui est dû à l'invention si simple d'un de ces messieurs ; cette invention date de longtemps , et cependant je ne l'ai pas encore vue usitée ailleurs , pas même dans ces immenses prairies du Poitou, où l'on fait tant d'énormes meules de foin.

Le pays qu'on aperçoit du chemin de fer, entre la Rochelle et Niort, n'est ni beau ni intéressant ; les terres y sont en grande partie pierreuses ou très-marneuses, ayant rarement plus de six pouces de profondeur. Il s'y trouve aussi beaucoup de marais ; les ruisseaux , en s'approchant de la mer, coulent à pleins bords ; on n'a donc pas de pente pour drainer.

Les bonnes terres calcaires des environs de la Rochelle qui ont un peu de fond, se vendent en corps de fermes de 2 à 3,000 francs, et en détail jusqu'au double.

Celles qu'on voit entre la station de la Crèche et Niort, paraissent assez bien cultivées ; autour de Saint-Maixent, petite ville où je me suis arrêté, il y a beaucoup d'herbages situés sur les pentes des coteaux et le long des bords d'une rivière ; ils paraissent très-fertiles.

Depuis cette ville jusqu'à la ferme-école du Petit-Chêne, dont le comte de Tusseau est propriétaire et directeur, il y a cinq lieues. Je suis retourné à Saint-Maixent par une autre route, et j'ai traversé dans ces dix lieues de nombreuses et jolies vallées. Le pays est à peu près aux deux tiers de nature calcaire ; il est fertile partout où le sous-sol de roches et de pierres n'est pas trop près de la surface. On y voit de bons prés, mais bien d'autres sont garnis de renoncules ; d'autres encore sont couverts de la grande reine-marguerite, deux mauvais signes. Il y a assez de noyers et d'arbres fruitiers, enfin pas mal de prairies artificielles. J'ai rencontré de bonnes juments avec leurs muletons ou leurs poulains ; je n'ai pas vu de truies avec leurs petits. Dans la partie du pays où le calcaire disparaît, on voit des fougères au lieu d'yèbles, des têtaux de chênes au lieu d'ormes. Une bonne partie des champs est abandonnée aux herbes adventices qui y viennent après plusieurs récoltes de céréales qui les ont salis et épuisés; on voit quelques champs d'ajoncs ou de genêts, très-peu de trèfle, trèfle incarnat ou vesces, beaucoup plus de champs en friche qu'en culture.

On aperçoit peu d'habitations et de villages ; mais des haies énormes et trop nombreuses, garnies d'arbres et surtout de têtaux. Pas de moutons, quelques misérables petits lots de pauvres brebis et d'agneaux. Ces animaux sont hauts sur jambes et dégarnis de laine; tel est le pays que j'ai parcouru aujourd'hui.

Je n'ai pu trouver au château qu'un employé de la ferme-école nullement au fait de la culture; il m'a dit que le propriétaire, qui n'est pas marié, est le plus souvent absent, et que le comptable dirige la culture. Ce que j'en ai vu m'a fait supposer qu'il y entendait peu de chose. Les vingt élèves de la ferme-école sont nourris par le jardinier, qui est obligé d'engraisser avec les produits de son jardin, les cochons que ses pensionnaires consomment.

Le jardinier prend le lait des trois meilleures vaches de race parthenaise, sur douze qu'on tient dans cette culture, avec quatorze bœufs et vingt et quelques élèves. Les meilleures de ces vaches, donnent au plus douze litres de lait après vélage. Le jardinier prend le bois qu'il lui faut pour la cuisine et son four, et reçoit 175 fr. par élève pour le nourrir.

On n'a que quelques brebis et peu de cochons; les betteraves ne sont pas encore semées à la fin de mai, celles qu'on avait semées sur couche pour être repiquées ne l'ont pas encore été. On ne sème ni carottes ni navets et peu de pommes de terre. On n'a repiqué qu'une très-petite quantité de colza, le reste est semé à la volée. J'ai vu un beau champ de froment fait sur jachère; un autre semé après des betteraves ne vaut rien du tout. J'ai aperçu quelques tas de compots, mais il ne s'y trouvait pas de chaux mélangée.

Il existe sur la terre une tuilerie, mais elle est louée. On paie la chaux pour les réparations 1 fr. 50 l'hectolitre; si l'on achetait une petite pièce de terre à moins d'un kilomètre du château, dans une petite vallée dont le sous-sol est composé de roches calcaires, on y pourrait créer pour 4 ou 500 fr., un four à chaux continu; on aurait la chaux à moitié du prix qu'on la paie, et on pourrait ainsi chauler ces terres qui manquent absolument de calcaire. On n'a encore essayé du drainage que sur deux hectares.

J'ai quitté cette ferme-école en regrettant de voir ces malheureux élèves perdre ainsi leur temps. La première chose qu'il faudrait dans cet établissement, serait un bon cultivateur. M'étant rendu le lendemain, par chemin de fer, à Villedieu, un omnibus me conduisit à Melle où je fus obligé de coucher. Jacques Bujault habitait ces environs; il y a écrit et dit tant de bonnes choses sur l'agriculture, que les habitants de ces cantons en ont profité, à ce qu'il paraît; la culture m'y a paru assez bonne. Deux jeunes fermiers se trouvant dans mon omnibus, se sont mis à parler d'agriculture, d'assolement de quatre ou six ans, de manière à me faire supposer qu'ils avaient été dans une bonne ferme-école. Les ayant questionnés, ils me répondirent négativement; j'en revins donc à ma première idée, en attribuant tout leur savoir théorique, aux efforts que Jacques Bujault a faits pour éclairer ses compatriotes dans l'art le plus utile. On m'avait montré des prés bordant la Sèvre, qui se vendent de 5 à 6,000 fr. l'hectare lorsqu'ils ne sont pas trop éloignés des communes.

Je suis arrivé de bonne heure chez le baron Aymé,

au château de la Chevrollerie. On venait de le proclamer à Niort le meilleur cultivateur du département des Deux-Sèvres, je l'avais déjà visité en 1854, et je vis avec plaisir que sa culture avait bien progressé depuis lors.

Il m'a fait parcourir en cabriolet, non seulement les terres qu'il fait valoir, mais aussi celles de plusieurs de ses nombreuses fermes, et celles de deux de ses métayers. Ce que j'ai remarqué dans ces deux dernières, m'a confirmé encore plus dans la persuasion où je suis depuis longtemps, que le véritable moyen et en même temps le plus facile, d'améliorer la culture d'un pays où elle est fort arriérée, est de transformer ses fermes mal cultivées, en métairies ; on y met des familles de braves gens aux bras nombreux et actifs, lors même qu'ils n'auraient que leur mobilier d'intérieur. Dans cette position, on peut faire accepter des conditions qui les mettent dans la nécessité d'obéir dans tout ce qui concerne la culture. Pour arriver à ce but, il faut avoir par bail le droit de les renvoyer au bout de chaque année, en les prévenant six mois d'avance. 'Il faut leur faire toutes les avances nécessaires pour qu'ils puissent vivre et bien cultiver ; il ne faut pas manquer de leur fournir du guano pour les anciennes terres, et du noir animal pour les défrichements, afin qu'en travaillant fort, leur moitié devienne profitable ; c'est le meilleur moyen d'obtenir leur confiance, et de les encourager à bien faire.

Nous avons fini nos visites de fermes par une des métairies dont voici l'histoire. Elle était, il y a sept ans, louée à une famille dont les ancêtres y étaient entrés il y avait plus de cent ans ; le dernier occupant ne cultivait qu'une très-petite partie des soixante hectares, dont était composée la ferme, à peu près juste ce qu'il fallait pour nourrir sa famille et l'habiller. Il récoltait un peu de seigle, d'avoine, de sarrasin et de pommes de terre.

Les quatre cinquièmes de la ferme restaient en friche et servaient de pâturage au peu de bétail qu'il avait. Il avait la jouissance d'un taillis de quinze hectares, planté moitié en châtaigniers et moitié en chênes; cela lui fournissait à peu près ce qu'il fallait pour payer son loyer de 1,100 fr., et sur cette somme le baron avait à prélever l'impôt.

M. Aymé n'ayant pu amener ces gens à mieux cultiver les a renvoyés. Ils n'avaient que de bien faibles économies, car ils ne voulaient pas travailler. Le baron reprit le taillis dont il a déjà vendu pour 2,000 fr. de produits, l'ayant mieux aménagé. La nouvelle famille, nombreuse et de bonne volonté, fit si bien, en suivant la direction qu'on lui donnait, qu'elle a mis tout ce désert en bonne culture, et l'a chaulé. On y voit maintenant de fort beaux froments en place de mauvais seigles, de belles avoines, de l'orge, du trèfle, du sainfoin, une belle luzerne sur neuf hectares, des pommes de terre, des carottes et des betteraves; on va bientôt semer des navets. Ces braves gens ont six bonnes juments mulassières, dont trois ont des muletons et deux vont pouliner; les jeunes mulets, à l'âge de dix à onze mois, se vendent de 4 à 800 francs. Tout est bien tenu dans cette ferme; chaque chose est à sa place; le bétail est bon et bien soigné. Les instruments de culture contiennent des charrues Dombasle, un rouleau, des herses Valcourt.

Enfin, la part du propriétaire dépasse, depuis quelques années, une moyenne de 3,000 fr. qui ira en augmentant, aussi le baron va-t-il mettre des métayers dans deux de ses fermes, aussi mal cultivées que l'était celle dont nous venons de faire l'historique.

M. Aymé a singulièrement augmenté ses bâtiments de ferme qui, sans aucun luxe, sont fort spacieux et commodes.

Il s'y trouve, entr'autres choses, une grande porcherie, contenant plusieurs bonnes races de cochons anglais, tels que yorkshire perfectionnés de grande taille, berkshire, newleicester et aussi des craonnais. Il a fait venir récemment un beau bélier southdown qui va remplacer un des deux énormes béliers poitevins, qui ont remporté à Niort les deux premiers prix, tandis que de fort beaux dishley, des southdown et des cheviot, n'ont obtenu que des troisièmes et quatrièmes prix. Le bélier poitevin du baron, porte sa tête à près de cinq pieds de hauteur; il a des jambes d'une longueur et d'une grosseur démesurée; son col de chameau, son ventre, la moitié de ses cuisses et de ses épaules sont dégarnis de laine; ce qui est inconcevable, c'est que les fermiers du pays regardent cela comme un mérite.

Enfin, ce qui est tout à fait incroyable, c'est qu'un monsieur de ce pays qui ne manquait assurément pas d'esprit, a recommandé aux cultivateurs poitevins, de bien se garder de gâter par des croisements leur remarquable espèce ovine. Le baron a construit avec son frère trois grands fours à chaux dans de grandes carrières de pierres calcaires, qu'ils ont dans des fermes qu'ils possèdent; ils ont ainsi singulièrement facilité le chaulage des terres dans cette partie du Poitou. Il met soixante-dix hectolitres de chaux par hectare pour la première fois dans les terres non calcaires, et la moitié pour la seconde; il n'a pas encore essayé de chauler les terres calcaires; je l'ai engagé à le faire, mais en petit, car j'ai souvent vu chauler des terres très-calcaires avec grand succès.

M. Aymé ayant défriché une assez pauvre bruyère, y a semé du colza par poquets à un pied dans la ligne que lui traçait la charrue, en lui laissant deux traits de charrue sans mettre de poquets; il a mis une pincée de guano prise avec trois doigts dans chaque poquet, en ayant le soin de faire recouvrir le guano de terre; la semence de colza a été mise ensuite et recouverte de même. Cette opération a employé près de 200 kilog. de guano par hectare et a produit une belle et bonne récolte de colza. Il se sert pour les premiers labours de charrues de Dombasle, et pour ceux qui suivent, d'une charrue imitée de celle de Howard, par un maréchal de Curzay qui la vend 70 fr.

Il vient d'acheter une machine à battre de Pinet et un rouleau Croskill pesant 900 kilogr. de Legendre de Saint-Jean-d'Angély. Le baron sème toutes ses céréales avec un petit semoir anglais et les fait sarcler à la main.

Sa terre ne contient pas de prés naturels.

Le baron a des prairies artificielles de diverses cultures, mais il fait maintenant beaucoup de luzernes ; c'est la plante qui réussit et convient le mieux dans les pays secs et chauds.

La terre de la Chevrollerie contient deux cents hectares de bois fort bien aménagés à vingt ans ; une dizaine en futaie près du château ; il a appris, par expérience, que les taillis de châtaigniers, chez lui, rapportent plus à vingt ans, que coupés à sept ou huit pour cercles ; un autre avantage de couper moins souvent est que les gelées attaquent fortement cette essence dans les six ou sept premières années de sa végétation. Il a avec cela quatre cents hectares de terres, dont il tire chaque année un meilleur parti.

M. Aymé m'a conduit encore cette fois chez un garde étalon, mais pas chez le même que lors de ma première visite ; celui-ci a sept baudets énormes et deux étalons mulassiers ; il a en outre un petit étalon pour essayer si les juments sont en chaleur. Le garde-étalon est de même que le précédent, d'une force, d'un courage, et d'une adresse remarquable, ce qui au reste est indispensable pour pouvoir faire cet état, car cette espèce de baudets est d'une turbulence et souvent d'une méchanceté extraordinaires. On assure qu'on a beaucoup de peine à les élever ; si on les nourrit trop peu ils périssent ; si on les nourrit trop bien, ils deviennent gras, et leurs grosses, mais faibles jambes, ne peuvent pas porter leur corps durant les trois premières années.

J'ai quitté ce propriétaire modèle, qui a été si obligeant pour moi, pour aller passer une journée avec M. Demarçay, ancien député et fils du général de ce nom. Il a acheté, il y a une couple d'années, une maison de campagne dans une position délicieuse, mais un peu sauvage, entourée de coteaux boisés et rocheux ; elle n'a que cinquante hectares d'étendue dont vingt-cinq en bois, quinze en terres, et dix en prés ; son nom est la Roche.

M. Demarçay s'occupant de reconstruire sa ferme, n'a pas voulu faire valoir par ses mains ; il a donc pris un métayer qui se laisse diriger par lui.

Comme on n'élève pas de bétail dans ces environs, il n'a que deux vaches pour avoir du lait, six bœufs et une vingtaine de bovillons achetés à l'âge d'un an ou dix-huit mois à la foire du Pont près de la ville d'Argenton, en Berry, sur les bords de la Creuse ; on les nourrit en grande partie à l'étable en ne les laissant sortir que pour prendre l'air dans une futaie, tant que les prés ne sont pas fauchés et que les regains ne sont pas suffisamment repoussés. Le métayer tient encore un petit troupeau d'une quarantaine de bêtes à laine berrichonnes qui sont presqu'exclusivement nourries à la bergerie avec de l'herbe, de la luzerne et autres fourrages de prairies artificielles.

M. Demarçay achète du foin à 40 fr. les 1,000 kilog. et des bruyères pour litière prises à trois lieues de chez lui ; d'après sa comptabilité, il dit avoir au moins le fumier pour rien.

Il vend les jeunes bœufs en septembre pour les remplacer en octobre.

Il fait autant que possible des composts en réunissant partout où il en trouve, de la bonne terre qu'il mélange avec du fumier et de la chaux ; il améliore ainsi ses prés qui donnent naturellement de bon foin, mais en petite quantité.

Quand ses travaux de construction seront terminés, il cultivera lui-même et cela d'une manière intensive ; il élèvera des croisés durham, ainsi que des croisés southdown.

Le pays que j'ai aperçu en suivant le chemin de fer depuis Melle jusqu'à Poitiers et jusqu'à Ruffec, m'a paru assez bien cultivé pour un terrain calcaire ; j'ai remarqué des champs de maïs qui ne s'arrangeaient pas du temps froid qu'il fait depuis quelques jours, ainsi que de petites gelées qui ont lieu quoique nous soyons arrivés à la fin du mois de mai. J'ai couché à Ruffec et suis allé le matin visiter la terre des Plans, propriété de M. Cail, grand fabricant de machines à vapeur à Paris. Il y a construit une grande et belle habitation, deux immenses bâtiments contenant une bergerie pour cinq cents bêtes à laine, une bouverie pouvant loger cent-vingt bœufs ou vaches, une grande écurie et une grange ; dans une autre grande construction est logée la distillerie.

Il existe un chemin de fer entre les quatre rangs de mangeoires des bêtes à cornes ; les mangeoires ont un fond arrondi et sont faites en ciment romain ; il n'a eu ni réparations ni changements à y faire depuis deux ans qu'elles servent. On a engraissé l'année dernière quatre cents moutons et un grand nombre de bêtes à cornes.

On cultive cent soixante-huit hectares dont un tiers à peu près est en betteraves et un tiers en froment ; le reste est en luzerne, sainfoin et vesces mêlées de gesces ; le trèfle ne convient pas à ces terres très-calcaires et assez pierreuses.

On engraisse ici des bœufs de race salers et limousine.

M. Pinpin, cousin de M. Cail, régit cette belle et grande propriété ; son fils aîné dirige la culture ; le cadet, M. Amédée, après avoir travaillé chez un notaire, a été envoyé par M. Cail à Bresle, où il a passé dix-huit mois à apprendre la comptabilité en partie double et la culture sous l'habile direction de M. Hette, fabricant de sucre, qui conduit si bien cette grande culture ; d'après les longues conversations que j'ai eues avec ce jeune homme, je pense qu'il a bien employé son temps sous ce maître remarquable.

Ce jeune homme m'a dit que son père était logé et nourri avec sa famille et qu'il avait 10 pour 0\|0 du produit brut de la terre ; il a ajouté que ce chiffre approchait de 3,000 fr. pour l'année dernière. On a dépensé environ 200,000 fr. en constructions. M. Amédée après m'avoir fait parcourir une partie de sa culture, m'a proposé de me conduire chez un voisin qui cultive bien et distille aussi des betteraves ; l'habitation de M. de la Revanchère est au milieu d'une commune qui m'a paru très bien cultivée ; les trois kilomètres que nous avions à faire m'ont fait voir des champs dont la culture m'a semblé vraiment étonnante, de soins et d'entendement, pour de petites gens : point de champ qui ne portât sa récolte de froment, orge ou avoine d'hiver, pommes de terre, betteraves semées en lignes, choux ou maïs après lesquels grimpaient des haricots ou des pois ; le tout parfaitement sarclé ; beaucoup de sainfoin et vesces ou gesses ; enfin beaucoup de vignes bien soignées.

Etant arrivé au but de notre course nous fûmes reçus par M. de la Revanchère. Il a bien voulu nous faire visiter sa culture, qui ne s'étend que sur quarante hectares, ce qui ne l'empêche pas de distiller. Ces deux messieurs assuraient que, même au prix du moment, prix que je n'ai pas eu le soin de marquer, ils ont encore un petit bénéfice et les résidus pour rien ; mais ils disaient avoir à se plaindre cette année de la cherté du dernier achat de bœufs et bouvillons ainsi que du bas prix actuel des bêtes grasses.

Après avoir examiné les récoltes de ces deux cultures, il m'a paru que, de part et d'autre, on n'avait pas acheté assez de guano, comme supplément aux trente mille kilogrammes de fumier employés pour les betteraves. Cette fumure ne peut produire une bonne récolte de racine et un assez grand nombre d'hectolitres de froment l'année suivante. Il eût fallu donner aux betteraves, en sus du fumier, de trois à cinq cents kilogrammes de guano pour récolter de quarante à cinquante mille kilogrammes de racines, puis mettre, lors de la semaille du froment, deux cents kilogrammes de guano pour en récolter au moins de vingt-cinq à trente hectolitres par hectare.

M. Amédée m'a fait remarquer des parties d'un sainfoin qui se trouvant moins bonnes que le reste du champ, ont reçu du guano à raison de cent cinquante kilogrammes par hectare ; le fourrage verse sur ces parties, tandis que celles précédemment supérieures ne sont pas très belles. Cela me fait souvenir que M. Decauville l'aîné, à Petit-Bourg, met tous les ans deux cents à trois cents kilogrammes de guano par hectare de prairies artificielles et que cette avance lui rentre avec un bon bénéfice.

Pour gagner de l'argent en culture, il ne faudrait jamais enblaver ou semer un champ, sans lui fournir tout l'engrais qui peut faire prospérer la plante, sans risquer de la faire verser.

On tient dans la ferme de M. Cail, un beau taureau durham, avec de belles vaches hollandaises.

Je suis parti le lendemain de Ruffec pour Limoges. Lorsqu'on quitte les chemins de fer pour voyager en diligence, on se trouve bien désorienté. La voiture s'arrêta pendant assez longtemps à Confolens ; j'en ai profité pour me rendre dans un château voisin, où un colonel en retraite cultive sa propriété depuis plusieurs années. Il y a établi beaucoup de prés qu'il fume avec les boues de la ville. Il loge une station d'étalons du haras et fait de bons élèves de chevaux.

Le colonel a construit un four à chaux pour chauler les terres et en vend 1 fr. 50 les 50 kilogr. ; il a été imité en cela par une autre personne qui cultive aussi ; elle partage les boues de la ville avec le colonel, et a en plus les vidanges des cinq mille habitants de Confolens ; je n'ai pas eu le temps d'aller visiter cette personne.

La culture devient moins bonne en s'éloignant de Ruffec ; on quitte les terres calcaires à moitié chemin de cette ville à Confolens ; cette dernière ville se trouve posée sur le revers d'un coteau qui domine la belle vallée de la Charente.

Les terres granitiques de ce pays portent des châtaigniers au lieu de noyers ; la culture du froment remplace celle du seigle partout où l'on a chaulé.

En se rapprochant de Limoges, la culture redevient meilleure ; on voit de belles vaches avec leurs veaux de race limousine, pâturer dans les bruyères.

Quelques lieues avant d'arriver dans la capitale du Limousin, nous sommes passés auprès des mines de kaolin ; mon conducteur m'a dit que le prix en était de 6 fr. 50 les 50 kilos.

Le pays entre Confolens et Limoges n'est pas laid, quoique très maigre ; il est boisé et embelli par une suite de hauteurs et de jolies vallées.

Arrivé le soir à Limoges, je fis de suite une visite à M. Henry Michel, dont j'avais fait la connaissance au concours agricole de Paris en 1856 ; il me donna rendez-vous pour le lendemain matin, afin de me conduire à sa délicieuse maison de campagne, située à trois lieues de Limoges, sur la route de Saint-Yrieix à Périgueux. La position est des plus jolies qu'on puisse imaginer ou souhaiter ; elle domine une charmante vallée traversée par une rivière poissonneuse contenant des truites ; un joli pont suspendu fait point de vue ; on aperçoit de tous côtés des fermes et des maisons de campagne.

M. Henry Michel n'est pas marié et partage son existence entre la ville et la campagne. Voulant cultiver des terres maigres, il a pris le camionnage du chemin de fer à Limoges, il emploie de douze à quinze chevaux consommant pour le moins sept à huit kilogrammes d'avoine par tête et par vingt- quatre heures, ce qui lui produit huit mètres de fumier par semaine ; il le conduit à sa ferme où il est employé comme litière sous les bœufs de labour, qui lui coûtent maintenant de 6 à 800 francs la paire.

Il a fait construire une très belle étable, élevée, vaste, bien éclairée et bien aérée. Il laisse séjourner le fumier pendant huit jours sous les 12 belles vaches durham et deux croisées ; il élève tous ses veaux, mais fait castrer tous les croisés et même ceux de pur sang qui ne viennent pas bien ; quelques-uns de ses voisins ayant de belles vaches consentent à les amener à ses taureaux, moyennant l'engagement pris par lui, de leur acheter leurs veaux mâles vers l'âge de dix à douze mois, au prix de vente des veaux de race limousine du même âge ; il vient d'en payer deux à 120 fr. la pièce ; il les fait castrer et compte en mettre en graisse tous les ans une douzaine, âgés d'environ trente mois ; il les destine au concours de Poissy.

M. Henry Michel conservera tant qu'il pourra bien fonctionner, un très beau taureau qu'il a acheté 3,000 francs à l'exposition agricole de 1856 à Paris. M. Douglas qui l'a vendu est un des bons éleveurs de durham de la Grande-Bretagne. Il vient de vendre 800 fr. celui qui avait remporté le premier prix de 500 fr. à Niort ; il avait trois ans ; il en a un autre âgé de deux ans qu'il veut vendre 1,100 fr. Trois autres sont âgés de six à dix mois, et il en a vendu trois dans l'année.

Six de ses vaches sortent des étables du capitaine Baal qui habite en Irlande ; deux sont venues de chez le capitaine Gunter, dont j'ai fait mention : on voit donc qu'il s'adresse aux éleveurs les plus renommés.

M. de la Tréhonnais lui a envoyé l'an dernier d'Angleterre un bélier et quatre brebis cotswold, ainsi que trois béliers et six brebis southdown ; les brebis de son troupeau descendaient d'un bélier dishley et de brebis du pays ; les agneaux anglais et les croisés sont fort beaux.

Sa porcherie se compose de huit truies anglaises, un verrat newleicester bien choisi et huit gros cochons à l'engrais.

Ses deux bonnes juments de trait, un vieux cheval de trente ans qui a ses invalides, enfin ses deux charmantes bêtes de calèche, lui forment un total d'au moins soixante grosses têtes de bétail, qui fournissent du fumier pour autant d'hectares ; vingt hectares sont en excellents prés, irrigués et fumés, qui donnent de quatre à cinq mille kilogrammes de bon foin ou regain, et ensuite une grasse pâture. J'ai vu une pièce de huit hectares en racines, très bien sarclées et fortement fumées.

Il se sert des instruments de culture de Dombasle et vient de leur ajouter à Niort un rouleau croskill coûtant 180 fr. chez Legendre de Saint-Jean d'Angely. Ses huit employés sont bien logés ; le maître valet et sa femme qui tient le ménage, ne gagnent que 200 fr. à eux deux, mais on nourrit leurs enfants ; les autres ont de 180 à 150 fr. de gages. Les journaliers gagnent en été 1 fr. 25 et en hiver 1 fr. C'est peu, mais M. Henry Michel est juste et récompense au bout de l'année, ceux qui font bien leur devoir.

Il a construit sur ses terres qui sont en pentes très inclinées, de bons chemins plantés de pommiers à cidre. Un seul de ses voisins jusqu'à cette heure lui a acheté des bêtes de pur sang durham. Il m'a dit que pour avoir une bonne paire de vaches limousines, il faut y mettre 800 fr., le même prix qu'à une belle paire de bœufs de trait. J'ai bien examiné cette belle et bonne culture et je la regarde comme une véritable ferme-modèle.

Les environs de Bellac sont la partie du Limousin la plus avancée en culture.

En retournant du côté du Berry, j'ai admiré encore plusieurs sites charmants, garnis de collines boisées et de vallées avec leurs prairies irriguées ; mais on ne voit que rarement des habitations, le pays n'étant pas assez peuplé. J'ai retrouvé les terres et les pierres calcaires près de la station qui précède celle d'Argenton ; j'y ai vu un four à chaux, qui, avec ceux qui existent en grand nombre autour d'Argenton et de Chabenay, la station suivante, vont fournir, au moyen du chemin de fer, la chaux avec laquelle le Limousin et la Creuse seront améliorés ; car on n'y connaît point de pierre à chaux jusqu'à cette heure. Je ne serais cependant pas étonné qu'il en existât, ou au moins de la marne, car j'ai remarqué dans la ferme de M. Henry Michél, des plantes d'yèbles, qui ne poussent jamais que sur un sous-sol calcaire.

Je suis arrivé le 30 mai au château de la Barre, chez le comte de Bondy, qui n'y était arrivé, avec madame, que de la veille.

M. Favret, ancien élève de Grignon, qui régit cette belle terre depuis longtemps, me fit voir de belles récoltes de froment, dans des terres que l'on trouvait fort mauvaises avant de les avoir drainées, marnées ou chaulées, labourées profondément et bien fumées.

Nous longeâmes une belle vigne plantée par lui dans des terres jugées indignes d'être cultivées ; elle a donné l'an dernier une bonne récolte. Nous avons traversé de grands prés qui sont devenus productifs entre ses mains. Nous allions visiter une tuilerie assez considérable que

M. Favret vient de construire ; il y fait fabriquer des
tuiles et des briques pour réparer les bâtiments existants, ou pour en ajouter aux douze fermes composant
les terres de la Barre, de Romfort et de Corps. Ces deux
dernières ont été nouvellement acquises par M. de
Bondy ; elles joignent la Barre à droite et à gauche, et
sont toutes trois bordées par la charmante rivière la
Creuse. La chaux qu'il cuit en même temps que les briques et tuiles, lui revient à 1 franc l'hectolitre ; elle lui
coûterait moins s'il la faisait dans un four à chaux con-
tinubien construit. M. Favret a joint à la tuilerie une
fabrique de tuyaux de drainage, une forge et une bou-
tique de charronnage, où il fabrique ses instruments de
culture ; entr'autres des charrues de Grignon. auxquelles
il a apporté des perfectionnements qui lui ont fait remporter une médaille d'or, au concours régional de
Blois.

La porcherie contient des cochons anglais et entre
autres, la grande race perfectionnée du yorkshire. Les
verrats de cette race produisent avec des truies du
pays, des porcelets fort recherchés par les petits cultivateurs des environs, qui ne se souciaient pas des newleicester ; ils les trouvaient trop petits, quoiqu'ils soient
plus faciles à nourrir et à engraisser, que les grandes
espèces. M. Favret a de petites vaches bretonnes ; mais,
maintenant, après une couple d'années d'expérience, il
est décidé à leur donner un jeune taureau durham,
bien écussonné, avec lequel il aura des élèves plus
grands, plus précoces et plus profitables. Il a acheté un
bel étalon anglo-normand, pour servir les juments de
ses douze domaines qui sont à moitié. Si j'avais été à
sa place, j'eusse acheté un bon étalon percheron, ayant
un peu de sang.

M. Favret préfère repiquer ses betteraves au lieu de
les semer en lignes ; lorsqu'on replante des betteraves
grosses comme le petit doigt, elles ne périssent pas,

même par la plus grande sécheresse ; le tout est de savoir faire venir du bon plant pour l'époque où il convient de planter ; on en sème maintenant pour replanter sur couches. Il a semé un champ de froment en lignes distantes de trente centimètres ; cette céréale promet d'être plus productive que les froments voisins préparés de même, mais semés à la volée.

M. de Bondy est parvenu à faire décider la construction d'une route sur la rive gauche de la Creuse, sur laquelle sont situées ses trois propriétés ; et pour arriver à ce but, il a d'abord fourni 10,000 fr. de sa poche ; il s'est ensuite rendu l'entrepreneur d'une certaine étendue de terrain qui traverse sa terre, et va rejoindre le pont qui réunit les deux rives de la Creuse pour joindre la route de Châteauroux au Blanc, à celle de Saint-Gauthier à Saint-Benoît-du-Sant, villes du département de l'Indre. Il a en outre, avancé les fonds pour l'établissement de ce tronçon de route, pendant dix ans, sans intérêts. Il a fait ensuite de bons chemins macadamisés, pour joindre toutes ses fermes à cette route, ce qui est d'un immense avantage pour les métayers.

M. de Bondy a augmenté le nombre des bâtiments de ses fermes, et reconstruit ceux qui ne pouvaient pas se remettre en bon état. Il est heureux que des propriétaires aient le goût et en même temps les moyens de faire d'aussi grandes et d'aussi utiles améliorations ; ils donnent ainsi de bons exemples.

M. Favret a formé un beau et bon troupeau, en donnant des béliers southdown à des brebis berrichounes ; il cherche à faire adopter à ses métayers cette excellente sous-race de bêtes à laine ; il leur fournit de bons taureaux de race limousine, ainsi que des truies croisées pour lesquelles ils n'ont pas de répugnance. M. de Bondy permet chaque année à M. Favret, de faire un voyage qui puisse augmenter son instruction agricole. Il a été deux fois en Angleterre ; il s'était préparé à ses voyages, en apprenant suffisamment l'anglais, pour pouvoir se tirer d'affaire ; il lui permet d'assister à des concours régionaux, où il y a aussi beaucoup à apprendre.

J'ai appris avec plaisir, que la terre de Boisse que j'avais visitée il y a une quinzaine d'années, et où j'avais vu un très-joli château moyen âge en fort mauvais état, avait été achetée, il y a quelques années, par un habitant de Paris, qui avait restauré ce château et améliorait cette assez grande propriété.

En quittant M. et Mme de Bondy, j'ai traversé une partie de la Brenne que je ne connaissais pas, en passant par les communes de Migné et Vaudeuvre, éloignées d'environ trente kilomètres.

Le commencement de ce trajet qui m'amena à Migné, m'a fait voir plusieurs défrichements de bruyères, couverts de fort belles céréales, froments, seigles et avoines d'hiver ; le fond des terres y est assez généralement bon et deviendra bien meilleur lorsqu'on aura drainé, marné ou chaulé et enfin fumé convenablement.

De l'autre côté de Migné, il n'en est plus de même ; on y voit beaucoup de points élevés qui recèlent des roches d'un grès tendre, et le sol y manque assez généralement de profondeur.

Les bois, assez nombreux, sont trop souvent éclaircis et abimés par la dent du bétail.

J'ai traversé une partie de la terre de cinq mille six cents hectares, que la famille Crombez, venue de Belgique, a achetée des comtes de Lancosme.

Je suis passé à côté d'une forge assez considérable que M. Crombez le fils, vient de construire près de celle qui existait déjà et qu'il a remise en état. J'ai traversé le bourg de Vaudeuvre qui contient une quantité de nouvelles constructions, parmi lesquelles il y en a d'assez jolies pour de simples campagnards. J'ai rencontré un jeune fermier belge des environs de Namur, dont j'ai oublié le nom ; il a loué une ferme très bien bâtie et d'une contenance de cent quatre-vingts hectares pour 6,000 fr. Elle fait partie d'une terre qui appartient au comte de Montdragon, gendre du comte de Lancosme. M. de Montdragon possède un assez joli château dans ce voisinage.

Les froments et avoines d'hiver de ce Belge sont beaux ; mais ses trèfles ont fort mal levé l'an dernier, et ses betteraves semées il y a longtemps, ne sont pas encore levées. Je crains que ce fermier n'ait loué une ferme beaucoup trop étendue pour son capital. Il a reçu en entrant dans la ferme un cheptel de 10,000 fr. Je suis passé près du château ; les terres et les prés m'ont paru excellents. Le bétail de la ferme de la Basse-Cour était très beau ; il provenait de taureaux charolais avec des vaches du pays. Un assez grand nombre d'ouvriers sarclait des betteraves.

Je me suis rendu ensuite au château de Lancosme, où je n'ai trouvé que M. Mesrouse, régisseur général de cette grande terre, qui a bien voulu me faire voir son bétail, qui provient de taureaux limousins-garounais avec des vaches du pays ; deux jolis étalons normands servent une cinquantaine de juments réparties dans les trente fermes de la propriété.

Il y a quelques béliers et brebis southdown achetés l'année dernière à Alfort. Les béliers sont destinés à servir des brebis de pays gardées par une bergère qu'on doit remplacer l'année prochaine par un berger. Un ancien élève de la ferme-école de Villechaise, près Châteauroux, est à la tête de cette ferme.

M. Mesrouse m'a fait voir de superbes froments et de belles avoines d'hiver, semés dans un marais desséché et drainé.

Nous sommes allés ensuite visiter une grande et belle écurie, placée à côté d'une prairie assez étendue ; elle est destinée à loger les poulains élevés dans les fermes et provenant des étalons normands, les fermiers ne trouvant pas à vendre dans les foires du pays ces poulains croisés. Les marchands qui fournissent des chevaux à la cavalerie, n'ont pas encore l'habitude de venir à ces foires, l'espèce de chevaux qu'on y amène étant habituellement trop petite pour leur convenir.

M. Crombez a construit des logements fort commodes pour les ouvriers de ses deux forges.

Nous avons visité la commune de Vandeuvre. Cet excellent propriétaire y a fait construire une belle maison pour les frères de la Doctrine chrétienne ; elle contient deux classes pour les garçons ; il s'y trouve encore plusieurs chambres et un dortoir, pour que les frères puissent augmenter le nombre des élèves, et prendre en pension les fils des fermiers à leur aise ou des propriétaires cultivateurs demeurant trop loin pour envoyer leurs enfants chaque jour à l'école. M. Crombez a aussi établi des sœurs et deux classes pour les filles. Il a donné 8,000 fr. pour agrandir l'église et lui faire un clocher. M. le marquis de Lancosme, l'ancien propriétaire, a fourni pareille somme dans le même but ; il vient passer une partie de l'été chez le comte de Montdragon, son gendre.

M. Crombez vend du terrain aux abords des maisons du bourg, aux personnes qui veulent construire pour s'y fixer ; il cède ces terres à raison de 6 à 800 francs l'hectare, suivant leur moindre ou leur plus grand rapprochement du bourg. Il a fait don à la commune d'une assez grande pièce de terre, pour y établir un champ de foire qu'il a fait planter de tilleuls. Tout cela a contribué à doubler la population du bourg, depuis qu'il a fait cette grande acquisition.

M. Mesrouse ayant été visiter M. Decrombecque à Lens, y a étudié sa manière de nourrir ses chevaux et ses bêtes à l'engrais, qui consiste à faire passer de la paille et du foin au hache-paille, et à les arroser avec de l'eau bouillante, dans laquelle on a fait dissoudre du tourteau ; on ajoute à cela, pour les chevaux, de l'avoine aplatie. et pour les bêtes à cornes, des farines et des pulpes, résidus de distillation ; enfin, on fait fermenter le tout dans des citernes couvertes. M. Mesrouse, ayant reconnu le grand avantage qu'il y a à nourrir ainsi les bêtes, a adopté cette excellente méthode ; par ce moyen, il peut nourrir un tiers de plus de bétail, que si l'on ne prenait pas tout cet embarras.

J'ai vu dans la ferme une faneuse, des râteaux à cheval, un scarificateur Colman, et une machine à battre de Pinet, qui bat, m'a-t-il dit, de vingt à trente hectolitres de froment par jour. M. Mesrouse a construit une très grande étendue de petites routes macadamisées et fait d'immenses plantations de semis de bois ; il a desséché de grands étangs, dont plusieurs ont été transformés en prés.

J'ai vu d'assez belles récoltes de céréales entre Lancosme et Busançay, et d'autres fort belles aussi entre cette ville et la grande terre d'Argy. C'est un parcours d'environ dix-huit kilomètres ; on reconnaît cependant que dans ces terres calcaires, il faudrait de la pluie.

M. Bernier, ingénieur belge, dirige la culture de la terre d'Argy, excellente propriété de onze cents hectares, dont cinquante sont en prés irrigués.

Cette terre est partagée en sept fermes qu'il fait toutes valoir. Il a obtenu une immense amélioration par l'application de la chaux et cela même dans les terres calcaires ; il en met quatre-vingts hectolitres par hectare. Ses froments sont beaux, après le chaulage, sur des terres d'où l'on a arraché la pierre à chaux pour ainsi dire à fleur de terre, tandis qu'ils ne valent rien, dans la même pièce, sur la partie qui n'a pas encore été chaulée.

Il nous a fait voir dans une autre ferme, dont les terres sont froides et naturellement très pauvres, des froments de toute beauté ; ils avaient reçu une fumure et quatre-vingts hectolitres de chaux.

Ce qui m'a frappé le plus dans cette terre, c'est de voir que M. Bernier fabrique sa chaux sans construire de fours. Son prix de revient est très bas (6 francs 60 le mètre cube), quoique l'anthracite qu'il fait venir de Montluçon, ait à parcourir une très-grande distance : trente-deux lieues par le canal du Cher jusqu'à Vierzon, seize lieues par le chemin de fer jusqu'à Châteauroux, enfin sept et huit lieues par voiture, pour arriver aux deux extrémités de la propriété.

M. Bernier fait creuser dans un tertre, une ancienne marnière ou une carrière, un trou circulaire dont le diamètre va en se rétrécissant vers la base ; il doit avoir un mètre au fond, la profondeur du four est d'environ trois mètres, le diamètre de l'ouverture du trou à la surface de la terre, peut être plus ou moins grand, environ quatre mètres. Avant de creuser le four, il faut entailler le tertre de manière à ce qu'il présente une face perpendiculaire ; une partie de cette face se trouve ouverte du haut en bas du tertre, pour faciliter le chargement et le déchargement du four. On commence par le bas, en mettant un peu de menu bois bien sec, pour qu'il s'allume plus facilement. On met sur les fagots une couche de houille, ensuite une couche de pierres dont les plus grosses ne doivent pas dépasser en épaisseur la tête d'un homme, par-dessus une nouvelle couche d'anthracite, puis de pierres et ainsi de suite, jusqu'à la surface du sol. Arrivé là, on rétrécit le cercle de pierres, de manière à le terminer en dôme ; à mesure que le dôme s'élève, on l'enveloppe d'une couche d'argile gâchée avec de la paille hachée. Cette espèce de crépis s'étend depuis le sol jusqu'à l'extrémité supérieure qui doit rester ouverte.

Revenons maintenant au pied du four et au commencement de l'opération. A mesure que les deux ouvriers chargés de cuire la chaux, y mettent de la pierre et du charbon ou de l'anthracite, ils doivent boucher avec des pierres et de l'argile gâchée la partie du cercle restée ouverte, en laissant cependant par le bas un trou suffisant pour pouvoir parvenir, de l'extérieur, à mettre le feu aux fagots.

Lorsqu'on veut faire beaucoup de chaux, on creuse deux fours pareils l'un à côté de l'autre, de manière à défourner et enfourner l'un, tandis que l'autre est en feu. Cette opération demande généralement la semaine de deux hommes, si le four peut produire cent cinquante hectolitres de chaux. Si l'on a besoin de plus de deux mètres cubes par jour, au lieu de deux fours en terre, on en a davantage. M. Bernier, qui a voulu chauler en peu d'années une grande étendue de terre, a établi deux fours dans chacune de ses quatre grandes fermes. Il a fait dans les années 1856, 1857 et 1858, sept cents vingt-sept mètres cubes de chaux grasse qu'il a presque toute mise dans ses terres. Les quatre cent soixante-trois mètres qu'il a faits en 1858, ont occasionné une dépense de 470 fr. pour main d'œuvre, comprenant l'extraction des pierres dans les champs (car il n'a pas de carrière), son approche du four, le cassage, la fabrication et le chargement dans les tombereaux.

Il faut un hectolitre soixante-huit litres d'anthracite pour cuire un mètre de chaux qui lui revient, tous frais comptés, à 6 fr. 30 ou à 63 centimes l'hectolitre. On la vend à Argenton et dans un grand nombre de fours de ces environs, à 1 fr. l'hectolitre.

J'ai été étonné de voir, lors de mon voyage de 1857 dans la Mayenne, que les maîtres des fours à chaux de ce pays la vendaient 1 fr. 50 à 1 fr. 60 l'hectolitre, quoique généralement placés dans les carrières mêmes de pierres calcaires, et quelquefois à côté de la mine d'anthracite. L'énormité de ces fours à chaux, qui coûtent fort cher à établir, fait penser, je suppose, aux propriétaires de ce pays, qu'on ne saurait faire de la chaux autrement ; s'ils connaissaient la fabrication de la chaux telle que la fait M. Bernier, chacun pourrait en faire qui ne lui reviendrait guère qu'au tiers du prix qu'on la fait payer. Dans la suite de ce voyage, en faisant le tour de la Bretagne, j'ai été bien plus étonné, lorsque j'ai vu vendre une tonne contenant 1 hectolitre 75 litres de chaux, 8 ou 9 francs, quoique le charbon de terre venant d'Angleterre, ne coûtât que 3 fr. 20 l'hectolitre, et qu'on pût faire venir la pierre à chaux par mer, de Normandie, d'Angleterre ou des bords de la Loire.

M. Bernier va avoir bientôt terminé le chaulage de toutes ses terres ; il ne compte le recommencer qu'au bout de six ans. Si j'étais à sa place j'essaierais sur une petite étendue, de doubler, de tripler et même de quadrupler la dose qu'il met, afin de voir ce qui serait le plus avantageux ; j'ai vu dans des terres froides en divers pays, faire cette expérimentation avec un très grand avantage, et obtenir les plus belles récoltes de céréales après les plus fortes doses. A Argy, les quatre chefs de ferme, dont trois sont belges, dirigent chacun deux fermes ; ils sont nourris et gagnent 1,000 francs chacun ; aussi peut-on espérer d'eux qu'ils feront leur possible pour réussir, sans cela ils perdraient une position qu'ils ne retrouveraient pas facilement.

Un ancien fourrier d'un régiment belge tient la comptabilité en partie simple. La terre d'Argy appartient à MM. Drion père et fils, et à M. Outard, beau-père du second de ces Messieurs. Ce sont trois grands industriels des environs de Charleroi.

M. Bernier fait aussi valoir une grande tuilerie. Il a acheté une machine à faire des tuyaux, de Schlosser de Paris ; cette machine travaille des deux bouts ; elle lui a coûté 600 fr. et lui fait six mille petits tuyaux de trente millimètres de diamètre qu'on vend 18 fr. Il a fait déjà bien des drainages qui ont réussi à merveille ; il s'en occupe toujours. Il vend la chaux 10 fr. le mètre cube. Il a un étalon percheron pour ses juments et un taureau charolais pour ses vaches ; je préférerais un durham bien écussonné. Je voudrais aussi lui voir des béliers southdown au lieu de béliers trois quarts de sang de ce type. Il a importé de chez M. son père, qui cultive dans les environs de Fleurus en Belgique, une variété de colza qui a un éminent mérite, celui de s'égrainer très difficilement, même en le coupant mûr et en plein midi ; on assure en outre, qu'il produit plus que le colza ordinaire. M. Bernier vient de faire construire une citerne à purin, qui peut contenir mille hectolitres ; elle est voûtée. Il réunit tous les dimanches les quatre chefs de ferme à sa table, afin de pouvoir s'entretenir de leurs travaux et de ce qu'il y a de mieux à faire ; on tient soigneusement note de ces discussions.

Un jeune homme qui pense acheter plus tard une propriété en France, est venu se fixer à Argy, pour s'instruire en agriculture sous la direction de M. Bernier ; il exécute maintenant les drainages et lève les plans de ce genre d'amélioration.

Plusieurs familles belges sont venues acheter ou louer dans ces environs, et M. Bernier reçoit souvent des lettres d'autres Belges ayant le projet de venir se fixer en Berry ou en Touraine. On peut dire que les terres y sont à vil prix, faute de connaissances agricoles et surtout de capitaux destinés à être employés en améliorations.

Voici les prix d'achat et de transport actuels de l'anthracite au port du canal du Cher à Montluçon. Un hectolitre, pesant quatre-vingt-deux kilos, coûte maintenant 1 fr. 65 ; son port, par eau, jusqu'à Vierzon, est de 35 centimes, son port de Vierzon à Châteauroux est de 37 centimes ; charger et décharger ce charbon coûte 10 centimes, enfin 40 centimes pour l'amener de Châteauroux à Argy. Donc, 2 fr. 87 est le total du prix d'un hectolitre d'anthracite, rendu sur les lieux.

M. Drion le fils, un des propriétaires d'Argy, y est arrivé avec un de ses amis pendant que j'y étais. M. Bômal, propriétaire cultivateur, habitant Nivelles, a, chaque année, cinquante hectares de récoltes sarclées, dont moitié est en betteraves à sucre vendues à M. Claës de Lembeck, dont la grande sucrerie et la distillerie sont à douze kilomètres de Nivelles. Les vingt-cinq autres hectares sont en chicorée dont les racines sèches se vendent 300 fr. les mille kilos, pour l'Angleterre. L'acheteur prétendait qu'on en tirait de la couleur ; je suppose qu'on l'emploie à falsifier le café. Je me suis rendu de là au château de la Brosse, chez M. Lejeune, qui est venu des environs de la Ferté sous Jouarre, se fixer sur cette bonne propriété qu'il cultive en grande partie, fort bien ; il a créé un beau troupeau de croisés southdown et Berry.

Sa culture s'étend sur deux cent quatre-vingts hectares ; ses froments et avoines d'hiver sont de toute beauté ; un grand champ de féveroles d'hiver, semées en lignes, est bien venu, elles sont parfaitement sarclées ainsi que ses betteraves. Ses terres étant toutes calcaires, il y cultive une grande étendue en sainfoin et une partie en luzerne. Son troupeau de brebis croisées southdown, approche du nombre de quatre cents ; il travaille à le porter à cinq cents mères ; elles en sont au 3me et 4me croisement. Il a formé autant de lots de brebis qu'il a de béliers ; il ne met les mâles avec les femelles que pendant la nuit et chaque bélier a sa bergerie ; il prolonge la lutte pendant cinq mois, afin de pouvoir compter sur cent agneaux par béliers, sans trop les fatiguer, et aussi afin de donner à ses plus faibles antenaises le temps de se fortifier, en les donnant plus tard au bélier.

M. Lejeune a vendu, l'an dernier, ses moutons gras à l'âge de dix-huit à vingt-trois mois, 76 fr. la paire.

La moyenne du poids de chaque couple, était de quarante-cinq kilos, viande nette. Il va les nourrir plus
fortement, afin de pouvoir les vendre de quatorze à dix-
huit mois, et d'arriver à un meilleur poids.

M. Lejeune a l'intention de donner en location une
maison de campagne placée entre deux métairies ; il
ajouterait le nombre d'hectares que le fermier voudrait
avoir. Les deux métairies contiennent ensemble cent
hectares de bonne terre d'un seul tenant, dont huit
hectares de bons prés. Le pays est fort joli ; les bâtiments sont beaux et sont près de la route ; cette habitation n'est qu'à deux kilomètres de la ville de Buzançais.
Il voudrait louer 50 fr. l'hectare et rester chargé des
impositions.

M. Lejeune a une vache ayrshire excellente laitière ;
nous avons mangé de son beurre ; mais comme il datait
de trois jours, et qu'il faisait extrêmement chaud,
M. Lejeune ne le trouva pas assez frais, il chargea sa
femme de charge de le pétrir et de le rincer dans trois
laits différents ; on nous le rendit ensuite, et nous le
trouvâmes aussi frais que s'il venait d'être battu à l'ins-
tant.

Je suis allé coucher à Châteauroux. J'en suis sorti à
cinq heures du matin pour aller visiter un fermier
venu, il y a onze ans, des environs de Saint-Germain,
près Paris. Il a loué une ferme mal bâtie, composée de cinquante hectares ; les terres sont douces, sans
pierres, ayant de 0^m 30 à un mètre de profondeur sur
un fond de tuf calcaire. Dix hectares sont en assez bonne
terre, mêlée de pierres calcaires ; dix autres sans profondeur ; enfin cinq hectares sont de mauvais prés
situés très loin de la ferme. Il en vend le triste et faible
produit à de bien faibles prix. M. Bernier m'avait parlé
de ce fermier, en me disant que beaucoup de bons cultivateurs du département de l'Indre, qui connaissaient
la culture de M. Paris, le fermier en question, étaient

d'avis qu'il eût dû remporter la prime d'honneur l'année précédente, au concours régional de Châteauroux, et que lui, M. Bernier, était de cet avis ; c'est ce qui me décida à aller le visiter. M. Paris m'a fort bien accueilli, m'a fait voir les tristes bâtiments dont se compose sa ferme. Il a été forcé d'en augmenter beaucoup l'étendue au moyen d'appentis et de hangars. Son propriétaire qui ne voulait pas construire, même en obtenant 5 p. 0/0 d'intérêt de cette dépense, a consenti à reprendre à dire d'experts, lors de l'expiration du bail de dix-huit ans. M. Paris paye 40 fr. par hectare ou 2,000 fr. par an. Il a 6 bons chevaux et de bonnes vaches du pays avec leurs élèves ; il a aussi cent cinquante brebis qui ont trois quarts de sang southdown et sont fort belles. Il m'a dit vendre ses antenais âgés de dix-huit mois destinés au parc en Beauce, et en obtenir 30 fr. par tête ; je lui ai demandé s'il n'aurait pas plus d'avantage à les engraisser à cet âge, et à les envoyer à Poissy ou à Sceaux ; il m'a répondu que le mal était, qu'on dépendrait alors des commissionnaires.

Il m'a dit avoir vendu cette année, à 75 fr., une trentaine de béliers antenais, ou à 50 fr., des agneaux de six mois ; tous les acquéreurs étaient d'une classe supérieure à celle des fermiers du pays. Il en a vendu, entr'autres, six pour la terre d'Argy. Je pense que ces personnes feraient mieux de s'adresser à des éleveurs de southdown de pure race. M. Rieffel, directeur de la ferme régionale de Grand-Jouan (Loire-Inférieure), pourrait en fournir de la fameuse race de Jonas Webb, pour 100 ou 120 fr. âgés de 18 mois. D'autres excellents éleveurs sont : M. de Behague, à Dampierre près Gien, Loiret, M. de Pourtales, près Rambouillet, M. Manuel, au château de l'Orfrasière, M. Pavy, ferme de Girardet, route de Tours au Mans (Indre-et-Loire), et le comte d'Assailly, près de Niort. On ne paierait des béliers purs pas beaucoup plus cher que des béliers croisés, et on obtiendrait de bien meilleurs résultats. Je ne parle pas des troupeaux du comte de Bouillé, de ceux d'Alfort, de Fouilleuse et de Vincennes ; les prix y sont bien plus élevés.

Nous sommes allés ensuite dans les champs, où j'ai admiré huit hectares de la plus belle luzerne que j'aie vue cette année ; les trèfles incarnats étaient sur leur fin ; on est en train de les marner et fumer avec quarante-cinq mètres d'excellent fumier de bergerie, assez consommé et humide, et deux cents hectolitres de guano par hectare, pour semer des betteraves et du colza. J'ai conseillé à M. Paris d'acheter dans une pharmacie pour quelques sous d'huile spicæ ou d'aspic, d'en mettre quelques gouttes sur chaque poignée de semence, et de frotter entre ses mains jusqu'à ce que la graine devienne luisante ; cela empêche les altises de détruire les crucifères au moment de la levée. Il fume tous les quatre ans, comme je l'ai dit plus haut, pour ses récoltes sarclées, et donne deux cents kilos de guano à ses prairies artificielles de même qu'à ses céréales, quand elles ne sont pas très belles. Il m'a dit qu'il devait principalement ses succès à ses nouveaux marnages de quatre-vingts à cent mètres cubes par hectare. A force de fouiller avec une sonde à quinze pieds de profondeur, il a fini par découvrir une marne d'un blanc bleuâtre à grain très fin, qui se tient ensemble comme de la craie en bloc ; on la tire au moment de la conduire, et des hommes s'occupent à en briser les mottes à mesure qu'on la décharge, afin de ne pas lui laisser le temps de sécher, car elle durcirait. Elle ressemble à cette belle marne blanche en blocs qu'on extrait près de Saint-Omer et qu'on expédie en Belgique, où l'on en fait aussi de la chaux. Il m'a dit et fait voir que ses récoltes, quoique aussi bien fumées, n'étaient pas à beaucoup près, aussi belles, avant d'avoir reçu cette forte dose de cette excellente marne ; il avait marné d'abord avec de la marne de la surface et à moitié dose.

Il achète du fumier à Châteauroux, à huit kilomètres de chez lui, par une route ; ses deux charrettes, attelées chacune de trois chevaux, lui en ramènent seize mètres cubes par jour en deux voyages ; ses charretiers montent sur les charrettes pour piétiner le fumier. Le mètre lui coûte 4 fr. pris à la caserne ; mais afin d'obtenir en deux voyages, il faut qu'il fasse atteler de très grand matin, et qu'il accompagne ses charretiers pour qu'ils chargent fortement et évitent les pertes de temps. La même somme d'argent mise en guano, lui éviterait cet embarras et lui produirait plus de récoltes.

Il laboure et sème du seigle tous les six ans dans ses dix hectares de terres calcaires sans fond, en lui donnant trois cents kilos de guano ; il sème par-dessus de la lupuline, le sainfoin n'y ayant pas réussi ; dans l'intervalle, il sème de l'avoine d'hiver sans fumure.

M. Paris a obtenu cette année la médaille d'or de la Société d'agriculture de Châteauroux, comme étant le meilleur des cultivateurs du département. Il m'a fait voir une vingtaine d'antenaises qu'il n'a pas laissé aller en pâture depuis qu'elles sont nées ; elles sont bien plus fortes et plus belles que les autres. M. Lejeune a fait le même essai et a obtenu le même résultat.

Etant retourné à Châteauroux, j'en répartis avec la diligence pour la Châtre. Pendant ce parcours de neuf lieues, on voit de bons prés bordant l'Indre, lorsqu'on suit la vallée ; mais lorsqu'on se trouve sur les plateaux, le pays est assez désert : il est couvert de bruyères sur les parties à sous-sol imperméable, et d'ajoncs nains sur celles à sous-sol perméable ; celles-ci, quelques années après un bon marnage et de bonnes fumures, produisent la luzerne. Les bruyères donnent des récoltes de colzas, de seigle, d'avoine d'hiver et de vesces d'hiver, avec des fumures de quatre hectolitres de noir animal ; ensuite il faut marner ou chauler et fumer ; mais on aurait de bien meilleures récoltes si on commençait par drainer avant de défricher.

M. Mauduit, chez qui j'étais descendu à la Châtre, me conduisit le lendemain matin à sa propriété, qui fait partie de la commune de Crévant, lieu connu pour sa race de bêtes à laine. Il y a une grande foire en mai, où il s'en vend un grand nombre.

Cette propriété, composée de cent hectares de bons bois et de cent vingt en terres ou bruyères, a été achetée, il y a un peu plus de quatre ans, par M. Mauduit pour 90,000 fr., frais compris, ou à peu près 410 fr. l'hectare. Il a défriché depuis lors les quatre-vingts hectares de bruyères qui contenaient une énorme quantité de grosses pierres et de petites roches ; il a construit un four à chaux et a déjà chaulé soixante-douze hectares ; il a construit une maison d'habitation, mais qui n'est pas encore finie intérieurement. Il a déjà dépensé 120,000 fr. Son four à chaux lui a coûté 400 fr. et cuit soixante hectolitres par vingt-quatre heures. Il va chercher sa pierre à chaux à dix kilomètres, et la paie 6 fr. la toise. Ses voitures passant par la ville pour aller chercher la pierre, il en profite pour y envoyer le bois de ses défrichements et de ses coupes. Son charbon, qui lui vient d'une mine nommée Dabun, dans la Creuse, à soixante kilomètres de là, lui coûte, rendu chez lui, 3 fr. les quatre-vingts kilos. L'hectolitre de chaux lui revient à 1 fr. Il lui faut un hectolitre de charbon pour cuire cinq hectolitres de chaux. Il paye douze centimes et demi pour casser la pierre, cuire et mesurer la chaux.

Il met par hectare cent hectolitres de chaux et seize mètres de fumier acheté à la Châtre. La distance à parcourir pour aller chercher ce fumier, est de huit kilomètres. Il a récolté, par hectare, l'an dernier, sur

cette fumure, vingt-deux hectolitres de froment. Le
colza lui a donné vingt-cinq hectolitres par hectare, sur
cinq hectolitres de noir, sans fumier et chaux. L'hectolitre de noir a coûté 17 fr. rendu ; c'est une fumure de
85 fr. par hectare. Cette année il a trois hectares et demi
de seigle d'une hauteur et d'une épaisseur extrême qui
n'ont reçu, de même, que pour 85 fr. de noir. Il a trente
hectares de froment sur chaux et fumier, en apparence
très inférieurs au seigle. Le mètre de fumier ne peut
pas avoir coûté moins de 5 fr. d'achat et 3 fr. de port ;
cela fait une fumure de 128 fr. et la chaux 100 francs.
Si M. Mauduit avait fait son défrichement au noir, il
aurait eu de plus belles récoltes et dépensé moins d'argent.

Il a transformé trente-huit hectares des anciennes
terres en prés ajoutés aux douze qu'il avait. Il a en outre
vingt hectares de pâtures sous des futaies et sur un coteau garni en partie de beaux rochers qui dominent un
charmant ruisseau contenant beaucoup de truites et
d'écrevisses. On jouit, sur divers points de la propriété,
de délicieux points de vue.

Une partie des roches et pierres extraites de ses défrichements, ont servi à établir les constructions, à maca-
damiser les chemins et à drainer les parties les plus
humides. Il a planté un coteau fort bien exposé, en un
cépage venu du Médoc qui donne déjà, à la troisième
année, un peu de vin ; mais chaque cep a reçu du fumier au moment de la plantation.

M. Mauduit avait acheté en 1856, au concours agricole
de Paris, un bélier dishley dont il a obtenu quarante femelles ; elles vont recevoir un bélier southdown
qui a déjà produit soixante-quinze agneaux avec quatre-
vingts brebis d'espèce crévant. Il a acheté au même
concours un taureau durham dont il a dix-sept produits
de divers âges. Les vaches sont de race limousine,
achetées génisses ; il les fait labourer attelées à quatre,

et les a dressées facilement en se servant d'un anneau attaché au mufle, comme on le fait pour les taureaux. Le sien travaille aussi suffisamment pour l'empêcher d'engraisser. Les vaches travaillent pendant la demi journée, tout en élevant leurs veaux qui n'ont pas l'air d'en souffrir.

La porcherie se compose d'un verrat et d'une truie berkshire. Celle-ci a dix porcelets du verrat newleicester ; ce croisement est excellent, car les femelles de cette race sont plus productives et ont plus de chair que de graisse. Les newleicester donnent moins de petits et poussent trop à la graisse; le croisement corrige les défauts des deux races et réunit à un certain degré leurs qualités respectives.

Le maître-valet avec sa femme, gagne 400 fr. par an ; il est chargé de nourrir les autres valets de ferme et reçoit à cet effet six hectolitres de méteil par individu. Ils ont un bon jardin pour fournir les légumes, un gros cochon pour remplir le saloir, deux pièces de vin pour l'époque des travaux de moisson, des tonneaux pleins de marc de raisin pour faire la boisson de toute l'année, le lait de deux vaches, et 100 fr. pour se procurer l'huile, la chandelle, le sel, le poivre. On leur donne en outre quelques toisons. Ils font dans les champs des pommes de terre, des haricots, des pois verts et des navets pour leur provision.

Le premier bouvier gagne 200 fr., le second 150 fr., la bergère 60 fr. et des toisons ; le petit bouvier et le porcher chacun 40 fr.

M. Mauduit a déjà planté plus de deux mille arbres fruitiers sur sa terre; il y avait déjà un certain nombre de beaux noyers et de magnifiques châtaigniers. Il a planté aussi un milliers d'épicéas, de pins et de peupliers, sur une ligne entourant sa terre et en bordures sur les chemins.

Il m'a dit que tout l'argent mis dans l'achat et l'amélioration de sa terre, lui produisait déjà plus de 6 pour 100 net.

Un des amis de M. Mauduit, M. Pageot, ancien élève de Roville, nous proposa de nous conduire dans une propriété qu'il cultive près de Saint-Chartier, à trois lieues de la Châtre.

Les terres de ces environs sont très argileuses, difficiles à cultiver, mais d'une très grande fertilité. La ferme de M. Pageot est de trente hectares de terres et vingt d'excellents prés. Ses attelages se composent de beaux bœufs de race limousine, ainsi que ses vaches et élèves ; leur nombre se monte à plus de cinquante têtes de gros bétail, soit une tête par hectare, en y comprenant dix fortes bêtes à laine, pouvant équivaloir à une tête de gros bétail. Il avait un troupeau ayant du sang dishley que la cachexie l'a forcé de vendre. Il en crée un autre avec les fortes brebis de ces environs et leur donnera un bélier southdown. Il est aussi décidé, m'a-t-il dit, à acheter un taureau durham bien écussonné, pour ses vaches.

M. Pageot a la moitié de ses trente hectares en froment et en avoine d'hiver ; les quinze autres hectares sont en plantes fourragères, telles que féveroles d'hiver sur cinq hectares, trèfle, vesces et jarosse d'hiver ; le tout est remarquablement haut et épais. Il n'a en récoltes sarclées, que des pommes de terre.

Ces messieurs se plaignent amèrement des habitants du pays qui se mêlent d'affaires. Par exemple les boulangers veulent leur payer de beaux froments blancs, moins cher que les froments rouges du pays qui sont moins productifs, moins beaux et moins lourds. Les marchands de bœufs et de moutons dans les foires déprécient leurs bêtes d'espèces perfectionnées et empêchent les autres cultivateurs d'en acheter. Les fermiers généraux, bourgeois de petites villes, prennent en location les terres de propriétaires habitant d'autres parties de la France. Ils pressurent les pauvres métayers et les empêchent de faire aucune amélioration, et de changer leurs habitudes routinières, tout en leur soutirant le plus possible. Toutes ces personnes se liguent pour déprécier tout ce que font les propriétaires qui cultivent eux-mêmes, et tout ce qu'ils ont à vendre. Ils font ce qu'ils peuvent par leurs discours et leurs gorges-chaudes les jours de louées, pour détourner les bons domestiques d'entrer chez les propriétaires cultivateurs. Ils craignent que les bons exemples qu'ils pourraient donner, ne fassent ouvrir les yeux aux propriétaires de qui ils tiennent les domaines en location, et que cela ne les amène à vouloir augmenter leurs baux.

J'ai quitté ces messieurs, le 6 juin, par une chaleur suffocante, pour prendre la diligence d'Issoudun, où je me suis reposé quelques heures. J'en suis reparti à une heure du matin avec le courrier qui porte les dépêches jusqu'à Saint-Amant.

J'ai trouvé les récoltes de la Champagne du Berry, remarquablement belles pour le pays : froments, orges, vesces et gesses ; les sainfoins sont déjà rentrés.

Je me suis arrêté chez M. Béraut, ancien élève et plus tard professeur de Roville ; il cultive deux de ses fermes et a encore trois métayers. Il n'est pas content de ses froments pour n'avoir pas voulu leur donner cette année, comme il le fait habituellement, cent cinquante kilos de guano par hectare. Il cultive cent vingt hectares et est loin de pouvoir faire assez de fumier ; aussi il achète du guano, mais en trop faible quantité. Ses avoines d'hiver et celles de printemps qui suivent le froment, ayant reçu du guano, sont superbes. Une pièce de froment trop éloignée et ayant de trop mauvais chemins pour y conduire du fumier, n'a reçu que trois cents kilos de guano par hectare ; elle porte une très

belle récolte. Son champ de pommes de terre et de betteraves est bien levé, mais il a besoin de pluie comme
les autres récoltes.

M. Béraut, qui après M. Durand a été le premier
dans ces environs à se servir de noir animal pour faire
ses grands défrichements de bruyères, lui rend pleine-
ment justice. Il m'a appris que les immenses bruyères
qui couvraient le pays, ont été presque toutes défrichées
au moyen du noir.

Une commune, celle de Prunier, qui avait une très
grande quantité de bruyères, les a louées par adjudica-
tion, dont la moyenne ne dépasse guère 10 fr. par hectare. Le bail est pour neuf années, mais avec promesse
d'un second terme de neuf ans au même prix, aux ad-
judicataires qui entoureraient leurs pièces de fossés
entretenus en bon état.

Cette commune a beaucoup de marnières et de carrières de pierres à chaux ; elle peut donc facilement
rendre ces terres de bruyères très productives, et on dit
qu'elle le fait. M. Béraut a fait venir une machine de
Cumming d'Orléans ; elle est à poste fixe et coûte avec
son tarare, 1,600 fr. Elle bat, avec quatre chevaux de
moyenne taille, vingt hectolitres de froment en dix
heures.

Il s'occupe de faire son second chaulage, de cinquante
hectolitres comme le premier. Il va chercher la chaux
à douze kilomètres, et la paie 1 fr. 10. Je pense qu'il
eût tiré un bien meilleur parti de ses terres, s'il avait
chaulé la première fois à raison de cent hectolitres. Je
suis arrivé le 7 juin au soir, chez mon ami, M. Durand,
à sa jolie maison de campagne de Bel-Air, près la ville
de Lignières. Elle est entourée d'une dizaine d'hectares
de prés donnant peu de foin, et qui, je crois, produi-
raient beaucoup en culture.

Il a planté un hectare de vignes à la manière de Lus-
saudeau de Bône, près Montrichard. Sa culture s'étend

sur quinze hectares; ses froments ont près de cinq pieds de haut au moment d'épier; ils sont en même temps fort épais.

Une pièce de terre placée sur un coteau longé par la route, passait pour ne pas pouvoir produire une bonne récolte de seigle; mon ami l'a drainée à dix mètres entre les rigoles, et à un mètre vingt-cinq centimètres de profondeur, après y avoir mis un tuyau, puis un fagot de branches de sapins, qu'il a recouvert de gazons, il a rebouché les rigoles; il y a planté à tous les deux mètres une bouture de sarment de côt.

Il a chaulé ensuite, à raison de cent cinquante hectolitres, a passé la charrue fouilleuse à la suite de la charrue américaine, attelées de trois chevaux chacune, a fumé avec quarante mètres cubes et deux cents kilos de guano; enfin, après avoir récolté des pommes de terres ou des betteraves bien sarclées, il y a maintenant un superbe champ de froment.

M. Durand cultive depuis bien des années du ray-grass d'Italie, que nous avons appris à connaître lui et moi, dès l'année 1815, chez M. de Fellemberg, lorsque nous étions en pension à Hofwil, pour y apprendre l'agriculture. Eh bien! cette plante si productive et qui donne un des meilleurs fourrages, est encore fort peu cultivée en France. Elle est cependant connue et appréciée dans d'autres pays, depuis plus de quarante ans; c'est extraordinaire comme les meilleures choses ont de la peine à se propager en agriculture. Cependant cette plante semée dans une bonne terre, donne trois coupes abondantes pendant deux ans, si on veut l'arroser après chaque coupe avec du purin coupé d'eau, ou à son défaut, avec deux cent cinquante hectolitres d'eau par hectare dans chacun desquels on a fait dissoudre deux kilos de guano, les coupes peuvent se renouveler six fois au moins. La quantité de guano est très-grande à la vérité, mais le produit qu'il fait obtenir est si grand, qu'il

paie largement la dépense ; on se procure ainsi abondance de fourrage vert, dans un temps où l'on en manque presque toujours. Cette plante a encore l'immense
mérite de fournir beaucoup de semence, qui lève parfaitement et augmente le produit d'un trèfle trop clair,
qu'il faudrait retourner si on n'avait pas cette ressource ; on est sûr de réussir, même sans être obligé
de l'enterrer à la herse, ce qui souvent ne peut se faire,
si on sème par un temps humide. J'ai vu ici ce ray-
grass semé dans un trèfle d'automne ainsi que dans une
vesce d'hiver qu'on fauchait et il avait plus de quatre
pieds de haut.

Mon ami sème, depuis plusieurs années, des lupins
à fleurs blanches, qu'il enfouit en guise de fumure, et
cela avec grand succès.

Il a semé aussi des lupins à fleurs jaunes, pour semence, afin de pouvoir le cultiver en grand dans sa
terre du Bois-d'Habert ; c'est un excellent fourrage
pour les moutons, qui cependant le refusent d'abord à
cause de sa grande amertume ; mais dès qu'on a pu les
habituer à en manger, cette nourriture leur convient
beaucoup et les empêche d'attraper la pourriture ou
cachexie aqueuse.

Le moha est bien levé. Les carottes, qui ont été semées, quoique fortement germées, ont aussi très-bien
levé. M. Durand est en train de planter des choux de
Poitou, et va semer des navets.

Nous sommes allés visiter M. Bouthier, propriétaire
fort à l'aise, demeurant à Lignières. Il cultive à la porte
de la ville cent quarante hectares, parmi lesquels il a
beaucoup de bons prés.

M. Bouthier engraisse beaucoup de bœufs et fait travailler ceux achetés les derniers ; cela lui permet de
mettre beaucoup de charrues à l'œuvre à la fois, tout
en ne faisant travailler ses bœufs que pendant des demi-
journées, lors de la semaille des avoines d'hiver, en

septembre, et des froments . en octobre. M. Bouthier nous a conduits vers ses champs, en nous faisant traverser une plaine que j'avais vue, peu d'années avant, couverte de bruyère : cette fois elle portait de fort belles récoltes de céréales. Cette plaine appartenait au comte de Bourbon-Busset, qui a fini par la louer aux habitants de Lignières ; ceux-ci l'ont défrichée et y font de bonnes récoltes.

M. Durand m'a conduit le 9 juin dans sa terre de Bois-d'Habert, qui se compose d'environ quatre cents hectares ; un quart est encore en bruyères sur lesquelles trois communes ont des droits de pâture ; c'est ce qui l'a empêché de les défricher jusqu'à présent.

Cette propriété passait, il y a vingt ans, lorsqu'il l'a achetée, pour très-ingrate ; maintenant les récoltes qui couvrent les deux fermes que ses enfants cultivent, sont des plus belles qu'on puisse voir, même dans les meilleurs pays. Mais il a beaucoup marné et chaulé, et il continue ces améliorations le plus rapidement possible.

Il draine aussi depuis quelques années ; et malgré l'excessive sécheresse qui règne depuis dix-huit mois, on s'aperçoit facilement et même de loin, de la grande amélioration que le drainage a apportée à ses récoltes.

Ses froments, qui avant l'assainissement des terres produisaient peu, ont cinq pieds de haut, sont très-épais et à longs épis ; il en est de même pour les avoines d'hiver. Ses colzas semés, ainsi que ses betteraves, sur des billons à la Northumberland, sont aussi des plus beaux. Il a également de belles féveroles semées à l'automne. Un grand champ de vesces d'hiver mêlées d'avoine et de ray-grass d'Italie, vient d'être fauché ; il donnera une énorme quantité d'excellent fourrage.

Ses cinquante hectares de prés naturels ont besoin d'être drainés et améliorés ; ils produisent fort peu, excepté dans les parties où se répandent les eaux qui sortent des cours de la ferme. Cela prouve qu'ils sont susceptibles de bien produire, lorsqu'on leur appliquera quelques quintaux métriques de guano.

M. Durand a de très bons trèfles et d'excellentes luzernes. Le moha, qu'il a été le premier à cultiver, après en avoir obtenu un peu de graine que mon père avait fait venir de Hongrie en 1816, lui rend de très grands services. Il est bon à faucher et donne de fortes coupes dans les mois les plus secs et les plus chauds de l'année, lorsque souvent toute autre verdure a disparu.

M. Durand a planté un grand verger en arbres fruitiers bien choisis, l'année après avoir acheté cette terre, et il a maintenant une véritable abondance d'excellents fruits. Ce succès est dû à ce qu'il a fait creuser de larges et profonds fossés dans le sens de la pente du terrain, il en a fait garnir le fond de pierres ramassées dans les champs; il les a fait recouvrir de fagots faits de menues branches, et a mis des plaques de gazon par-dessus, enfin il a fait reboucher les fossés et a planté ensuite ses arbres. Il est maintenant bien payé et bien récompensé des dépenses et des peines que cela lui a coûté.

Mon ami a de fort belles bêtes bovines, provenant d'un premier croisement entre vaches fribourgeoises ou cotentines, auxquelles on a donné des taureaux charolais et plus tard des taureaux durham. Ses bœufs sont grands, forts, travaillent très bien et s'engraissent facilement à l'âge de six ans. Ses vaches lui font de bons et beaux élèves et lui donnent d'excellent lait.

Ses terres étant généralement à sous-sol imperméable, il n'a pas de troupeau d'élevage, mais des moutons à l'engrais. Il a des cochons des espèces newleicester et berkshire qu'il croise ensemble.

Dans les deux lieues que nous avons parcourues sur une excellente route en venant de Lignières à Bois-d'Habert, nous avons aperçu trois petits fours à chaux. Dans quelques courses faites dans ces environs, nous en avons vu encore plusieurs autres. Ce sont des propriétaires qui les ont construits depuis peu d'années, afin de pouvoir chauler rapidement leurs terres, le marnage demandant trop de temps. Aussi l'aspect de ce pays change-t-il tous les jours à son avantage ; on voit de beaux froments là où l'on n'apercevait naguère que de pauvres seigles ; de bons prés ont remplacé les pacages marécageux. Tout le monde s'occupe plus ou moins d'améliorer la culture ; enfin des semis de pins couvrent de pauvres sables. Témoin, un brave homme que nous sommes allés visiter. Il a acheté, il y a cinq ans, pour 3,000 francs, une chaumière avec une vingtaine d'hectares, dont les trois quarts étaient en bruyères. Il les défriche avec du noir animal, et les chaule après avoir mis trois ans de suite du noir. Il fait sa chaux lui-même dans la terre où elle doit être répandue ; il amène avec ses deux petits bœufs une toise d'excellentes pierres calcaires dures ; en neuf voyages, qui emploient trois jours, il va chercher son anthracite au port de Saint-Amour sur Cher, à dix-sept kilomètres. Il assure qu'il fait six hectolitres de chaux avec un d'anthracite. Il a de belles récoltes, et sa propriété augmente chaque année de produits et de valeur. Il vient d'essayer le guano sur une vieille terre.

Cet homme est un simple paysan, qui n'étant pas tombé au sort, n'a jamais voyagé. Il m'a paru très intelligent et très actif.

M. Durand m'a conduit dans une commune voisine, celle d'Ineuil, où se trouve depuis dix ans un fermier artésien. C'est le colonel d'artillerie de Saint-Georges, Artésien lui-même et en garnison à Douai, qui a envoyé ici, ce fermier pour occuper et cultiver une terre provenant de sa femme.

M. Détré, le fermier en question, est venu avec deux fils, l'un de dix-huit ans et l'autre de quatorze. Devenu veuf, il s'était remarié. Sa ferme contient cent hectares en partie d'excellentes terres, qui étaient gâtées par de nombreuses haies formées presqu'entièrement de grands arbres et de têtaux d'ormes. De plus, d'énormes pierres empêchaient de labourer profondément. Les bâtiments étaient en mauvais état et insuffisants; il obtint qu'on les réparât et qu'on en augmentât le nombre, mais il fut obligé de faire gratuitement tous les charrois. Il se mit à arracher une partie des haies, ainsi que les grosses pierres. Il défricha les pâtureaux couverts d'épines et de ronces, et dont les bêtes pouvaient à peine brouter l'herbe. Il a singulièrement amélioré la ferme, mais il n'a pu mettre beaucoup de côté pour ses vieux jours.

Le produit de la ferme est plus que doublé; les récoltes sont très belles.

Mme Détré est d'une activité sans pareille; elle fait tout le pain consommé dans la ferme; elle a d'excellent beurre, beaucoup de volailles; enfin elle fait assurément à elle seule plus de bonne besogne que deux femmes du pays n'en pourraient exécuter.

Un des messieurs Durand m'a conduit chez M. Routhier, venu du département des Ardennes il y a quatorze ans, pour louer la terre de l'Hômois. Il a singulièrement amélioré les cent cinquante hectares qu'il cultive. Il arrache les nombreuses et très larges haies qui occupaient une grande partie du terrain. Il a énormément marné, ce qui a transformé ses terres, qui de médiocres sont devenues très bonnes. Maintenant qu'il n'a plus que cinq ans de bail, il ajoute de la chaux amortie à ses fumiers, ce qui produit un très bon effet. Il avait essayé, en débutant, de cultiver deux domaines composés de terres de la plus haute fertilité; mais elles étaient si difficiles à labourer et les chemins étaient presque toujours si impraticables, qu'il a cru devoir les abandonner aux malheureux métayers du pays, qui en tirent un bien faible parti. M. Routhier a un fort beau bétail, provenant en partie d'un beau taureau aux quatre cinquièmes durham.

Nous sommes allés ensuite visiter une ferme du voisinage. Un excellent cultivateur de ce pays, M. Auclerc, a su en tirer un bien grand parti en la faisant cultiver par un métayer, qui a une nombreuse famille.

La ferme du Peur a cinquante-quatre hectares de terres, en côtes, très argileuses, et dix en excellents prés, sur les bords de l'Arnon, rivière non navigable. Un grand mérite de cette ferme, est d'être d'un seul tenant. Les bâtiments sont en bon état et suffisamment étendus, pour le beau et nombreux bétail qu'on y nourrit. Un vieux métayer qui y est depuis quatorze ans, se retire. Il avait été pendant vingt années dans la terre de la Basse-Cour, du château de l'Hômois, où M. Routhier l'a remplacé.

Ce brave homme passe dans ce pays pour être le meilleur cultivateur de son espèce dans ces environs. Son bétail, qui compte autant de têtes de grosses bêtes que la ferme a d'hectares, est croisé durham depuis plusieurs générations. Le métayer assure que ses bœufs travaillent au moins aussi bien que les bœufs de la Creuse, espèce qui descend de la race limousine, sans être aussi belle. Son taureau est fort beau; il l'a payé 600 fr. à son propriétaire. Il y a au Peur une dizaine de juments et poulains, un bon bélier de la Charmoise, un verrat et des truies de race anglaise.

On y emploie les instruments de Dombasle. Ce domaine produit, année moyenne, assure-t-on, 6,000 fr. à M. Auclerc le fils.

Je suis arrivé avec un de mes jeunes amis, le 12 juin au matin, chez MM. Auclerc père et fils, qui habitent la commune de Bruère, sur la route de Bourges à Saint-Amant, deux lieues avant d'arriver à cette dernière ville. Ils sont, depuis longues années, les meilleurs cultivaleurs on peut le dire, de tout le Berry. Ils se tiennent au courant de tous les progrès ; ils ont le meilleur bétail, des instruments perfectionnés , les meilleures semences ; ils connaissent les irrigations, le drainage, les engrais pulvérulents ; ils ont même adopté chez eux et fait adopter par leurs nombreux métayers, l'emploi de la sape pour moissonner les céréales.

Aussi le ministre de l'agriculture a-t-il trouvé M. Auclerc, le père, digne d'être nommé chevalier de la Légion d'honneur. Ces messieurs me firent voir pour commencer, leur magnifique bétail, que M. Auclerc le père a commencé à former il y a de cela vingt-quatre ans, avec des vaches charolaises, auxquelles il donna un taureau acheté à la première vente du Pin.

M. Auclerc le fils a parcouru dans l'automne 1855, l'Angleterre pendant six semaines, visitant les meilleurs éleveurs de la Grande-Bretagne. Il en a ramené une vache durham pleine d'un des plus fameux taureaux. Elle lui a coûté, chez M. Tanqueray, 4,600 fr. et une génisse 2,000 fr.; ils en ont eu déjà quatre produits, dont un est le taureau du Peur.

Ces messieurs ont complété leur étable l'année suivante au concours de 1856 à Paris, en achetant un beau taureau venu d'Angleterre qui leur donne de très beaux produits.

Ils avaient l'an dernier en y comprenant les veaux, quatre-vingt-sept bêtes nourries sur cinquante-six hectares, dont seulement quatre sont en prés irrigués.

Leurs travaux de culture se font principalement par des bœufs élevés chez eux et qui ont au moins trois quarts de sang durham. Ces bêtes, malgré tout le mal qu'on en dit comme travailleurs, remplissent ici fort bien leur rôle ; il y en a même un dont le camarade est un bon bœuf de race salers, et il est en moins bon état que le bœuf croisé durham. Ces messieurs m'ont souvent assuré, dans les visites que je leur fais depuis

grand nombre d'années, que leurs bœufs croisés durham travaillent au moins aussi bien que les limousins,
les marchois, les salers, les berrichons et les charolais.

Quant à la quantité de lait donnée par leurs vaches,
ces messieurs ne peuvent guère l'apprécier, puisqu'ils
laissent téter leurs veaux jusqu'à l'âge de cinq mois et
même plus. Cependant ils ont une vache qui, ayant fait
à la fois deux veaux qui n'ont pas vécu , leur a
donné d'abord trente litres de lait, et en donne encore
vingt après quatre mois de vêlage. La plupart de leurs
vaches donnent encore du lait peu de semaines avant
de vêler. Les deux achetées en Angleterre sont de ce
nombre, et sont fort bien écussonnées, quoique durham.

Nous avons eu à admirer de très belles récoltes sarclées. Les betteraves et carottes sont semées en lignes
alternatives ; elles donnent ainsi plus de produits. Je
leur ai dit que s'ils semaient ces deux espèces de racines ensemble, leur produit augmenterait encore ; du
moins cela m'a été assuré par un des meilleurs cultivateurs de France, M. Dargent, près Fécamp, qui m'a
fait voir ce mélange de racines se touchant dans les
lignes ; elles étaient énormes.

Ces messieurs ont récolté, l'an dernier, une moyenne
de quatre-vingt-dix mille kilos de betteraves globes
jaunes et disettes par hectare. Leur maïs à graine et
celui à fourrage, sont aussi très-beaux ; ce dernier était
mêlé à du sarrasin, à de la moutarde blanche et à de la
vesce. Cela formait un fourrage des plus épais et que
son mélange faisait d'autant plus apprécier par les
vaches. Nous avons vu du sainfoin à deux coupes qu'on
était en train de faucher, et dont les tiges avaient jusqu'à un mètre trente de longueur.

Mais ce qui nous a frappés le plus, ce fut un
champ de sorgho, venu sur bonne fumure après un
fourrage composé de seigle, vesces et avoine d'hiver.

Cinquante ares ont suffi pour nourrir tout leur bétail pendant deux semaines. Le sorgho n'est bon à consommer que lorsque sa graine est formée, c'est-à-dire vers la fin d'août, sous ce climat, époque à laquelle les tiges de maïs fourrage, deviennent trop dures. MM. Auclerc font passer les tiges de sorgho de Chine par le hache-paille ; de cette manière tous les animaux le dévorent avec avidité. Ce fourrage en restant sur pied, peut encore se consommer quinze jours après avoir été saisi par la gelée.

Ces messieurs sèment beaucoup de navets après avoir enlevé le froment, et en font de belles récoltes en lui donnant deux cents kilos de guano par hectare.

Une vingtaine d'hectares de cette ferme étant à sept kilomètres de l'habitation, sont fumés alternativement avec du fumier et avec du guano. Ces messieurs ont vendu, depuis le 1er janvier, pour 10,150 fr. de bêtes à cornes, tant pour la reproduction que pour la boucherie ; une de ces bêtes, un bœuf gras, a été vendu 1,050 fr., et quatre génisses de douze à quinze mois ont été cédées pour 1,600 fr.

Leurs attelages se composent de seize bœufs, parmi lesquels un tiers ne font que commencer à travailler. Ils ont aussi deux chevaux de charrette et deux de cabriolet.

Ils ont mis trois jeunes taureaux ayant quatre cinquièmes de sang durham, chez trois cultivateurs de diverses parties de l'arrondissement, pour que ces personnes puissent s'en servir pour leurs étables. Ces taureaux sont également destinés à faire la saillie pour le public à raison de 1 fr. 50. Cette rétribution servira à couvrir les frais de nourriture. Ils ont la permission de leur laisser servir à chacun cent vaches, et cela a été fait par MM. Auclerc, afin de rendre service à leurs concitoyens, et sans aucun avantage pour eux-mêmes. C'est une belle action et digne d'éloge.

Ces messieurs m'ont appris qu'un ancien notaire de Paris venait d'acheter, dans leur voisinage, une terre avec l'intention de l'améliorer. Ils ont ajouté qu'une autre personne étrangère à ce pays, avait acquis, il y a quelques années, une terre du côté de Culan, et y faisait de grandes améliorations agricoles.

On voit effectivement, et de bien des côtés, des personnes ayant de la fortune, venir se fixer dans les pays à culture arriérée, et tâcher d'y faire progresser l'agriculture.

MM. Auclerc m'ont dit que depuis quatre ans, ils cultivent leurs pommes de terre sans leur donner d'autre engrais, que l'arrosage avec trois cents hectolitres d'urine pure, par hectare, avant de planter leurs tubercules, et un second arrosage, avec six cents hectolitres d'urine coupée de moitié eau, lorsque les pommes de terre sont bien levées. On fait passer le tonneau à purin dans les lignes; un homme marchant derrière dirige un tuyau en caoutchouc sortant du tonneau sur les lignes. Ces messieurs assurent que la maladie les avait épargnés depuis lors. Non-seulement ils ne font pas de jachères complètes, malheureusement encore si en usage en France, mais au contraire ils font beaucoup de récoltes dérobées ou secondes récoltes. Les bons exemples que ces messieurs donnent depuis si longtemps à leurs voisins, leur ont encore bien peu profité. Ils voient journellement cet admirable et très-profitable bétail; eh bien! ils ne viennent pas profiter de ses taureaux.

J'ai vu à quatre ou cinq kilomètres de Bruère, en suivant la route de Bourges, une grande distillerie construite récemment par une société pour faire de l'alcool de betteraves. On m'a dit que M. Frère, cultivateur des environs de Paris, venu il y a une dizaine d'années pour louer une grande ferme de ce voisinage, s'était engagé à faire cent vingt hectares de betteraves pour cette distillerie. Effectivement j'en ai aperçu sur des pièces de terre considérables, qui m'ont paru propres et bien sarclées.

Entre Bruère et Bourges, dans un parcours de trentesix kilomètres, on ne voit qu'une commune, celle de Levée. On ne conçoit pas que, dans un pays naturellement fertile, il y ait si peu de population. On ne voit que peu ou point de luzernes, et fort peu de sainfoins qui seraient d'une si grande ressource pour les fermiers de ce pays.

Entre Bourges et Ménetoux-Salon, la culture est meilleure. Il y a beaucoup de vignes et de prés ; les terres calcaires s'arrêtent là. Le prince d'Aremberg y possède un grand château. Il y a construit plusieurs grandes et belles fermes, et y a défriché de grandes bruyères.

On voit avant d'arriver dans le bourg, après avoir traversé la forêt du Prinée, et sur les bords de la route de la petite ville de Henrichemont, une énorme quantité d'arbres fruitiers dans les champs. C'est en même temps un produit et un ornement pour ce pays.

Je n'ai aperçu entre Bourges et Henrichemont qu'une seule bruyère ; une autre venait d'être labourée et fortement marnée. Il y a peu d'années, il n'en était pas ainsi ; les bruyères y abondaient. Les céréales sont généralement assez belles, mais un reproche à faire aux cultivateurs de ces pays, c'est le peu de sainfoin dans les champs calcaires, et le peu de trèfle dans ceux qui ne le sont pas. Je n'ai vu qu'une belle et bonne luzerne. Les foins seront abondants cette année.

Je suis arrivé le 14 juin au château de Loroy, chez M. Lupin, qui cultive six grandes fermes. Il a défriché une très-grande étendue de bonnes bruyères au moyen du noir animal. Il les a drainées et marnées lorsqu'elles se trouvaient à portée des marnières, assez nombreuses chez lui, et contenant d'excellente marne. Lorsque les bruyères ou anciennes terres sont loin des marnières,

M. Lupin les fait chauler. Il a à cette intention construit un four à chaux, à deux lieues de sa terre, sur un
petit champ acheté exprès et bordant la route. Ce champ
contient une grande épaisseur de pierres calcaires. Il
fait venir par le canal du Berry un bateau d'anthracite
de Montluçon, toutes les fois que c'est nécessaire, et sa
chaux lui revient à 75 centimes l'hectolitre. Son four à
chaux est à vingt kilomètres de Bourges, où on lui dé-
barque son combustible.

M. Lupin a été un des premiers à se procurer un
taureau durham, il y a de cela plus de vingt-cinq ans.
Aussi a-t-il de belles vaches dans toutes ses fermes;
elles proviennent de petites vaches normandes achetées
dans les environs d'Alençon.

Il a croisé dans le début, des brebis berrichonnes
avec des béliers newkent et des béliers dishley. Il a
même eu pendant un temps, un petit troupeau de brebis
dishley, mais qui n'ont pas mieux réussi ici qu'ailleurs,
sur le continent où l'on a essayé d'élever des dishley de
pure race. Ils sont trop délicats et ils ont besoin de vivre
en petits lots, dans d'excellents herbages et de n'être
pas tourmentés. M. Lupin y a renoncé, et depuis lors,
il fait venir d'Ecosse ou d'Angleterre, les béliers southdown dont il a besoin ; il s'en trouve fort bien. Ils lui
coûtent rendus chez lui de 200 à 250 fr. Les huit derniers qui étaient fort beaux, lui venaient de chez
M. Anderson, agent de lord Bathurst, qui dirige une
des belles et grandes fermes d'Angleterre, dans l'immense parc de Cirencester; près de ce parc, lord Bathurst a fondé une ferme-école, où des propriétaires ou
grands fermiers peuvent envoyer ceux de leurs fils, qui
se destinent à la carrière agricole.

M. Anderson a rendu encore un autre service à
M. Lupin, celui de lui envoyer quatre béliers d'un an
de la grande race cotswold. Ils ont coûté, rendus à
Loroy, 250 fr. la pièce. Il veut faire servir par eux ses

plus petites brebis, afin de relever la taille et d'augmenter le poids des agneaux. Il donnera aux antenaises qui
en résulteront, des béliers southdown, comme le fait
avec tant de succès M. de Nathurius, l'agriculteur le
plus progressif de toute l'Allemagne.

M. Lupin cultive, pour alimenter ses deux distilleries,
une grande étendue de betteraves à sucre dans ses
bonnes terres, et de topinambours dans ses terres les
plus légères. Comme le fumier ne peut pas suffire à une
aussi grande étendue de récoltes sarclées, M. Lupin fait
un mélange de poudre d'os, de tourteaux pulvérisés et
de guano. Il administre une couple d'onces de ce mélange à chaque pied de betteraves ou de topinambours,
en ayant soin de mettre un peu de terre entre le tubercule et l'engrais qui sans cela serait nuisible.

Le puits d'une de ses usines ayant manqué d'eau
après ces deux années d'une grande sécheresse, M. Lupin s'est arrangé avec M. Degousée, qui lui a envoyé
avec un ouvrier habile, tous les instruments nécessaires
pour forer au fond de ce puits et donner un coup de
tarière jusqu'à une soixantaine de mètres de profondeur.
Cette opération a fini par rendre au puits l'eau qui lui
manquait.

M. Lupin a chez lui une station d'étalons des haras,
et fait avec de bonnes juments normandes, de beaux et
bons élèves.

M. Lupin est fort bien monté en instruments d'agriculture perfectionnés.

A mesure que sa culture s'améliorait, le nombre de
ses bestiaux devenant plus grand, il a été obligé d'a-
jouter des bâtiments à toutes ses fermes. Il les a construits en torchis et les a couverts en papier goudronné.
Ces bâtiments et ces hangars lui rendent de bons services depuis bien des années.

Je suis parti de Loroy avec le courrier qui va de Henrichemont à Aubigny. Là j'ai pris celui qui va chercher

les lettres et les voyageurs à la station de Salbris. Les quatre lieues qu'on parcourt entre Loroy et Aubigny traversent en partie un pays assez bon et assez joli, ayant de bons prés, de beaux chênes, de beaux châtaigniers et de la marne; mais le pays entre Aubigny et Salbris est sauvage, triste et des plus maigres. On ne traverse pendant ces cinq lieues qu'un seul village.

Les six lieues entre Salbris et Romorantin sont moins mauvaises et un peu plus peuplées, car on suit à peu près le cours de la Saudre, rivière qui vient de pays calcaires et marneux, et améliore les vallées qu'elle arrose ; tandis que le Beuvron, et d'autres rivières de Sologne, ne parcourant que des bois et des bruyères, n'apportent ainsi que des eaux brunies par le tannin.

Je me suis rendu de Romorantin chez M. Leroux, habitant du Hâvre, qui vient passer l'été dans une ferme qu'il a achetée il y a plusieurs années, pour s'y occuper d'améliorations agricoles. Les anciens propriétaires du Liot avaient défriché les pâtureaux , les bruyères et usé toutes les terres légères; de sorte que, lors 'de l'acquisition de M. Leroux, en 1847, une dizaine d'hectares de terres fortes, anciennement en étangs et en pâtureaux, étaient les seules qui n'eussent pas perdu toute leur fertilité. M. Leroux était commissionnaire pour la marine au Hâvre ; n'ayant quitté les affaires qu'en 1850, il n'a pu s'occuper sérieusement de sa propriété que depuis sept ans. Comme il avait vu employer autour du Hâvre une énorme quantité de guano avec grand avantage, il pensa que cet engrais remettrait ses terres épuisées, en état de produire de bonnes et profitables récoltes.

La ferme du Liot se compose de cent trente hectares, dont douze en bois; il n'y existait pas de prés, mais M. Leroux en a créé vingt hectares, qu'il peut irriguer en automne et au printemps. Il y a sur cette terre de très-bonnes marnières, dont il a grandement profité pour marner. Il a aussi chaulé beaucoup, tout en payant la chaux 1 fr. 50 l'hectolitre. La chaux lui serait revenue à moitié prix, s'il eût fait construire un four, car il est à quatre kilomètres de carrières d'excellentes pierres à chaux et à une moindre distance du canal du Berry, qui communique avec Montluçon.

Ses attelages se composent de neuf chevaux, dont deux de calèche, et de quatre forts bœufs. Il a quatre vaches et une génisse, et enfin trois cents belles brebis métisses mérinos, provenant d'abord de béliers du très-beau troupeau mérinos de M. Dargent, près Fécamp, et de brebis solognotes. Quelques années plus tard on a donné aux brebis croisées, des béliers d'Alfort qui ont moitié de sang mérinos de Rambouillet, un quart de celui du troupeau Grault de Manchamp, enfin un quart de sang dishley, magnifique race dont la création est due à cet excellent M. Yvart. M. Leroux a soixante-dix antenaises et deux cent quatre-vingts agneaux ; il vend ceux-ci à l'âge de six mois après les avoir tondus, au prix de 20 fr., à des cultivateurs normands qui les revendent 40 fr. à l'âge de trente mois, après les avoir engraissés. Ses brebis lui donnent trois kilos de laine vendue au même prix, que celles des métis mérinos. Il a encore deux truies croisées, avec un verrat anglais.

Sa propriété lui a coûté, sans cheptel, mais tous frais payés, 75,000 fr., intérêt du capital d'acquisition pendant deux ans compris ; il estimait les bâtiments existants à 15,000 fr. Il en a mis autant en constructions et en arrangements, et il est bien logé.

M. Leroux a dépensé 60,000 fr. pour son cheptel, pour son matériel agricole et en améliorations de toutes sortes, parmi lesquelles il faut surtout compter 28,000 fr. de guano, acheté pendant les sept années. Cet engrais est à mon avis la cause principale des magnifiques récoltes que j'ai vues chez lui. Ses vingt-cinq hectares de froment ont plus de quatre pieds de haut et ont des épis d'une longueur remarquable ; ils sont très-épais, quoique sur sables de Sologne. Il faut y ajouter quatre hectares de très-beau méteil et un de seigle.

Ses dix-huit hectares d'orges et avoines, n'ont malheureusement pas été ensemencés en automne. Ses avoines de printemps, quoiqu'épaisses et bien épiées, de l'espèce précoce connue sous le nom de Johanete, ne sont pas longues en paille, par suite de l'excessive sécheresse qui règne depuis longtemps ; elles produiront bien moins que des avoines d'hiver. Il a cinq hectares de vesces mêlées d'avoines d'hiver. Ce fourrage est des plus beaux qu'on puisse voir.

Une partie de ses onze hectares de trèfles ont bien souffert du soleil, sur ces sables qui en supportent l'ardeur moins bien que les terres ordinaires, ils sont trop clairs. Quel dommage qu'on n'ait pas semé, comme l'a fait M. Durand de Bois-d'Habert, du ray-grass d'Italie partout où le trèfle manquait ou bien était trop clair ! Il a neuf hectares de colzas de toute beauté ; on les coupe et on a commencé à les battre. Il a cinq hectares en récoltes sarclées très propres. La bonne pluie tombée cette nuit va les activer ; il compte semer beaucoup de navets sur ses chaumes de blés, après un bon coup de charrue, des hersages et l'application de deux cents kilos de guano.

M. Leroux, voulant rendre un service de plus à la Sologne à laquelle il a déjà donné tant de bons exemples, a fait venir l'année dernière de la graine de lupins à fleurs jaunes. Il en a semé ce printemps sept hectares, dont les premiers faits ont déjà 0 m. 66 de hauteur ; mais on voit aussi que la sécheresse ne leur va pas ; il m'a fait voir que ceux semés sur un coin de champ qui avait été chaulé périssaient au lieu de bien venir.

M. Leroux étant normand, a planté il y a sept ans, cent pommiers à cidre venus de son pays ; mais, pour les faire prospérer dans une si mauvaise terre, il a cru

devoir ajouter aux soins en usage dans son pays, celui
de faire des trous de quatre pieds en carré et de trois en
profondeur ; ensuite il a ajouté à la terre, lorsqu'on a
rebouché les trous, trois kilos de chiffons de laine bien
mêlés à la terre. Un autre perfectionnement apporté, a
été de ne pas trop enfoncer les racines, enfin celui de
recouvrir le dessus des trous d'une couche de litière
quelconque, qui doit avoir 0 m. 10 d'épaisseur. Il
conserve ainsi l'humidité de la terre. Cette litière qui,
chez M. Leroux, est formée d'aiguilles de pins, est re-
nouvelée tous les ans ; on la mêle à la terre qu'elle cou-
vrait. En se pourrissant, cette litière forme un engrais
très favorable à l'arbre ; aussi ses jeunes sujets viennent-
ils à souhait ; ils ont une écorce bien lisse. Ces soins,
que quelques personnes trouveront minutieux, assurent la réussite de son œuvre et lui évitent le remplace-
cement et par conséquent l'achat d'un grand nombre
d'arbres.

M. Leroux a planté une vigne qui a été si bien soignée et fumée, qu'elle donne déjà beaucoup de vin eu
égard à son âge et à son peu d'étendue.

Il a un excellent potager et des espaliers couverts de
fruits. Tout y prospère ; mais il fait ce qu'il faut pour
améliorer les sables de Sologne. Il fume abondamment
et arrose ses légumes avec de l'eau dans laquelle il a
laissé infuser pendant vingt-quatre heures, un kilo de
guano par hectolitre d'eau.

Ses haies d'aubépine sont bien taillées.

J'avais visité anciennement plusieurs fois la ferme
du Liot, du temps de son précédent propriétaire. J'ai
de la peine à comprendre comment une si complète
transformation a pu se faire en si peu d'années. Toutes
les personnes qui s'intéressent à l'amélioration des
terres pauvres et en particulier de celles de la Sologne,
devraient bien visiter cette culture très remarquable ;
il faudrait choisir de préférence le courant de juin pour

pouvoir admirer les superbes récoltes, surtout si on les compare à celles des voisins.

Je suis allé le lendemain au château de Montgiron, chez le comte d'Epinay Saint-Luc, qui m'a fait voir un superbe champ de froment; malheureusement plus d'un tiers des épis est carié. Ceci provient de ce qu'on a arrosé seulement de la semence cariée, avec de l'eau contenant du sulfate de cuivre, au lieu de l'avoir trempée pendant vingt-quatre heures, en agitant plusieurs fois au moment de l'immersion. M. Timoléon d'Epinay, fils aîné du comte, avait acheté il y a dix ans une ferme de cent hectares, à trois kilomètres du château. Il a entrepris il y a six ans, de l'améliorer; il a commencé par receper près de terre, de mauvais taillis que le pâturage du bétail avait éclaircis; il en a fait de même avec les pâtureaux; il a semé des glands et de la graine de bouleau dans les parties dénudées. Il a semé ses plus mauvaises terres en pins maritimes, ce qui lui a fait quarante-huit hectares de bois. Il a transformé un étang et ses terres les plus humides en dix hectares de prés, qui sont devenus bons à l'aide de guano.

Il ne cultive que quarante hectares, dont une partie était des bruyères. Les jardins, une vigne d'un hectare qu'il a plantée, les cours et les chemins emploient le reste.

Ses terres sont divisées en quatre soles : la 1re est en racines, pommes de terre et colza, le tout très bien fumé, le guano venant au secours du fumier; la 2me froment; la 3me moitié en trèfle et moitié en vesces d'hiver; la 4me en orge ou avoine d'hiver.

Les bruyères ont porté trois récoltes de céréales ou colza, recevant chaque année du noir animal. Elles ont été ensuite marnées et fumées, comme les autres terres qui n'avaient reçu que trente mètres de marne, coûtant 4 fr. le mètre rendu sur le champ. Cette marne vient de Romorantin, à six kilomètres de la ferme; ce sont

des charretiers étrangers qui l'amènent en faisant trois
tours par vingt-quatre heures. Les fumures sont de
quarante mètres par hectare, ou de vingt-cinq mètres
et deux cents kilos de guano. Les froments de M. Timoléon, même ceux venant sur les terres anciennement
cultivées, sont très beaux ; les seigles semés dans
les terrains les plus siliceux, sont aussi très beaux. Ses
froments de l'an dernier lui ont produit vingt-six hectolitres en moyenne.

Son métayer, dans une ferme qu'il a près de celle
qu'il cultive, n'a pas d'aussi belles récoltes que lui,
quoiqu'elles soient infiniment supérieures à celles des
cultivateurs du voisinage.

Comme M. Timoléon vient d'acheter une autre ferme
qu'il va arranger de même que la première, il a mis
un métayer dans l'ancienne ; celui-ci s'est engagé par
son bail, à se laisser complétement diriger par M. Timoléon.

Je me suis rendu de Montgiron chez M. Julien, propriétaire de la terre des Anges, qui se trouve à quatre
kilomètres du milieu de la route, qui conduit de Romorantin à Salbris, et à huit kilomètres de Romorantin.
M. Julien a fait d'immenses travaux depuis que je suis
venu le voir. Il a fait faire des fossés tracés parallèle-
ment, à cent mètres les uns des autres, dans son marais
aplani et desséché ; au moyen de quelques digues et
vannes, il remplit ces fossés d'eau, ou les vide à volonté.
Lorsque les terres souffrent de la sécheresse on remplit les fossés ; l'eau s'infiltre à travers le sous-sol qui
est assez graveleux, elle remonte soit par son niveau,
soit par la capillarité. De cette manière les racines pui-
sent l'humidité qui leur est utile.

Les froments et les avoines d'hiver qui ont été semés
dans le terrain ainsi préparé, sont d'une grande beauté
et encore verts, tandis que ceux qui se trouvent sur des

terres non irriguées artificiellement, sont déjà mûrs, et ne sont pas très beaux.

La propriété de M. Julien s'étend sur huit cents hectares, dont soixante en prés froids et peu productifs. Il n'a pas encore eu le temps de s'occuper de leur amélioration, qui devra commencer par le drainage, le labour et le marnage. Il a une excellente marne sur place. Une bonne culture est nécessaire pendant quelques années, avant de ressemer en prés. Il devra appliquer une bonne fumure, et surtout mettre à l'abri des inondations d'un ruisseau, la petite Rêre.

Le marais qu'il a transformé en excellentes terres en redressant trois branches de la rivière la Rêre, affluent de la Sandre, s'étend sur environ deux cent quarante hectares. Il a formé deux grandes et belles fermes, dont l'une est auprès de son habitation; l'autre a été construite au milieu du marais desséché.

M. Julien fait comme M. Timoléon d'Epinay, passer par le hache-paille, le foin, la paille et les récoltes vertes que son bétail consomme; on ajoute du tourteau au fourrage.

M. Julien a semé ses plus pauvres sables en pins et en bouleaux qui viennent bien.

Il m'a conduit dans une ferme que M. Normand, grand fabricant de draps à Romorantin, est en train d'améliorer. Ce dernier y a construit de bons bâtiments d'exploitation. J'y ai vu avec plaisir du maïs fourrage, des essais de lupins à fleurs blanches pour fumure verte, et de lupins à fleurs jaunes, pour nourrir les bêtes à laine.

De là, nous sommes allés au château de la Ferté-Imbaut, propriété d'une famille anglaise, dont le chef, M. Lee, était venu se fixer ici, il y a une quarantaine d'années. Après sa mort, cette terre dont l'étendue était de plus cinq mille hectares, s'est trouvée partagée en deux portions inégales. La plus grande est restée, avec le château, à Mme Kirby, sa nièce. Elle se compose de deux mille hectares de bois, et de mille cinq cents hectares de terres, dont le propriétaire cultive deux cents. Il m'a fait voir de fort beaux seigles et de beaux froments.

Il a semé de la luzerne qui est venue si bien qu'elle a étouffé le froment de mars, dans lequel elle avait été semée.

M. Kirby a acheté d'un Anglais, à l'exposition de 1856, un bélier et trois brebis de race dishley. Il a perdu une des brebis qui avait produit trois agneaux mort-nés ; les deux autres brebis ont chacune deux agneaux. Le bélier a donné avec quatre-vingt-deux brebis de Sologne, soixante-seize agneaux qui promettent d'être très-beaux. Son beau-frère, dont la propriété est de l'autre côté de la Saudre, construit une belle habitation.

Je suis arrivé le 21 juin chez M. Lecouteux, au château de Cerçay, qui n'est qu'à une demi-lieue de la station de la Motte.

Il a acquis cette terre d'environ six cents hectares, dont deux cents en bois, il y a 15 mois, à raison de 400 fr. l'hectare. Le château, construit il y a trente ans, est beau et bien distribué ; il est entouré d'un parc contenant des arbres rares et d'une bonne venue.

L'ancien propriétaire avait fait faire une suite de fossés d'une longueur de seize kilomètres, pour entourer sa terre et aussi pour la drainer superficiellement ; il avait planté un grand verger.

Je n'ai pas aperçu d'étangs dans les environs. Les deux cent quarante-cinq hectares de bruyères ne sont ni marécageuses, ni trop sablonneuses. Elles m'ont paru être en bon fond, ainsi que les terres que j'ai vues dans une grande promenade que j'ai faite avec M. Lecouteux.

Comme il n'a pas trouvé beaucoup de foin lorsqu'il

a pris possession, il n'a eu jusqu'à cette heure, que deux bons chevaux de culture et trois paires de bœufs qu'il a payés 2,400 fr. Il a pris, dans le cheptel de la ferme du château, deux cents bêtes à laine.

M. Lecouteux rentrera bientôt dans deux autres fermes, ne voulant conserver ni fermiers, ni métayers du pays.

Il avait semé l'année précédente dans les céréales du fermier sortant, des fourrages de diverses espèces en s'arrangeant pour cela avec cet homme, mais la sécheresse et le mauvais état des terres ont empêché, en partie, la bonne réussite de ces fourrages.

Il a défriché, depuis son arrivée, trente hectares de bruyères, dont une forte partie est couverte de fort belles avoines de printemps.

M. Lecouteux ayant fauché de bonne heure les trèfles incarnats qu'il avait semés, cette plante a reproduit des fleurs en suffisante quantité pour se ressemer et fournir une pâture à moutons au printemps prochain.

Il avait mis vingt hectolitres de poudrette payée 4 fr. l'hectolitre sur chaque hectare des fourrages semés. Sur ses avoines, dans les bruyères défrichées, il a mis deux hectolitres et demi de noir animal qui n'ayant été semé qu'au printemps, n'a pas bien fait son effet. Ce qui lui a le mieux réussi sur ces avoines de défrichement, c'est l'application de cent vingt kilos de guano par hectare.

M. Lecouteux a deux hectares et demi de betteraves cultivées d'après la méthode du Northumberland. Il a une pareille étendue en topinambours. Il a semé un peu de sorgho comme essai. Il a une assez grande étendue en colza et sarrasin, qu'il compte enterrer en guise de fumure verte. Il a l'intention de semer une grande quantité de navets, en leur donnant trois cents kilos de guano par hectare.

Il s'occupe de préparer une de ses meilleures pièces des anciennes terres, pour y faire une bonne luzerne;

la jachère, le chaulage et du guano la feront réussir.

M. Lecouteux devant rejoindre à la Motte des messieurs formant une commission qui allait visiter quelques fermes, entr'autres celle occupée par un aubergiste du bourg, je l'ai accompagné. Cette course m'a fait voir une partie de la culture du château de la Motte. J'y ai vu avec plaisir de beaux froments, un champ de betteraves bien plantées et sarclées, un immense champ de fourrages composés de vesces, sarrasin et maïs. J'ai aussi vu un essai de lupin à fleurs jaunes. Nous avons traversé ensuite de grands prés semés récemment par M. Laverge, chef de culture, sur les deux bords du Beuvron. Le fond de terre est bon, mais ces prés sont souvent exposés à des inondations intempestives. Nous avons vu, en traversant la ferme du château de la Motte, qu'on remettait les bâtiments en état et qu'on en ajoutait de nouveaux.

La culture, visitée par la commission que je suivais, s'étend sur une soixantaine d'hectares, que le sieur Joris, aubergiste à la Motte, a marnés. A l'aide de cet amendement, et par d'abondantes fumures, il les a rendus très-productifs. Il a rendu par là un grand service aux autres habitants de cette commune, qui ont plus ou moins suivi une partie des bons exemples qu'il leur a donnés.

J'ai pris le lendemain matin un cabriolet, dont le conducteur, qui possède une bonne maison et un jardin très-bien cultivé, me dit que M. Lacroix, un des ingénieurs chargés par l'Empereur, de travailler à l'assainissement de la Sologne, avait été très-utile aux habitants de ce bourg, en les amenant à consentir à ce qu'on drainât les abords de leurs habitations. Leurs caves étaient souvent pleines d'eau et les maisons, par suite, humides et malsaines. Mon conducteur m'a dit qu'il en avait été quitte pour 21 fr. et qu'il était enchanté du résultat de cette grande amélioration.

Je me fis conduire dans la ferme de Maisonnette, détachée de la terre de la Grillière, et achetée par un négociant d'Orléans, qui ne se décida à faire cette acquisition qu'à cause du bon marché. M. Baudet devint ainsi propriétaire d'environ deux cent quarante hectares, dont un tiers était en bois semé par le précédent propriétaire. Le nouvel acquéreur fit semer en bois environ quarante hectares de terres usées, et finit par faire défricher des bruyères. Pour ce défrichement il se servit de mauvais noir animal qui était fraudé et ne le satisfit pas. Il ne se découragea pas et sema ses nouveaux défrichements en seigle après y avoir mis par hectare trois cents kilos de guano, qu'il fit bien enterrer à la herse avant la semaille. Le produit fut si beau, qu'il a fait construire une ferme convenable en place des masures existantes. Il y mit une famille chargée de conduire la culture et de nourrir les domestiques. Il acheta une vingtaine de chevaux, avec lesquels, et à l'aide de charrues Dombasle, il retournait quarante ares de bruyères par jour et par charrue attelée de quatre chevaux. Il défricha ainsi à peu près cent vingt hectares de bruyères, séparées en deux pièces. Celle à gauche du chemin donne depuis cinq, six ou sept ans, suivant l'époque du défrichement, de bonnes récoltes de seigle, se suivant sans interruption. Il a eu ainsi de vingt-cinq à vingt-huit hectolitres en moyenne. Il avait mis la première année trois cents kilos de guano et les années suivantes deux cents kilos seulement. Le côté droit du chemin portait de l'avoine de printemps, qui souffrait on ne peut plus de l'extrême sécheresse de l'année ; elle eût été fort belle si elle eût été semée en avoine d'hiver. Cette espèce d'avoine est généralement fort belle cette année.

M. Baudet a acheté, il y a 18 mois, quinze ou seize vaches solognotes et bretonnes, qui n'ont reçu depuis leur arrivée que de la paille d'avoine et de l'eau ; aussi font-elles peine à voir. Elles sont d'une maigreur excessive, tant les mères que leur misérable progéniture. On m'a dit qu'elles seraient moins malheureuses par la suite, car on avait semé dans le seigle de la semence prise dans les greniers à foin. On y avait ajouté un peu de trèfle rouge et de trèfle blanc, pour faire une pâture destinée à empêcher ces pauvres bêtes de mourir de faim.

Un petit pré entouré d'une haie, et dont la contenance est de deux hectares cinquante ares, qu'on voulut me faire voir, ne donnait presque rien, et seulement de mauvais foin ; mais dès qu'on lui eut donné trois cents kilos de guano dans une moitié, et quatre-vingts hectolitres de cendres lessivées sur l'autre moitié, il se couvrit d'une récolte superbe, versée dans la plus grande partie ; il ne contenait presque que des plantes légumineuses. On peut voir par là combien les engrais sont utiles et nécessaires même en culture, puisque dans les plus pauvres pays, avec des cultures des plus mal dirigées, ils font produire de belles et bonnes récoltes.

Je suis allé de là au château de la Grillière, acquis par S. M. l'Empereur en même temps que la terre de la Motte. M. Poislescaut, ancien élève de Grignon, qui en est le régisseur, était absent ; mais Mme eut la bonté de m'accompagner dans une grande tournée que nous fîmes, pour visiter de fort belles récoltes de diverses espèces de froments, d'avoines d'hiver et de printemps, de grands champs de betteraves très-bien sarclées, de belles pièces de trèfles, vesces, gesses et jarousses.

Dans la ferme se trouve un taureau avec trois belles vaches de race salers, achetés l'an dernier dans le Cantal pour la somme de 2,000 fr. Ces bêtes ne sortent pas de l'étable, et leurs veaux tètent tout leur lait. Quelques vaches bretonnes fournissent le lait consommé par le ménage de la ferme. Les bœufs sont pris dans les races limousine et salers. Les cochons sont anglais mais ils sont dégénérés. Le troupeau est de la triste race du pays sans croisement.

La machine à battre est une copie de celle de Pitz, fabricant américain, faite par Nicolet à Paris. Une roue hydraulique, mal montée, la met en mouvement; elle bat quinze hectolitres par heure, elle ne nettoie pas le grain. Celle de la Motte, qui va aussi par une chute d'eau, a été fournie par Cumming d'Orléans, elle ne bat par heure que trois hectolitres qui passent directement au tarare de la machine. La paille, prise en travers, pourrait se vendre.

Je suis allé de la Grillière, commune de Brinon, chez M. Guillaumin, député.

Il cultive depuis quatorze ans une propriété composée de bois et de deux fermes ; l'une est sur les bords de la Saudre, rivière bordée de nombreux prés, que les inondations améliorent singulièrement par les particules de marne qu'elles apportent. L'autre ferme est traversée par un canal navigable qui, dans une couple de mois, lui amènera le mètre de marne à raison de 2 fr. 75. Il l'a payé 14 fr. jusqu'à cette heure. C'est ce qui l'a empêché d'améliorer sérieusement ses terres très-siliceuses. Il va vendre un grand nombre de chênes, et le prix de vente sera employé à marner.

M. Guillaumin a déjà planté ou semé, plus de cent hectares de ses terres les plus maigres en pins sylvestres et en pins maritimes. Il a fait tirer un sillon de charrue à tous les dix mètres, et il y a planté de jeunes bouleaux qui viennent fort bien.

Il m'a fait voir de belles récoltes de seigle et d'avoine d'hiver.

M. Guillaumin a rendu un grand service à cette partie de la Sologne, en obtenant la construction d'une route qui a une quarantaine de kilomètres de longueur.

J'ai pris à la Ferté-Masséna, un cabriolet pour me

rendre chez M. de Bazonnière, qu'on m'avait cité comme administrant fort bien une terre de Sologne.

Mon cocher, dont l'état est d'être jardinier maraîcher, me parut fort intelligent et fort actif. Pendant que son cheval mangeait l'avoine, il se mit à arroser ses légumes semés dans des sables brûlants. En parcourant les quatorze kilomètres que nous avions à faire, nous traversâmes d'abord des bois du château de la Ferté, ensuite des terres qui paraissaient assez productives. Mon homme me dit, que c'étaient, il y a une quinzaine d'années, des bruyères improductives. Maintenant elles donnent de bonnes récoltes. Un peu plus loin nous vîmes des maisons éparses entourées d'assez bons champs. C'étaient aussi, il y a 8 ans, des bruyères qui avaient été vendues en détail ; les acheteurs les avaient défrichées et y avaient bâti.

Vinrent après de bonnes bruyères. Mon cocher m'apprit qu'elles appartenaient à un grand propriétaire qui ne voulait ni les défricher ni les vendre. Si je pouvais en acheter de pareilles à un prix raisonnable, me dit-il, j'en prendrais une vingtaine d'hectares, je vendrais ma maison et mes six hectares de terres brûlantes ; avec cet argent et mes trois bons chevaux, j'en ferais en peu d'années une bonne petite propriété, que j'aimerais d'autant plus que je l'aurais créée.

Je ne trouvai pas M. de Bazonnière dans le beau château qu'il a construit il y a peu de temps ; mais M. son fils, âgé de vingt-deux ans, me reçut fort bien et me conduisit dans les champs d'un de leurs métayers, qui a défriché une étendue assez considérable de bruyères, qu'il a marnées. La marne est prise à huit kilomètres, dans une grande marnière que M. de Bazonnière avait achetée près du bourg de Cléry, afin que ses métayers en eussent à leur disposition. Ces gens en avaient si bien profité, que les revenus de la terre, après une vingtaine d'années, se trouvent triplés.

Je suis allé coucher à Beaugency. Je fis le soir une visite à Mme Lalande qui, à l'exemple de M. Ménard, fait castrer par M. Charlier, les vaches qu'elle achète. Cela lui a réussi à merveille ; elle m'a fait voir une vache qui donne encore cinq litres de lait après trois années de castration ; elle m'a dit en avoir vendu récemment une au boucher, castrée deux ans et demi avant, et qui donnait encore deux litres et demi de lait lorsqu'on l'a abattue.

Mme Lalande m'a dit qu'elle vendait son lait 25 centimes le litre, parce qu'il était bien connu qu'elle n'y ajoutait pas d'eau et qu'il était plus gras. Elle m'a assuré que toutes ses vaches castrées avaient continué à donner la même quantité de lait, que celle qu'elles avaient au moment de l'opération, et que ce lait était meilleur, que celui qu'elles donnaient avant d'être opérées.

Je me rendis le jour suivant, de bonne heure, chez M. Ménard, à la ferme de Huppemeau. Il m'a dit que l'extrême sécheresse de cette année lui avait fait le plus grand mal. Il m'a fait voir un champ semé en froment bleu et en blé de Saumur. Les épis de ce dernier n'avaient pu former un seul grain ; ils étaient restés vides et de couleur verte. Les épis du blé bleu étaient restés petits, mais ils étaient pleins. On fauche ses avoines d'hiver qui eussent été très-belles, sans une grêle tombée le 8 juin. Les avoines de printemps sont courtes, mais très-épaisses.

M. Ménard a des betteraves et des pommes de terre très-belles ; une partie de celles-ci ont été plantées avant l'hiver. Il a fait du sorgho pour essai. Ses colzas, mis à l'abri des lapins et des lièvres au moyen d'une haie qui entoure quatre-vingt-dix hectares, ont été fort beaux ; on va achever leur battage ces jours-ci.

Sa fenaison s'étend sur quarante hectares de prés ; il compte en ajouter encore vingt. Tous ces prés ont été

créés par lui sur les parties les plus basses de ses
bruyères. Ils lui ont donné environ trois cent cinquante milliers de foin très-bien rentré. Ses prés les
plus anciens et les meilleurs, lui ont donné cinq mille
kilos par hectare, et les moins bons trois mille. Ils reçoivent deux cent cinquante hectolitres de purin composé de moitié eau et moitié urine. Lorsque le purin
est à bout, deux cent cinquante hectolitres d'eau dans
laquelle on a fait tremper et dissoudre cinq cents kilos
de guano pendant vingt-quatre heures, le remplacent
avec grand avantage. Pour faire ses prés, M. Ménard
donne une jachère bien soignée, fume à raison de
quarante mille kilos; il marne ou chaule, si la terre ne
l'a pas encore été. Il sème par hectare dix kilos de ray-
grass d'Italie autant de ray-grass anglais, cinq kilos de
trèfle rouge, autant de trèfle blanc et même quantité de
lupuline. Il ajoute à cela ce qu'il peut ramasser de fonds
de greniers à foin.

Il a toujours une soixantaine de vaches achetées peu
de temps avant qu'elles ne vêlent. Il les fait castrer six
semaines au moins après qu'elles ont donné leur veau.
Dès qu'il s'en trouve une quinzaine en état d'être opérées,
il fait venir de Paris M. Charlier pour les castrer.

Ces bêtes fournissent un excellent lait dont il fait
faire de petits fromages très-recherchés. Les vaches
engraissent à mesure que leur lait devient moins abondant. Il lui arrive d'en vendre à la boucherie qui donnent encore du lait; mais en tout cas elles sont bonnes
à abattre peu de temps après avoir été taries.

M. Ménard a acheté l'an dernier, pour une culture
de cent quatre-vingts hectares, plus de vingt mille kilos
de tourteaux.

Il a neuf faucheurs dans ses avoines d'hiver, qui
entameront ensuite les seigles et les méteils. Ceux-ci
sont fort beaux dans les quatre-vingt-dix hectares entourés de haies impénétrables aux lapins et aux lièvres;

mais il faut qu'un homme fasse tous les jours le tour de ces haies, afin de boucher soigneusement les trous faits pendant les vingt-quatre heures.

Son propriétaire vient d'être condamné à lui payer une indemnité de 2,580 fr. pour les dommages occasionnés par le gibier dans les quatre-vingt-dix hectares qui ne se trouvent pas enclos. C'est 4,000 fr. de moins que l'année dernière, et cependant cette indemnité ne lui donnait guère que le tiers de la valeur perdue.

M. Ménard avait proposé à son propriétaire, de résilier son bail qui a encore une durée de quatorze ans pour la partie cultivée, et de vingt-quatre pour celle qui est boisée, s'il consentait à lui rembourser la somme de 120,000 fr. sur les 170,000 fr. dépensés en améliorations pendant les seize années de son occupation. Une autre proposition consistait à prolonger son bail de dix ans pendant le cours desquels il lui paierait annuellement 1,000 fr. de plus, mais le montant en serait avancé par le propriétaire, afin d'aider M. Ménard à faire construire un mur en pisé haut de huit pieds, destiné à entourer la ferme et quatre-vingts hectares. Enfin dans un autre proposition M. Ménard consentait à faire le dit mur à ses frais, mais dans ce cas, il ne donnait rien de plus pendant les dix années ajoutées à son bail.

Le propriétaire n'accepta aucun des arrangements proposés et en a rappelé du jugement qui l'a condamné. Les ouvriers de la ferme ont détruit, depuis le mois de février, mille deux cent cinquante-six petits lapins. M. Ménard avait eu en 1854, un bénéfice net de 6,104 francs. En 1855, les déprédations du gibier lui ont fait éprouver une perte de 5,933 fr., ce qui fait une différence de 12,037 fr. avec l'année 1854. En 1856, sa perte s'est élevée à la somme de 8,728 fr., malgré les hauts prix des céréales dans cette année. Ce sont ces pertes qui, en augmentant ainsi, ont forcé M. Ménard à intenter un procès à son propriétaire.

M. Ménard m'a dit que les urines provenant de ses soixante vaches, mêlées aux eaux ménagères et à celles de la laiterie, et coupées avec égale quantité d'eau, suffisent au purinage annuel de vingt-quatre hectares. C'est quarante ares par tête de vaches, qui ne sortent jamais de l'étable.

Le vacher en chef ayant été mordu par une vipère, M. Ménard lui a injecté de l'ammoniaque dans la plaie et lui a fait boire, à trois reprises, vingt gouttes d'ammoniaque en dissolution dans un verre d'eau. Il lui a encore fait prendre plusieurs tisanes contenant de cinq à six gouttes de cette liqueur, et cela l'a guéri.

M. Ménard regrette infiniment de n'avoir pu construire, comme il le projetait, douze locatures pareilles aux quatre qu'il a établies pour y loger les familles de ses meilleurs ouvriers. Ils payent 120 fr. de loyer pour la maison et un hectare de bruyères qu'il y a ajouté. Il est très-content de ces gens qui se trouvent heureux. Ils ont de fort belles récoltes de froment, colza, pommes de terre, betteraves, navets et fourrages, qui leur permettent d'avoir deux vaches, une génisse et un cochon. Ce bétail trouve une partie de sa nourriture dans les bois de pins qui ont été éclaircis. Ce hameau serait devenu une espèce d'école pratique pour former de bons métayers; ces gens, après avoir travaillé sous un aussi bon cultivateur que M. Ménard, pendant que leurs enfants auraient grandi, eussent été bien en état de conduire à merveille une métairie, pour des propriétaires qui leur avanceraient le cheptel et la nourriture du ménage pendant une année, comme cela se fait assez habituellement dans bien des parties de la France où la culture est arriérée.

Il commence à y avoir maintenant un assez grand nombre de propriétaires dans ces pays, qui comprennent que le métayage bien dirigé et aidé par l'avance à moitié frais d'engrais tels que cendres, suie, poudrette, noir animal et surtout du guano, afin de ne semer que des terres bien fumées sans oublier les marnages, chaulages, et aussi des tourteaux , pour animaliser la paille hachée qui doit servir, avec des racines, à nourrir beaucoup de bétail , sont de sûrs moyens d'arriver à doubler ou tripler les produits de leurs métairies.

Deux des quatre familles que loge M. Ménard, seraient en état de faire de très-bons métayers. Ses autres journaliers sont obligés de faire cinq kilomètres au moins pour prendre leur travail, et de faire le même chemin le soir pour se rendre chez eux ; c'est un immense inconvénient et pour lui et pour eux.

Je suis arrivé le 25 juin, de bonne heure, chez M. Nouel-Lecomte , neveu et ancien élève de M. Malingié.

Ce jeune et habile fermier est d'une grande activité ; il cultive depuis quelques années la ferme de l'Isle, commune de Saint-Denis-en-Val, à six kilomètres d'Orléans. Les deux tiers de ses terres sont des sables plus ou moins fertiles, mais à sous-sol graveleux et par suite trop perméable, aussi ses récoltes que j'avais vues si remarquables en mars de cette année, sont en partie grillées par l'excessive chaleur et la sécheresse. Cette année paraît avoir été encore plus nuisible ici que dans le voisinage, car M. Nouel fume très-fortement.

Il a ordinairement une douzaine de bons chevaux en très-bon état, au moins soixante grosses vaches à l'engrais, et quatre cent cinquante bêtes à laine provenant de béliers charmoises, avec brebis berrichonnes. Il a ajouté à la grande masse d'excellent fumier produit ainsi par les bêtes à cornes qui ne sortent pas des étables, trente mille kilos de déchets de laine et de balayures d'une grande fabrique de couvertures , située à Orléans ; il les a payés 900 fr. pris sur place.

M. Nouel avait aussi acheté mille huit cents kilos de cornes de cheval, pris chez plusieurs maréchaux-fer-

rants ; il les a payés 170 fr. Il a acheté aussi cinq cents
kilos de guano et autant de tourteaux de colza de mauvais goût.

Son bétail consomme journellement cent cinquante
kilos de tourteaux et mille kilos de drèche ; enfin il
ramène autant de tombereaux de résidus de distillation
de betteraves et de topinambours, qu'il conduit à la
distillerie de racines ou de tubercules, jusqu'à concur-
rence du produit de dix-neuf hectares en betteraves et
de neuf en topinambours. Les carottes récoltées sur
cinq hectares, sont consommées par son bétail. Voilà
trente-quatre hectares de racines en comptant un hectare de pommes de terre. Il faut ajouter six hectares de
colza, deux hectares de sorgho de Chine semés en lignes,
ce qui fait bien plus du tiers de la ferme, qui n'a que
cent huit hectares en récoltes sarclées, qui remplacent
la jachère morte, pour nettoyer les terres. Il avait en
outre cinq hectares en trèfle incarnat hâtif et autant en
tardif, deux en seigle fourrage, dix en mélanges, composés de vesces, gesses, jarousses, orge et avoine d'hiver,
deux en sorgho de Chine, semé à la volée ; autant en
maïs fourrage et trois en luzernes. Voilà vingt-six
hectares en fourrage. Des sarrazins mêlés de moutarde
blanche et de millet qui, cette année, n'ont pas pu être
semés faute de pluie, non plus que les choux branchus
du Poitou, qui devraient être déjà repiqués sans l'extrême sécheresse. Il a vingt-six hectares de froment,
dont un tiers environ, dans ses bonnes terres d'alluvion ; ils sont très-beaux. Ce sont des froments Victoria.
Il a été obligé d'en faucher six hectares qui étaient dans
ses sables et n'ont pas grainé du tout ; il a trois hectares
de bons seigles, quatre d'orge d'hiver bien réussis,
trois d'avoine d'hiver, trois d'avoine de printemps et
quatre d'orge de cette même saison ; enfin il a récolté
six hectares de colza qui ont été cultivés à la flamande.
Ils sont en meules et il en espère trente-cinq hectolitres

par hectare. En les coupant avant complète maturité, et en les mettant en meules, la sève qui se trouve encore dans les tiges, achève la maturité des graines, ainsi il n'y a point de graines rouges et toutes sont bien nourries. Ils seront battus dès que la moisson sera terminée. Le manque de fourrage de cette année fait que les cultivateurs se défont le plus qu'ils peuvent d'une partie de leur bétail. M. Nouel ne trouve maintenant que 1 fr. 30 par kilo de ses bêtes très-grasses. Il les engraisse avec du trèfle incarnat tardif à moitié mûr, mêlé d'avoine d'hiver sans être battue, mais longue de paille. Ce mélange est passé par le hache-paille. Ce fourrage sec, faute de verdure, est arrosé avec des résidus de distillation qui sont à leur fin, et vont être remplacés par de la drèche. On donne trente kilos de ce mélange, auquel on ajoute mille cinq cents grammes de tourteaux de colza. Lorsque la drèche sera consommée, il augmentera le poids des tourteaux qui seront dissous dans de l'eau bouillante avec laquelle on arrosera de la paille hachée, faute de foin sec ou de fourrages verts.

Les soixante vaches à l'engrais sont placées sur des planchers, sans autre litière qu'une espèce de sable gras qu'on va chercher sur les bords de la Loire, à petite portée de la ferme.

M. Nouel met quatre mille kilos de lainage et trente mille kilos de fumier par hectare de récoltes sarclées. Il avait mis six mille kilos de cette laine par hectare pour seigle fourrage, qu'il a remplacé par des pommes de terre et du sorgho, sans autre engrais. L'hectolitre d'avoine se vendant aussi cher que le seigle, et celui-ci pesant soixante-quinze kilos contre quarante-cinq kilos (poids de l'avoine), M. Nouel fait bouillir du seigle jusqu'à ce que les grains en soient crevés, et il remplace avec le seigle bouilli la moitié de la ration d'avoine.

En temps ordinaire, il donne à ses chevaux deux

bottes de foin , six litres d'avoine mesurée avant de passer par l'aplatisseur ; elle remplit, après cette opération, une mesure d'un décalitre ; il y ajoute dix litres de drèche ou, à son défaut, des carottes. Ses chevaux travaillent beaucoup et sont en fort bon état.

M. Nouel m'a fait faire une tournée dans ses environs. J'ai vu avec plaisir qu'une partie des fermiers voisins l'imitent en diverses choses. Ils font assez de colzas, mais ne le sèment pas encore en lignes. J'ai vu chez eux des betteraves, du maïs pour fourrage, des essais de sorgho, des carottes. Ils vont semer comme lui des navets à la première pluie ; mais un grand nombre parmi eux, en sont encore à semer dans leurs bonnes terres, deux froments de suite, puis une avoine ; aussi voit-on très-souvent de pauvres champs de froment à côté d'autres très-beaux.

Devant retourner à Paris, je voulais m'y rendre en passant par Chartres, afin de visiter le marquis d'Argent, qui a une culture remarquable près de Châteaudun ; après cela, j'aurais vu le baron Dorier, au château de Rambouillet, M. Bella à Grignon, et j'aurais fini par MM. Dailly et Pluchet à Trappes ; mais je ne pus trouver de place dans la diligence de Chartres.

Je me suis trouvé en chemin de fer avec un monsieur qui cultive près de Beaugency. Il me dit qu'il repiquait ses choux branchus et ses colzas avec les meilleurs résultats, en trempant les racines dans l'eau et les saupoudrant ensuite avec du noir animal qui s'attache ainsi aux racines.

Ce monsieur me dit qu'il y avait dans ses environs un cultivateur possédant dix hectares de bonnes terres légères, qu'il cultive avec quatre vaches attelées deux à deux ; il a le soin de ne les faire travailler que pendant des demi journées.

Une autre personne nous entendant parler agriculture, nous raconta qu'elle venait de chez un fermier qui lui avait dit que les fourrages étaient très-rares, et que par suite, le bétail était à vil prix ; il assurait que quatre vaches, qui lui avaient coûté l'an dernier 1,200 fr., ne le feraient pas rentrer dans le tiers du prix d'acquisition, s'il voulait les vendre maintenant. Il est malheureux qu'en général les cultivateurs, même ceux qui sont à leur aise, lisent si peu ; sans cela, au lieu de se défaire de leur bétail à vil prix, ils sauraient qu'on peut le faire vivre en lui donnant les pailles ordinairement destinées à servir de litière. Il faut les passer par le hache-paille, et les arroser ensuite avec de l'eau bouillante, dans laquelle on a fait dissoudre pour chaque tête de gros bétail, deux kilos de tourteaux de colza ou, à défaut, le même poids en farine de féverolles, de pois, de sarrasin ou d'orge. Ils pourraient ainsi nourrir leurs bêtes et les conserver pour une époque où elles seraient plus chères.

Le seigle bouilli jusqu'à ce qu'il crève, et mêlé ensuite avec de l'eau bouillante au fourrage, produirait encore le même effet. Il est si abondant cette année, qu'on ne le vend que 9 fr. l'hectolitre de soixante-quinze kilos. Il y a donc moyen de nourrir le bétail sans faire une dépense extravagante ou onéreuse, et on peut éviter la grande perte d'argent et de fumier, qu'on ferait si on le vendait.

M. Dailly le père avait jusqu'à huit cents chevaux à nourrir pour sa poste, ses omnibus, ses voitures de déménagements et sa grande culture, il donnait à ses chevaux du seigle bouilli en place d'une partie de la ration d'avoine ou de foin, lorsque l'un ou l'autre était cher. Il remplaçait chaque litre d'avoine par un litre de seigle mesuré après avoir bouilli, ou bien il ne donnait qu'une demi botte de foin au lieu d'une botte par vingt-quatre heures, et donnait en place un litre de seigle mesuré avant d'être bouilli. Ses chevaux étaient dans ces différents cas en aussi bon état qu'avec la nourriture ordinaire.

J'ai visité hier, 8 juillet, M. Decauville de Petit-Bourg, qui vient de remporter la prime d'honneur à Versailles.

Il nourrit ses chevaux de la manière suivante : la ration d'un cheval pour vingt-quatre heures, se compose de cinq kilos de foin de prairie artificielle, de sept kilos, dont moitié en seigle et moitié en orge, pesés avant d'être bouillis. Ses chevaux sont de grande taille, travaillent beaucoup et sont en bon état.

M. Decauville distille des betteraves et du grain. Il emploie des bœufs charolais et des bœufs manceaux. Il préfère les premiers pour le travail et les seconds pour l'engraissement.

Ils ont une botte de foin, trois kilos d'orge concassée et quarante kilos de résidus de distillation champonnoise, mêlés à des siliques de colza, à des balles de froment ou à de la paille hachée. Ces mélanges sont mis en silos, où ils se conservent fort bien d'une année à l'autre. Ses bouviers sont venus du pays des bœufs. Il m'a dit que s'il ne distillait pas, il ne travaillerait qu'avec des chevaux.

Il n'a maintenant que seize bœufs, qui sont employés à rentrer les siliques de colza ou à conduire leur paille sur les bords des champs, où l'on en fait des meules.

Ces deux ouvrages se font à la tâche par des ouvriers à qui on fournit des charrettes attelées de bœufs sans conducteurs. Ceux-ci reçoivent 2 fr. pour ramener et loger dans des hangars les siliques d'un hectare. Ils ont le même prix pour approcher les pailles de colzas sur les bords d'une route et pour y monter une meule. Ces pailles servent de litière et font d'excellent fumier.

M. Decauville rentre tous les grains de ses récoltes dans de grands hangars ; il en a fait un l'an dernier en

7

l'appuyant sur un mur de parc. Il lui a coûté 15,000 fr.
Il y a logé la moitié des froments de la dernière récolte
qui a donné trois mille hectolitres de cette céréale.

Il a deux machines à battre fabriquées par Duvoir ;
elles sont placées des deux côtés de l'aire de la grange.
Les hommes qui amènent les gerbes prises dans les
hangars, les chargent et les déchargent, reçoivent 20
centimes par hectolitre de froment passé une fois au
tarare. Ceux qui le font passer par les machines reçoivent 30 centimes. Ces deux machines, mues par la
vapeur, en battent par journées de dix heures effectives
cent hectolitres.

Ayant demandé à M. Decauville si l'engrais des moutons lui était plus profitable que celui des bêtes à cornes,
il m'a répondu qu'en temps ordinaire il préférait le fumier des moutons, mais que depuis quelque temps les
moutons maigres sont devenus si chers, qu'ils ne laissent plus de bénéfice.

Parmi les bêtes à cornes, ce sont les vaches qui laissent le plus de profit net. Elles coûtent par kilo de poids
vif, 30 centimes de moins que les bœufs, surtout lorsqu'on les achète un peu maigres, comme le sont les
vaches taurelières. Il ne leur faut que quatre-vingt-dix
ou cent jours au plus pour devenir grasses, tandis qu'il
faut au moins quatre mois aux bœufs pour être bons.
Lorsque les vaches sont jeunes et n'ont pas trop de
ventre, elles font moins de déchet que les bœufs. Ceux-
ci perdent cinquante pour cent de leur poids lorsqu'ils
sortent gras de l'étable, tandis que les jeunes vaches ne
perdent guère que quarante pour cent.

M. Decauville a récolté l'an dernier, sur cinquante-
sept hectares de colzas repiqués, deux mille cinquante-
deux hectolitres, ou trente-six par hectare, vendus
79,560 fr., ou 30 fr. l'hectolitre. Cette année, il a cent
dix hectares de colzas repiqués, et fumés comme les
précédents à six cents kilos de guano du Pérou, ou à

mille cinq cents kilos de tourteaux par hectare. Il a l'espoir de vendre sa récolte encore mieux que l'année précédente, mais cette récolte sera moins abondante. Son assolement, sur deux fermes, dont une n'est entre ses mains que depuis trois ans, s'établit ainsi sur trois cent cinquante hectares : un dixième en luzerne ou trèfle, recevant au printemps de deux à trois cents kilos de guano péruvien, trois dixièmes en froment, un dixième en seigle ou marsages et cinq dixièmes en colza, ou betteraves, qui sont parfaitement sarclées. Ses betteraves reçoivent soixante mille kilos de fumier ou quatre-vingts mètres de boue de ville, de Corbeil ou d'Essonne, dont il n'est éloigné que de quatre ou cinq kilomètres; il ajoute encore sept cents kilos de guano du Pérou. Aussi fait-il de magnifiques récoltes avec de pareilles fumures. L'année dernière, sa moyenne a été de quarante-huit mille kilos par hectare; il estime que les mille kilos lui reviennent à 15 fr.

Cette année, la sécheresse a été si forte, que ses froments ne lui donneront guère que dix-huit hectolitres au lieu de dépasser comme habituellement le chiffre de trente hectolitres par hectare, car la plupart de ses terres ont peu de profondeur sur un sous-sol de pierres meulières.

Il n'a de bons froments que dans ses terres fortes qu'il a bien drainées. Ses seigles qui sont rentrés ont été bons.

Il fait, cette année, saper ses froments et ne paie que 22 fr. par hectare; mais il lui est arrivé de payer jusqu'à 32 fr. dans les années où la récolte était très-belle. Pour les faire faucher il paie ordinairement 22 fr.

Ses avoines mûrissent déjà; elles sont peu élevées et claires. Ses betteraves sont superbes; la terre y est parfaitement meuble et bien sarclée. On laboure à trente-trois centimètres de profondeur. Chaque charretier soigne les trois chevaux dont il a besoin pour conduire ses lourdes charrettes. Ils transportent les alcools à Paris et en ramènent du guano et d'autres engrais peu lourds, car Petit-Bourg est à trente-deux kilomètres de la capitale. On laboure en ce moment les colzas avec des charrues attelées de trois chevaux qui prennent des tranches de cinquante centimètres de largeur et qui retournent plus de quatre-vingts ares par jour.

Les sarclages lui coûtent 13 fr., l'éclaircissage 14 fr. par hectare; l'arrachage d'un hectare de betteraves coûte 10 fr., le chargement 6 fr., la mise en silos 6 fr. Lorsqu'on les couvre d'abord légèrement, et plus tard, lors des froids, ils coûtent encore 10 fr.

M. Decauville a arrangé des chambrées pour les journaliers, il leur donne des paillasses pleines de balles de céréales, puis des draps et des couvertures. Il emploie principalement des Flamands, des Bourguignons et des Artésiens. Il leur trempe la soupe. Il accueille même ceux qu'il ne peut employer et leur trempe la soupe jusqu'à ce qu'ils trouvent de l'ouvrage ; aussi ne manque-t-il jamais d'ouvriers.

Il payait les journées, à l'époque de la cherté du pain, plus cher que maintenant. Les hommes gagnent 2 fr. M. Decauville cultive depuis douze ans. Il y a quatre ans qu'il a monté une distillerie; ayant trouvé dans les environs de Valenciennes, un bon distillateur qui avait déjà pu mettre 20,000 fr. de côté, il lui assura un traitement fixe de 4,000 fr. et se l'associa. Il ajouta 40,000 fr. aux 20,000 du distillateur qui devait partager avec lui le bénéfice net, en proportion de la mise de fonds de chaque associé. Ils ont créé une petite fabrique d'appareils à distillation et ont déjà monté dix distilleries. Son appareil fabrique trente-cinq mille kilos de betteraves par vingt-quatre heures. Il a monté deux rectificateurs

qui sont occupés pendant tout le temps de la fabrication, car les distilleries des environs lui livrent leurs
flegmes.

Lorsque les alcools se vendaient à de grands prix, il
louait des terres fumées et labourées aux prix de 450 à
500 fr. l'hectare ; maintenant il ne trouve plus l'alcool
à un prix assez élevé pour en fabriquer au delà de ce
qu'il cultive, ou de ce qu'il achète de ses voisins. Il
avait vendu ses alcools, d'avance à 100 fr. l'hectolitre.
M. Decauville a quatorze charretiers recevant 450 fr.
par an ; ceux qui se distinguent par leur zèle et leur
bonne conduite obtiennent encore des gratifications
s'élevant jusqu'à 50 fr.

Il a obtenu au concours de Versailles la prime d'honneur, trois médailles d'or et 500 fr. pour ses employés.
Son loyer, y compris les impôts, approche de 100 fr. par
hectare. M. Decauville m'a conduit chez un de ses amis
qui a été son concurrent pour la prime d'honneur. C'est
M. Petit, jeune fermier qui cultive une ferme de deux
cent cinquante hectares, dont il paie 150 fr. l'hectare.

Il a été le premier à monter dans ces environs une
distillerie, avec laquelle il fabrique huit mille kilos de
racines par vingt-quatre heures. Il fait vingt-cinq hectares de betteraves très-bien soignées. Ses terres sont
meilleures et plus rapprochées de Paris, que celles que
je venais de visiter.

M. Petit a un assolement alterne. Il fait trente-deux
hectares de colzas, douze de pommes de terre et deux
hectares environ de carottes ; tout cela est très-bien
sarclé.

La plus grande partie de ses froments est belle ; ceux
venus sur terre peu profonde sont brûlés. M. Petit met,
comme M. Decauville, trois forts chevaux à ses charrues à avant-train. Ses blés de mars sont beaux. Ses
pommes de terre sont vendues à une féculerie.

M. Petit avait chez lui un dîner de famille, où se

trouvaient M. et Mme Duclos, ses beau-père et belle-mère. M. Duclos est un ancien maître de poste et un excellent cultivateur que j'avais visité à Lieusaint. Il y avait en outre trois de mesdames leurs filles, dont une a épousé M. Dutfois, qui a remporté la prime d'honneur de Seine-et-Marne. M. Decauville me conduisit chez son beau-père, M. Rabourdin, propriétaire cultivateur à Villacoublais ; j'avais fait sa connaissance il y a bien des années. Nous sommes passés par Vissous, commune où les terres se louent 200 fr. l'hectare ; par Bernys, où M. Muret, le petit-fils de M. Darblay l'aîné, un des présidents de la société centrale d'agriculture, cultive une belle ferme, l'ancienne poste.

Nous avons traversé un très-beau pays, près de Sceaux, pour arriver chez M. Rabourdin, où se trouvait une nombreuse société invitée pour dîner avec M. de St-Marsault, préfet de Seine-et-Oise. Je trouvai là les parents de M. Decauville, M. Bella, directeur de Grignon, M. Renaud, directeur de l'école d'Alfort, M. Rabourdin fils, fermier à Orsigny, et beaucoup d'autres messieurs, entr'autres M. Charles Lahure, propriétaire d'une très-grande imprimerie où s'imprime le *Moniteur des comices*.

M. Rabourdin fit voir à M. le préfet, qui s'intéresse beaucoup aux améliorations agricoles, une partie de sa belle et bonne culture. Cette culture s'étend sur deux cent soixante hectares dont quatre-vingts lui sont donnés en location par la liste civile. Ces terres sont profondes et fraîches ; aussi toutes les récoltes y sont fort belles. La pluie de la nuit dernière les a fait verser dans plusieurs endroits. Nous avons vu un fort beau champ de betteraves qui avait été drainé.

Il a une distillerie que lui a faite son gendre. Ses attelages sont composés de forts chevaux boulonnais. M. Rabourdin n'en met que deux à des charrues qu'il a perfectionnées.

Il achète des fumiers à Paris. Une très-forte charrette attelée de quatre chevaux, en apporte pour 30 fr. Le poids de ce fumier est de cinq mille kilos.

M. Decauville m'a conduit le lendemain matin à six heures à Juvisy, où nous nous sommes séparés. Il m'avait fait passer par la plaine de Lonboyau, où les terres se louent 200 fr. et se vendent 5,000 fr. Les récoltes n'y étaient pas si belles que dans les environs de Vissous où la vente d'une ferme en détail avait mal tourné. Les terres avaient été vendues sur le pied de quatre pour cent. Les petits propriétaires de ces environs préfèrent acheter des actions de chemin de fer ou placer leurs économies sur les fonds publics.

Je suis reparti le 13 juillet de Paris pour Beauvais. J'ai été étonné en sortant de la capitale, de trouver les récoltes bien moins avancées que celles que j'avais vues quelques jours auparavant entre Paris et Corbeil, où beaucoup de froments étaient coupés et en partie rentrés, tandis qu'ici on ne coupe que les seigles ; cela doit être attribué aux terres plus fortes et dont le sous-sol est imperméable. Les récoltes m'ont paru fort belles et les foins très-abondants, surtout dans la vallée du Thérin, entre Creil et Beauvais.

La ferme du château de Frocourt, que cultive M. Gibert, ancien receveur général de l'Oise, mon beau-frère, est surtout favorisée sous ce rapport, principalement pour les quatre-vingts hectares qu'il a déjà drainés. Ces terres, qui en grande partie étaient réputées improductives avant cette amélioration, sont maintenant couvertes de beaux froments, versés par les dernières pluies, heureusement après la maturité du grain. Les avoines ont quatre pieds de haut et sont très-épaisses. Il y a trente hectares de fort belles betteraves, car on distille aussi ici. On paie 16 fr. les mille kilos de cette racine. J'avais apporté, il y a trois ans, de chez M. le marquis de Ruolz, auprès de Brioude, une seule pomme

de terre de qualité très-farineuse et de couleur violette qui n'a pas eu la maladie chez le marquis, qui la
cultivait depuis trois ans sur l'assurance qui lui avait
été donnée que cette pomme de terre était très-productive et non sujette à la maladie. De cette seule pomme
de terre, M. Gibert a pu obtenir, en trois ans, de quoi
planter un hectare.

Huit hectares de très-belles féverolles et un beau
champ de carottes, feront une bonne partie de la nourriture des chevaux, ainsi que dix hectares de vesces
d'hiver, mêlées de lentilles et d'un peu de seigle. Le
tout passera par le hache-paille.

Un essai de cardères a si bien réussi, qu'on va en
faire une plus grande étendue pour les livrer à la belle
fabrique de draps de Beauvais. On a l'intention, vu les
bas prix du froment, d'en faire moins et de les remplacer en partie par une certaine étendue de colzas et
d'œillette.

Le beau troupeau de cette ferme provient de brebis
métisses mérinos et de bêtes picardes auxquelles on a
donné des béliers southdown; mais on regrette de
n'avoir pas pris seulement des brebis métisses mérinos.
Il y a deux cent quarante agneaux.

Je me suis rendu de Frocourt à Bresle, chez M. Hette,
fabricant de sucre et excellent cultivateur. Il m'a fait
parcourir quatre des six fermes qu'il cultive si bien. Ses
betteraves sont très-belles partout et surtout dans la
petite ferme composée de cinquante hectares, pris sur
d'anciennes tourbières qui ne produisaient rien. Il y a
maintenant sur ces tourbières trente hectares en betteraves qui sont déjà énormes, et dont les feuilles couvrent complètement la terre ; elles ne sont pas bonnes
pour la sucrerie, mais la distillerie en tire un fort bon
parti.

Il avait essayé la culture des topinambours dans une
partie de ces tourbes qui étaient pleines de joncs. Les

topinambours y sont venus énormes en tiges et feuilles, mais n'ont donné que peu de tubercules. Je pense que, si l'on cultivait dans une pareille terre des topinambours rien que pour le fourrage, cela devrait être très-profitable, car les bêtes à cornes mangent volontiers les tiges vertes de ces tubercules. Les bêtes à laine les mangent vertes ou sèches, et consomment même les plus grosses tiges qui sont pleines d'une moëlle sucrée. Une propriété avantageuse que je ne connaissais pas à cette plante, c'est qu'elle a détruit les joncs, dans la partie où elle avait passé une année ; aussi M. Hette, qui a attiré mon attention sur cette particularité, compte-t-il planter des topinambours partout où la terre est infestée par des joncs. Cela m'a rappelé ce que m'avait dit un grand cultivateur de topinambours : il assurait que la culture des topinambours le débarrassait de l'avoine à chapelets, qu'on ne sait comment détruire dans bien des parties de l'intérieur de la France.

M. Hette a transformé une vingtaine d'hectares de ses terres tourbeuses en prés. Il avait d'abord drainé ce marais, et plus tard arrangé de manière à retenir dans les fossés ouverts qui traversent cette pièce tourbeuse, l'eau à la hauteur qui lui paraît la plus convenable pour empêcher la tourbe de s'y dessécher, car alors rien n'y vient. Après avoir arraché les betteraves qui avaient été bien fumées, il a semé en abondance des fonds de greniers et de magasins à foin, destinés à la cavalerie de Beauvais ; il y a ajouté des graines de trèfle rouge, de trèfle blanc et de lupuline ; il a maintenant de la très-belle herbe, haute de plus de soixante centimètres et d'une très-grande épaisseur. Je pense que s'il avait pu y ajouter de la graine de trèfle hybride et de timothy, cela eût été très-bon, puisqu'on assure que la première de ces deux plantes dure aussi long-temps que la luzerne et qu'elles aiment toutes deux les terres marécageuses.

Lorsque ces prés ne produisent plus assez abondamment M. Hette compte les labourer, les fumer, et les
mettre pendant plusieurs années en betteraves; il sémera
alors en prés la partie qui aura produit assez longtemps
des betteraves; il espère obtenir par cet assolement de
prés et betteraves, de très-bons produits, dans un
sol qui était à peu près improductif avant qu'il ne fût
entre ses mains. Sa sucrerie ayant été augmentée, il a
transporté une de ses deux grandes porcheries qui le
gênait, dans la ferme aux terres tourbeuses. Il y a aussi
transporté l'abattoir des chevaux qu'on tient fort proprement, et la cuisine des cochons, qui se fait au moyen
d'un petit générateur, qu'il a trouvé de hasard, dans la
rue de Lape à Paris. Il n'entre qu'un quart ou un cinquième de chair de cheval cuite, dans la nourriture des
cochons. Les pauvres chevaux destinés à être abattus
se nourrissent, pendant la belle saison, sur un pré qui
entoure deux pièces d'eau, alimentées par une source
abondante; M. Hette a établi dans ces pièces d'eau,
dans lesquelles il maintient l'eau à une hauteur convenable, un élevage de sangsues; les chevaux y sont
amenés à tour de rôle, pour se laisser piquer par les
sangsues; on leur donne alors une portion de nourriture qui leur plaise, pour qu'ils prennent leur mal en
patience. J'ai trouvé très-bien tenues les six fermes
cultivées par M. Hette; tous les instruments d'agriculture sont bien rangés sous des hangars; les fumiers sont
bien soignés, les attelages de chevaux et de bœufs sont
en fort bon état, ainsi que les nombreux troupeaux de
moutons qu'on engraisse tant par le pâturage, qu'en
leur donnant des fourrages passés par le hache-paille,
et arrosés avec de l'eau bouillante contenant une dissolution de tourteaux et de farines.

Les froments sur les terres à sous-sol imperméable,
qui promettaient une récolte considérable, ce printemps, ont énormément souffert de la grande chaleur

et de la sécheresse de l'année ; tandis que ceux venus
sur terres drainées sont très-beaux. Il ne compte que sur
une récolte moyenne de vingt hectolitres de froment,
au lieu de plus de trente qu'il récolte habituellement.
M. Hette paie 1 fr. 75, en toute saison, les ouvriers
qu'il emploie toute l'année.

J'ai visité le lendemain près de la station du chemin
de fer de Clermont (Oise), le sieur Flamand, fermier
belge ; ayant été ruiné dans son pays, les environs
d'Ath, il n'avait pas eu d'autre ressource pour vivre,
que de devenir terrassier et de travailler à la tâche, sur
le chemin de fer, à peu près vis-à-vis de la ferme qu'il
occupe maintenant comme fermier ; sa femme faisait
à manger pour les ouvriers ; comme ils étaient très-
économes, ils purent mettre quelque argent de côté.
Flamand pria alors la dame qui lui avait loué la petite
maison dont ils avaient formé une espèce de cabaret,
de lui louer quelques hectares d'un étang qu'elle avait
desséché, mais qui était resté humide et plein de joncs ;
elle consentit à lui louer neuf hectares à 160 fr. l'hectare ; un des chefs de ces ouvriers qui était de son pays
et qui le connaissait depuis longtemps comme un hon-
nête homme, très-bon cultivateur et fort ouvrier,
s'associa à lui pour cette petite culture ; ils plantèrent
principalement de la guimauve et semèrent des racines
de chicorée sauvage, pour ajouter au café ; ils construi-
sirent un four pour sécher ces racines qui, à cette
époque, se vendaient bien plus facilement et à prix plus
élevé que maintenant. Son associé l'ayant quitté au
bout d'une couple d'années, M. Flamand continua seul
et augmenta petit à petit l'étendue de sa culture ; il a
fini par obtenir tout l'étang, d'une étendue de cinquante
hectares, dont il ne paie plus que 100 fr. l'hectare ;
enfin il vient de louer très-récemment une très-jolie
ferme que M. le maire de Clermont avait construite sur
cinquante hectares qu'il voulait faire valoir lui-même ;

l'extrême humidité d'une partie de sa propriété l'ayant dégoûté de la culture, il l'a louée à M. Flamand à raison de 100 fr., et celui-ci a mis son fils aîné à la tête de la ferme de l'Etang.

M. Flamand m'a fait parcourir ses deux fermes, où j'ai vu une assez grande étendue ayant porté un beau colza déjà battu et vendu, et de grands champs de fort belles betteraves, qui sont vendues aux sucreries des environs. J'y ai vu encore un champ d'œillette bien réussie, un autre champ considérable en orge d'hiver, dont une partie avait été fauchée deux fois pour fourrage. Le reste, qui est en grande partie fauché, va être bientôt rentré à la ferme pour fournir de l'orge aux brasseurs. Il a toujours des champs de chicorée et de guimauve. Quoique les prix aient bien baissé, c'est la culture qui donne encore le plus de bénéfice, malgré les 4 ou 500 fr. de main d'œuvre qu'elle a coûté par hectare. Cette étendue de très-bonne terre bien soignée peut donner cinq mille kilos de chicorée séchée, qui se vend actuellement 250 fr. les mille kilos. Les œillettes, semées en avril, donnent de 7 à 800 fr. l'hectare. Les betteraves lui donnent de quarante à cinquante mille kilos par hectare. Ses froments sont très-beaux, se trouvant sur des terres froides.

Il prend les vidanges de la maison de détention de Clermont et les boues de ville. Il paie pour celles-ci 450 fr. Il m'a dit que les cinq ou six truies de race berkshire qu'il tient habituellement, trouvent dans ces ordures de quoi se substanter. Il vend habituellement leurs nombreux petits, âgés de deux ou trois mois, 20 fr. la pièce, ce qui lui est très-profitable.

M. Flamand, vu l'augmentation considérable du prix de la main d'œuvre, a pensé qu'il y aurait plus d'avantage à transformer en herbages les parties les plus humides de ses terres, et il a déjà commencé à opérer ce changement. Il y tient des génisses flamandes et de jeunes chevaux de travail. Il m'a dit qu'il irait acheter des génisses importées de Hollande au marché de Malines ; il les aménera en wagon et les vendra après un an ou dix-huit mois, au moment de vêler. Il espère tirer ainsi un meilleur parti de ses herbages. Il m'a paru être un cultivateur excellent, mais dont le capital était insuffisant pour la grandeur de ses entreprises. C'est malheureusement trop souvent le cas chez les cultivateurs français.

Je me suis ensuite rendu au Mesnil-Saint-Firmin, chez cet excellent M. Bazin, qui cultive toujours fort en grand. Il a entrepris, il y a trois ans, le défrichement d'un bois assez étendu en fond calcaire. Ses froments y sont de toute beauté, quoiqu'il ne leur ait consacré aucun engrais. Il ne jouira plus que deux ans de ce défrichement. Il avait défriché, il y a une dizaine d'années, des bois lui appartenant et dont le sol était un sable profond d'une couple de mètres, sur un sous-sol de craie ou marne. Il l'a marné et y a amené beaucoup de terre argileuse et beaucoup d'engrais. J'ai vu sur cette terre un beau froment et des topinambours dont les tiges sont très-longues ; il en distille les tubercules mélangés aux betteraves. Il n'a pu me dire combien ils produisent d'alcool.

M. Bazin, pour reposer ses terres trop légères, en a semé une grande étendue en genets ; à quatre ans, ils sont très-épais et ont de deux à trois mètres de hauteur. Il va les faire arracher et fagoter cet hiver. Le cent de fagots se vendra de 25 à 30 fr. pour chauffer les fours. Il ne garnit ses nombreuses étables qu'en hiver pour engraisser des bêtes achetées, ne voulant pas élever.

M. Bazin ne fabriquait plus de sucre pendant la durée des hauts prix de l'alcool ; mais il a remis sa sucrerie en état de travailler cet hiver. Il m'a dit qu'il comptait dorénavant partager ses betteraves en deux

parties : les espèces qui sortent de terre seront distillées ; les autres feront du sucre. Il assure que les espèces hors terre sont moins favorables à la cristallisation
du sucre.

Ses champs de betteraves et de pommes de terre promettent une récolte abondante.

La ferme-école est toujours dirigée par M. du Suzeau.
Il n'a que l'embarras du choix des élèves; il s'en présente toujours plus que le nombre de dix à renouveler,
pour être instruits par ce zélé professeur. M. Bazin
admet aussi, comme pensionnaires dans cette école, un
certain nombre de jeunes gens qui veulent cultiver leurs
propriétés. Il donne à ses faucheurs de céréales d'hiver,
deux cent trente-trois litres d'un méteil contenant
beaucoup plus de seigle que de froment, méteil qu'il
estime 14 fr. l'hectolitre. Un faucheur et son ramasseur
mettent deux jours à deux jours et demi pour faucher un
hectare, lier et mettre en moyettes couvertes d'un cha-
peau. J'ai vu avec plaisir qu'une partie des cultivateurs
qui l'entourent, l'imitent en faisant des moyettes; plus
on avance vers le nord, plus on voit de moyettes.

En prenant à Amiens la direction d'Abbeville et de
Montreuil-sur-Mer, j'ai vu de beaux froments, mais
des avoines médiocres et retardées ; cela tient à la non
perméabilité du sous-sol, qui empêche souvent de labourer ces terres compactes de bonne heure, au printemps.
Ces terres auraient grand besoin d'être drainées. Ce
pays est très-plat; on y voit beaucoup d'herbages,
quelques champs de lin et beaucoup en œillettes.

Arrivé chez M. Charles de la Houplière, que j'avais
déjà visité une fois en 1849, j'eus le regret de ne pas le
trouver. Madame me remit entre les mains d'un de
messieurs ses fils, M. Alphonse, qui me fit parcourir
leur excellente propriété. Elle se compose de trois cent
dix hectares en herbages et cinquante en culture ; les
herbages pourraient se louer 200 fr. l'hectare et les

terres 150 francs, mais on tire de ces dernières, en les faisant valoir, au moins 200 fr. M. Charles de la Houplière possède une autre propriété à trois lieues d'ici ; elle est louée, mais le bail va expirer. Il y mettra son second fils qui voulut bien être mon guide.

Son gendre, qui est en même temps un de ses neveux, possède et cultive une propriété dans ce même relais de mer. Un autre neveu a sa propriété qui touche celle de M. Charles de la Houplière ; enfin, Mme Hilaire de la Houplière et son fils, belle-sœur et neveu de M. Charles, ont aussi un grand morceau de ce relai de mer, possédé en grande partie par la famille de la Houplière ; son arrière grand père l'avait acquis du gouvernement avant 1790, au moment de l'achèvement du relai de mer, à raison de 400 fr. l'hectare, ce qui vaut maintenant 5 à 6,000 fr.

M. Alphonse, mon guide, m'a dit que son frère aîné dirige la culture, maintenant que son père est souffrant. Quant à lui, il est chargé de parcourir les foires de la Normandie et de la Bretagne, pour faire les achats de bestiaux ; il les surveille dans les herbages et enfin il les vend. Il s'y trouve maintenant quatre-vingts grands bœufs normands, deux cents vaches du même pays et cent quatre-vingts bœufs bretons. Ces derniers se vendent mieux, surtout en été à cause de leur faible poids, deux cent vingt-cinq kilos de viande poids net, et aussi parce que le grand nombre d'Anglais fixés à Boulogne, sait bien apprécier l'excellente qualité de leur viande.

M. Alphonse m'a dit qu'il fait ce qu'il peut pour vendre son bétail au poids net, ce qui vaut maintenant, 15 juillet, comme bête de prime, à Montreuil 1 fr. 30, et à Boulogne de 1 fr. 40 à 1 fr. 50 le kilo.

Comme on n'élève pas dans ce pays, et qu'on ne trouve personne qui veuille acheter les veaux de huit jours, ni même les vaches laitières, ces messieurs en sont fort embarrassés. Dans le grand nombre qu'ils en achètent annuellement, on pourrait se procurer chez eux de jolies vaches normandes bien faites et pas hautes sur jambes, à des prix très-modérés. Les bœufs normands pèsent en moyenne trois cent soixante-quinze kilos, les vaches trois cents. Celles qui ont vêlé ne sont conservées au plus qu'une année. On compte sur 60 fr. comme produit moyen pour les bêtes à cornes, leur port défalqué ainsi que les pertes. M. de la Houplière tient ordinairement quatre cent soixante bêtes à cornes dans la belle saison, deux cents pendant l'hiver, et avec cela environ cinquante chevaux ou poulains. On fauche pour eux soixante-quinze hectares de prés qui sont fumés tous les trois ans. Les deux tiers de ces animaux passent leur hiver dans les herbages. Je n'y ai pas vu, comme dans la Grande-Bretagne, des hangars pour les garantir contre les intempéries.

On tient en outre un troupeau de treize cents bêtes à laine, croisées dishleys depuis fort longtemps, aux quatre cents brebis duquel on donne de temps en temps de nouveaux béliers tirés d'Angleterre ; on en a fait venir cinq il y a quelque temps, et on vient d'en acheter un pour 450 fr. à la bergerie impériale de Montcavrel. Les meilleurs moutons se vendent, âgés de trente mois pris dans l'herbage. Les autres sont vendus six mois plus tard, après avoir mangé à la bergerie de la pulpe et des tourteaux ; leur poids moyen est de trente kilos net.

On met dix petits bœufs bretons dans un wagon, et l'on dit qu'ils supportent mieux le voyage lorsqu'ils sont serrés. Leur transport de Rennes à trois lieues d'ici, revient à 30 fr. par tête.

Le lendemain matin, le fils de M. de la Houplière, portant le nom de Charles, comme son père, me conduisit chez Mme veuve de la Houplière, dont le fils, M. Hilaire, dirige la culture de trois cents hectares depuis un an que son père est mort. Celui-ci était un excellent cultivateur très-progressif; il avait acheté, il y a deux ans, une moissonneuse Mackormic Burgess et Key, qu'on a voulu faire travailler devant moi pour couper un seigle contenant de la vesce, ce qui l'a fait bourrer; on a été obligé de renoncer à la faire fonctionner, rien n'était mûr, à part le champ où l'on avait voulu l'essayer. M. Hilaire et son cousin, le gendre de M. de la Houplière, en avaient demandé chacun une du même fabricant, mais ces machines n'étaient pas encore arrivées.

Le troupeau de cette culture, qui a huit cents bêtes, est composé de dishleys mérinos, auxquels on vient de donner des béliers dishleys mérinos mauchamps, d'Alfort.

Les instruments d'ici, comme ceux de M. de la Houplière, sont ceux de Dombasle. On y a ajouté un semoir Jacquet Robillard d'Arras, avec lequel on sème les froments, les avoines et même les sainfoins. On cultive ces plantes semées en lignes à la houe à cheval. J'y ai vu aussi un rouleau Croskyll. Les deux propriétés font de beaux cochons newleicester.

Elles cultivent les betteraves à sucre assez en grand. M. Charles de la Houplière ayant proposé à ses parents de former en famille une société dont le capital est partagé en onze actions, il en a pris cinq pour son propre compte. On a monté ainsi une sucrerie qui a coûté 350,000 fr. Le fabricant est logé, chauffé, a une calèche à ses ordres et 6,000 fr. par an. On peut employer de douze à quatorze millions de kilos de racines dans la campagne. Les grands champs de betteraves que j'ai vus m'ont paru encore plus beaux que ceux que j'avais admirés précédemment.

Je me suis rendu de là à Boulogne, où je n'ai fait que coucher pour passer à Saint-Omer et gagner Lille. J'ai aperçu du wagon de belles récoltes et d'autres médiocres en froments, avoines, lins et féverolles. L'extrême sécheresse a fait beaucoup de mal.

J'ai voulu voir la jolie habitation et la belle ferme que M. Jules Brame, membre du conseil général du Nord, a construite près Roubaix, il y a quelques années. Il était absent ainsi que madame; on m'a dit qu'il avait loué sa ferme de quarante hectares (ce qui dans ce pays est une grande culture), en cédant au fermier entrant, une vingtaine de belles vaches hollandaises et flamandes et cinq chevaux de culture avec les récoltes en terre. La grande mare étant desséchée, on est obligé d'aller chercher de l'eau à deux kilomètres.

Je me suis rendu le lendemain, 19 juillet, chez M. Demesmay, grand fabricant de sucre à Templeuve. Il se plaint beaucoup de ses froments qui ne lui donneront que vingt-sept à vingt-huit hectolitres. Ceux de l'année dernière ont donné en moyenne trente-six hectolitres cinquante litres. Un champ lui a produit cinquante hectolitres à l'hectare. Ses avoines de l'an dernier lui ont donné une moyenne de cent hectolitres sur quinze hectares, mais elle ne pesait que quarante kilos l'hectolitre. M. Demesmay a récolté l'année dernière, quatre-vingt mille kilos de betteraves en moyenne par hectare.

Il cultive cent vingt hectares lui appartenant, sans jouir d'une seule mesure de pré, ce qui ne l'empêche pas d'engraisser une soixantaine de bœufs ou vaches à la fois, et il leur faut de quatre à cinq mois pour devenir gras. Le fumier est presque toujours le seul bénéfice net de l'opération. On leur donne au commencement de l'engraissement deux kilos de tourteaux d'œillette, qu'on envoie chercher à Arras, ce qui emploie deux journées d'attelage; après deux mois on double la dose des tourteaux. Les vaches ont avec cela un demi hectolitre de pulpes de betteraves et de la paille; la ration des bœufs est plus considérable. Les chevaux employés par M. Demesmay, sont achetés âgés de quinze et dix-huit mois, dans les foires de Dixmude dans les Flandres belges. Ceux qu'il en a fait venir l'an dernier, ont été payés 6 et 700 fr. Les poulains au sevrage se sont vendus là, à cette époque, de 300 à 350 francs; on les aurait maintenant à moitié prix, par suite du manque de fourrage. M. Demesmay les nourrit pendant un an sans les faire travailler. Ses vingt chevaux d'attelage mangent du foin de trèfle, qu'on paierait actuellement 160 fr. les mille kilos; ils ont quinze litres d'avoine dont l'hectolitre se vend 12 fr. On leur donne avec cela quatre kilos de tourteaux d'œillette.

Les fumures de betteraves sont de quatre-vingts à cent mille kilos en fumier ou en boues de ville. Ces dernières viennent de Lille à seize kilomètres; deux de ces énormes chevaux en amènent, sur le pavé, quatre mille kilos. On emploie aussi pour betteraves, en place de fumier, quatre mille kilos de tontures de draps, ou autant de balayures des filatures de laine. Les mille kilos se paient 50 fr. en fabrique, et cela forme une excellente fumure pour trois ans. On fume de nouveau ensuite, mais on s'aperçoit, à fumure égale, que les produits sont infiniment supérieurs sur les champs ayant reçu précédemment des déchets de laine. M. Demesmay a un four à chaux, qui lui fait de la chaux avec de la craie, qu'il paie, à huit kilomètres de chez lui en suivant le pavé de Lille, 25 centimes pour chaque hectolitre de chaux qu'elle produit. Le charbon maigre, espèce d'anthracite, se paie 2 fr. 50 l'hectolitre à la mine, qui est à douze kilomètres de chez lui. Sa chaux lui revient à 60 centimes l'hectolitre. Il en met tous les huit ans, par hectare, quatre cents hectolitres qu'il a mêlés avec pareille quantité de boues de betteraves, d'écumes de défécation, ou de bonnes terres dont il forme des compost.

Cet énergique amendement se met sur le trèfle, qui forme une des huit soles de son assolement. Il ne fauche le trèfle qu'une fois, et il enterre la seconde coupe. Il met des betteraves dans la seconde sole, du froment dans la troisième sole, des betteraves dans la quatrième, du froment dans la cinquième, des betteraves dans la sixième; la septième reçoit du froment et la huitième est moitié en seigle et moitié en avoine, qui reçoivent la semence de trèfle de la première sole. Il sème du trèfle incarnat entre un froment et une betterave, et applique à l'incarnat deux mille deux cents kilos de tourteaux, pour empêcher la betterave de diminuer en produit. M. Demesmay donne à ses piqueteurs 12 fr. pour moissonner un hectare de froment; il y ajoute trois cent soixante-quinze grammes de viande et le bouillon qui en provient, pendant chacune des deux journées qu'un bon ouvrier met à piqueter cette étendue.

Il vient de construire une grange qui contient une machine à battre de Duvoir, marchant au moyen d'une machine à vapeur de la force de quatre chevaux. Il ne bat que trente hectolitres de froment par jour, ce qui est bien peu. Cet établissement, construit dans un petit enclos qui contiendra les meules de céréales, et le chemin qui conduit au pavé, ont coûté 12,000 fr. M. Demesmay a déjà fait bien des drainages. Il n'a mis dans ses terres les plus humides, que sept mètres entre les rigoles.

Il a de très-beaux espaliers taillés, ou pour bien dire pincés à la manière de M. Dubreuil. Ayant eu des difficultés avec les jeunes gens de sa ferme-école, il les a renvoyés et a abandonné la ferme-école.

Ses cochons de race berkshire, qui lui sont venus de Grignon, sont toujours fort beaux.

M. Demesmay m'a dit employer trente kilos de semence de betteraves par hectare. Il va jusqu'à quarante kilos dans ses terres les plus compactes, où la levée est difficile. Ses très-fortes applications de chaux ne sont pas encore parvenues à ameublir ses terres.

M. Demesmay a deux modèles de charrues qu'il a perfectionnées; elles n'ont point d'avant-train. Avec la première et deux bons chevaux, il laboure à la profondeur de vingt-cinq centimètres. La seconde, qui est la plus forte, est attelée de quatre chevaux et suit la première; elle prend la même profondeur et ramène le sous-sol à la surface, ayant pour cela un versoir plus haut et plus long; elles sont toutes en fer, parfaitement établies par un maréchal de Pont à Marc, qui fait payer la petite charrue 80 fr. et la seconde 90. Ces charrues labourent ordinairement cinquante ares dans les courts jours, et jusqu'à soixante-dix dans les longs jours.

M. Demesmay a eu la complaisance de me conduire chez un de ses voisins, riche propriétaire qui s'est construit récemment une charmante habitation avec une très-belle basse-cour ou ferme, et une sucrerie. Cet ami cultive encore une autre ferme de compte-à-demi avec son beau-frère, et il a une troisième ferme de quatre-vingts hectares qu'il a louée. M. Desmoutiers emploie des bœufs pour ses labours. Il les engraisse plus tard avec d'autres achetés pour cela. Mme Desmoutiers dirige fort bien cette grande affaire, pendant les nombreuses absences de monsieur. Ils étaient absents, et M. Demesmay ayant affaire à Lille m'y a ramené. J'y ai pris de suite un cabriolet pour aller voir M. Lecat, fermier dans la commune de Bondu. Cet habile cultivateur a déjà obtenu trente-une médailles, dont neuf en or, onze en argent et autant en bronze.

Il était en train de faire faire d'énormes composts en mélangeant de la chaux à des vâses sorties des larges canaux qui entourent les vieilles constructions de sa ferme. L'extraordinaire sécheresse de cette année lui a permis de faire ce travail. Deux de ses gros chevaux flamands lui amènent soixante hectolitres de chaux, car il n'est pas très-éloigné de la route pavée et il a fait un excellent chemin avec les crasses des fours chauffés au charbon.

M. Lecat a vingt vaches flamandes, dont une donne par vingt-quatre heures quarante litres de lait, avec lequel on fait trois livres de beurre. Il a essayé, d'après mon conseil, d'avoir des veaux mâles ou femelles à volonté. Il fait saillir les vaches pour obtenir des mâles, immédiatement après la traite, et pour avoir des veaux femelles, avant de les traire. Cela lui a réussi sept fois sur dix. Il a un beau taureau hollandais.

Sa ferme se compose de vingt-deux hectares de terres et de huit en herbages. Il fait chaque année quatre hectares de tabac qu'on lui a payé, l'an dernier, 1 fr. le kilo, toutes les qualités comprises.

Sa récolte de froment ne lui promet que vingt-huit hectolitres. L'année dernière elle a été de trente-trois par hectare. Il compte cette année sur une centaine d'hectolitres d'avoine, et n'en a eu, l'an dernier, que soixante-dix-sept par hectare. Il est forcé, par l'extrême sécheresse, d'effeuiller ses betteraves pour nourrir ses vaches qui ont avec cela dix-huit hectolitres de pulpe ou de résidus de distillation, et trois livres de tourteaux d'œillette par bête.

Ses lins, quoique inférieurs à ceux qu'il a habituellement, ont de sept à neuf fois la hauteur du poing d'un homme. Il en prépare chez lui environ moitié et le reste se fait à la tâche. Son lin est vendu en Angleterre. M. Lecat ayant exposé du lin de sa récolte à New-York, y a obtenu une médaille d'or.

Une partie de ses quatre hectares de tabac est cultivée à la tâche par des ouvriers qui font tous les travaux, excepté le labour et la fumure. Ils sont payés en obtenant 30 fr. pour chaque 100 fr. de vente. Une moindre partie de ses froments est semée en froment de Berg ; mais ici, comme chez M. Demesmay, le froment connu en Angleterre sous le nom de hedge wheat, ou aussi sous celui de welwet ou à épis veloutés, produit toujours plus que l'autre.

M. Lecat établit ainsi la dépense de culture d'un hectare de betteraves :

Pour loyer et contributions d'un hectare. .	166 fr.
Sarclages.	113
Labours.	121
Pour fumure, trois mille trois cents kilos de tourteaux	564
Total.	964 fr.
Il reste un tiers des tourteaux en terre. . .	155
	809 fr.

Le produit à cinquante mille kilos vendus à 18 fr.	900 fr.
Dépense.	809
Reste bénéfice.	91 net,

mais il ne compte pas la valeur du nettoyage de la terre par les sarclages répétés qui évitent une jachère morte. Cette jachère occasionnerait une grande dépense de culture et la perte de loyer d'une année.

Je suis allé de chez M. Lecat, chez M. Casier qui a remplacé M. Cornille, mort il y a deux ans et qui de son vivant était un des meilleurs cultivateurs des environs de Lille. La ferme de M. Casier se trouve fort près de la barrière sur la route allant de Lille à Menin, en Belgique. Il a payé à Mme Cornille, veuve de son prédécesseur, 50,000 fr. pour la garniture de la ferme dont l'étendue n'est que de trente-cinq hectares, pour le loyer et les impôts desquels il a chaque année 5,500 fr. à débourser.

M. Casier a vingt très-grosses et fort belles vaches hollandaises; une des plus belles, qui avait coûté 700

fr., vient de périr à la suite de la maladie nommée la
cocote. Il m'a dit obtenir de chaque vache de cette
étable un produit moyen de seize litres pendant les trois
cent soixante-cinq jours de l'année ; comme il vend son
lait à la ville 15 centimes le litre, ce serait un produit
de 876 fr. par vache et par an. Je n'avais jamais entendu porter aussi haut le produit d'une étable, et je
crains d'avoir mal entendu.

M. Casier est forcé par la sécheresse de faire cueillir
des feuilles de betteraves pour ses vaches, ce qui ne se
fait jamais en année ordinaire. Une fille en fait cent
petites bottes par jour ; ainsi c'est cinq bottes pour
une vache qui reçoit en outre trois livres de tourteaux
d'œillette, et des résidus de distillation ou de brasserie. M. Casier sème des navets après avoir arraché
son lin, et leur applique une fumure de deux mille
trois cents kilos de tourteaux de colza payés 17 fr. le
cent ou 391 fr. sans compter ce qu'il en coûte pour
écraser et pulvériser cet engrais.

Il remplace parfois les tourteaux par cent hectolitres
de vidanges coupées par moitié d'urine de vaches et
estimées 15 centimes l'hectolitre. Il ne compte par hectare que sur vingt et quelques hectolitres de froment, au
lieu de trente-trois comme l'an dernier, et sur une centaine d'hectolitres d'avoine. Il donne à ses piqueteurs
pour couper ses froments, 14 fr. par hectare, sans y
ajouter de bouillon ni de viande.

Je suis parti de Lille par le chemin de fer, et j'ai pris
à la station de Carvin un cabriolet qui m'a mené à Lens,
chez M. Decrombecque. Son fils m'a fait visiter ses
bêtes à l'engrais, tant à la sucrerie et à la distillerie de
la ville qu'à la distillerie qu'ils ont dans la commune
d'Arvion, à deux kilomètres de Lens. Tout ce bétail
est en bon état ; il s'y trouve de fort belles bêtes, principalement les jeunes bœufs achetés dans les foires de
Belfort, Vesoul, et autres lieux sur les frontières qui

séparent le pays de Bade de la Suisse. Ces bœufs sont fort doux, travaillent très-bien et s'engraissent facilement. On dit que les vaches de cette espèce sont de bonnes laitières, pas trop chères à acheter. Le port de ces bœufs par chemin de fer, a coûté 24 fr. la pièce. Ils sont revenus à 61 ou 63 centimes par kilo de poids vif, le port compris. On pourrait, maintenant que le fourrage est cher, les payer 50 fr. de moins par tête. Les étables ou boxes où on les engraisse, contiennent maintenant près de trois cents têtes, sans compter les bœufs d'attelage.

Ses betteraves sont superbes ; les froments aussi sont bons, sans approcher de ceux de l'année dernière.

M. Decrombecque achète des moutons pour les faire passer sur les chaumes avant de les peler.

Ses chevaux, au nombre de trente-cinq, la plupart achetés atteints de pousse, sont en très-bon état et ont bon poil. Voici de quoi se compose leur nourriture : deux kilos de seigle et autant d'orge en farine, quatre kilos d'avoine aplatie, autant de tourteaux d'œillette, le tout fermenté pendant quarante-huit heures avec du fourrage moitié prairie artificielle et moitié paille, passés par le hache-paille.

Les bêtes à l'engrais ont, suivant leur taille, de quatre à cinq kilos, moitié œillette et moitié colza, de la paille hachée et de la pulpe, le tout arrosé avec des résidus de distillation de seigle et fermenté pendant quarante-huit heures.

Il a acheté deux semoirs à engrais pulvérulents surtout pour semer le guano, chez M. Jacquet Robillard, fabricant à Arras. Il en est fort content, ainsi que de son grand drill-presser, qui a coûté 600 fr.

Ses gros rouleaux Croskyll, dont les vingt-trois disques ont 0 m. 96 cent. de diamètre et qui ont 2 m. 20 de largeur, ne sont attelés que de trois bons chevaux.

M. Decrombecque passe lors des semences son drill-

presser sur le champ, sème ensuite les engrais pulvérulents en travers, et passe enfin le semoir à céréales ;
de cette manière l'engrais et la semence sont assez en-
terrés et couverts, et l'eau n'entraîne pas les engrais en
poudre. Je suis fort étonné que M. Decrombecque, qui
ne recule pas devant la dépense lorsqu'il connaît un
bon instrument, n'ait pas encore acheté un semoir à
engrais liquide avec lequel on peut semer les racines
par les temps les plus secs avec certitude d'une bonne
levée. Les racines, ainsi semées, donnent des récoltes
souvent doubles avec la même dose d'engrais. On fait
le plus grand cas de cet instrument en Angleterre, et je
n'en ai encore vu qu'un seul en France. Il est à l'Orfrasière, près de Tours, mais on ne s'en sert qu'avec
des engrais pulvérulents. Le meilleur de ces semoirs a
été inventé par M. Chambers; il sème les racines en poquets séparés de quatorze pouces anglais ; il est fabriqué
par MM. Reeves dans le Wiltshire.

Ses attelages se composent de trente-cinq chevaux
et de soixante bœufs. Il vient d'acheter à Dunkerque
cinq mille hectolitres d'orge importée d'Egypte, à 13
fr. les cent kilos, pour les distiller et les faire consommer par son bétail. J'ai vu chez lui pour la première
fois un instrument ressemblant à une persienne, dont
les planchettes seraient garnies de plaques de fer. En
traînant cette machine sur les terres labourées en travers du labour, elle écrase les mottes tout en serrant la
terre, ce qui est utile à la plupart des semailles.

On est occupé à remettre en bon état tous les instruments, machines et outils, et on les peint au goudron
de gaz.

M. Decrombecque a reçu un convoi de bêtes flamandes
qu'on a pesées. Elles lui reviennent de 45 à 60 centimes
le kilo poids vif. On les a ensuite inoculées et logées
dans des étables éloignées des anciennes bêtes, afin de
se mettre à l'abri d'une invasion de la pleuropneumonie.

Cette maladie fait encore de terribles ravages dans les pays où l'inoculation n'est pas encore connue ou pratiquée, et dans ceux où elle a été déconseillée par de savants vétérinaires, comme cela a eu lieu en Angleterre. Elle a occasionné de grandes pertes à des personnes de ma connaissance.

J'ai admiré la manière de fauciller exécutée par seize femmes qui coupaient de l'orge d'hiver aussi près de terre que possible. Elles étaient à la journée et gagnaient 1 fr. 50, tant le voisinage des nouvelles houillères a augmenté ici la main d'œuvre. Il est donc temps que M. Decrombecque étudie les différentes moissonneuses pour arriver à reconnaître celle qui est la meilleure.

Il paie maintenant à la fosse de Lens, 1 fr. 50 l'hectolitre de charbon pesant quatre-vingts kilos.

Je me suis rendu de Lens à Douay et de là à Brebières, chez M. Pilat, qui depuis une dizaine d'années a remporté les premiers prix destinés aux quatre catégories de moutons gras, toutes les fois qu'il a exposé ses bêtes. Il a obtenu la croix d'honneur, ainsi que M. Decrombecque, comme étant des meilleurs cultivateurs de leurs environs et on peut ajouter de la France entière.

M. Pilat n'expose plus de bêtes à laine afin de ne pas décourager les autres engraisseurs; mais ceux qui lui achètent des agneaux de son remarquable troupeau, peuvent compter sur des premiers prix, s'ils sont bons engraisseurs. M. Pilat vient de céder deux lots, chacun de quinze agneaux castrés, âgés de cinq à six mois, à 30 fr. la pièce, à deux cultivateurs de ce pays qui les exposeront au concours des bêtes grasses de Lille l'an prochain. Cela servira à faire connaître les mérites de son troupeau.

Cet excellent cultivateur fume ses terres comme il engraisse ses moutons, c'est-à-dire on ne peut mieux. Cela cependant ne lui a pas réussi cette année, car ses récoltes ne sont pas belles. Il ne compte que sur une vingtaine d'hectolitres de froment au lieu de trente-cinq et même quarante-cinq, qu'il a obtenus dans d'autres années. La première coupe de trèfle ne lui a donné que trois mille kilos de foin, et la seconde ne se fauchera pas, tant elle est brûlée par le soleil. Il n'y a que ses betteraves qui soient très-belles.

Son bétail se compose de quarante-sept chevaux, d'une cinquantaine de bêtes à cornes à l'engrais et de mille cinq cents bêtes à laine qui sont le résultat d'un premier croisement de béliers dishley, que les Anglais nomment newleicester. Il a payé ses béliers de 6 à 700 francs par tête chez le meilleur éleveur de cette race, M. Sanday de Holmepierrepont. Les brebis étaient des métisses mérinos choisies pour leurs formes les moins mauvaises que possible. M. Pilat assure que les bêtes les mieux faites de son troupeau sont celles qui proviennent des béliers de premier croisement avec les brebis de même espèce ; cent cinquante antenaises provenant de pères et de mères de demi-sang dishley mérinos, sont admirables. Les béliers de même provenance sont on ne peut mieux conformés ; il les vend de 80 à 100 fr. la pièce. Je pense que ces béliers donnés à de bonnes brebis métisses mérinos bien choisies, feraient très-bien, faute de bons béliers dishley, cotswold ou lincolnshire. Ceux-ci vaudraient mieux pour le premier croisement. On donnerait aux antenaises croisées des béliers d'Alfort, si la ferme se trouvait dans un pays où les troupeaux métis mérinos sont nombreux ; dans le cas contraire, il vaudrait mieux prendre des béliers southdown ou des shropshire, qui sont encore meilleurs que les précédents pour les terres d'une médiocre fertilité.

La moyenne des récoltes de M. Pilat, l'an dernier, a été de quarante hectolitres de froment, de quatre-vingts d'avoine et de soixante-douze mille kilos de betteraves à sucre.

Je me suis rendu le 22 juillet de Brebières, à la grande usine de Somain, sur le chemin de fer de Douay à Valenciennes. Ce grand établissement qui est dirigé par M. Picot, pour le compte d'une société, contient une sucrerie considérable, une distillerie, une raffinerie, et une fabrique de noir animal. La sucrerie peut, à elle seule, fabriquer seize millions de kilos de betteraves. Je n'ai pas demandé combien la distillerie peut en consommer.

M. Picot ne cultive pas; il achète ses betteraves de 16 à 18 fr. les mille kilos livrables aux époques où il peut les fabriquer. Cette année il ne les paie que 16 fr. Il ne prend pas de celles qu'on cultive en abondance dans la partie assainie des marais qui sont auprès de la ville de Marchiennes et qui trouvent cependant leur écoulement au prix susdit.

M. Picot qui n'est pas marié, a comme gérant 6,000 fr. de fixe, 4 0/0 des bénéfices, l'intérêt d'une action de 14,000 francs, son chauffage et le logement. Il n'a pour son cabriolet qu'un cheval, qui fait aussi les petits charrois de l'intérieur des cours de l'usine. Il est à côté de la station du chemin de fer, où se trouve la bifurcation du chemin de fer allant par Cambray à Reims.

Les wagons du chemin de fer lui apportent dans sa cour le charbon venant des puits d'Aniche qui ne sont qu'à moins de deux kilomètres de son usine. Son charbon ne lui revient qu'à 1 fr. 30 l'hectolitre. Il charge ses sucres sur les wagons dans l'intérieur de l'usine. Celle-ci ne déploie aucun luxe; mais elle est montée de la manière la plus commode pour les diverses fabrications.

M. Picot, que je connais depuis plusieurs années, m'a dit que ses employés supérieurs n'ont au plus que 1,500 fr. d'appointements; ils sont logés et chauffés. Il peut leur donner jusqu'à 500 fr. d'indemnité s'il en est content. Il n'a pas l'appareil à triple effet, mais il a trois chaudières à cuire dans le vide de la plus grande dimension. Il a un appareil de Rousseau ; quatre grandes et très fortes presses lui suffisent.

Il m'a conduit à Marchiennes. J'ai vu la partie du marais qui a été assainie et rendue cultivable, au moyen de larges et profonds fossés, qui séparent des champs d'une largeur de trente à cinquante mètres. La terre en partie tourbeuse et sablonneuse sortie de ces énormes fossés, a servi à rehausser ces champs étroits, mais très longs. Ces fossés, maintenant desséchés, sont habituellement pleins d'eau. Les récoltes qu'on y voit sont fort belles, surtout les betteraves qui conviennent mieux aux distilleries.

M. Picot m'a cité un des actionnaires de sa sucrerie, qui a au moins 800,000 fr. de fortune. Lui et son fils conduisent eux-mêmes leurs tombereaux venant pour enlever de la sucrerie, les engrais qu'ils chargent eux-mêmes.

Il m'a fait voir de sa cour, les hautes cheminées d'une verrerie et d'une fabrique de glaces, dirigées depuis plus de vingt ans par M. Patou, qui y a acquis plus de 3,000,000 de fortune. M. Driou y a de grands intérêts. C'est un très-riche industriel des environs de Charleroi, qui a acheté, avec deux de ses parents, la belle, bonne et grande terre d'Argy, près de Buzançay et de Châteauroux. Ils y font de très-grandes améliorations.

M. Patou s'est construit une belle habitation et cultive fort bien.

J'ai encore appris là, que Mme de Clerck, sœur de M. de Crombez, propriétaire avec sa famille, de l'Ancosme, terre de cinq mille six cents hectares d'étendue, aussi près de Buzançay, habitait près de Carvin, au milieu d'une belle forêt qu'elle y possède. Elle a encore une autre terre très-étendue du côté d'Evreux.

M. Picot étant lié avec M. Hette, lui a indiqué un

jeune homme pour conduire la distillerie et la très grande culture de topinambours du comte de Beaurecueil, au château d'Herbaut, près Romorantin (Loir-et-Cher). Les inconvénients de ce tubercule pour la distillation, sont : 1° qu'on ne peut pas l'arracher longtemps d'avance ; 2° que les gelées arrêtent ce travail ; 3° qu'il doit se faire dans les jours très-courts, très-froids et dans la boue ; enfin 4° qu'on a beaucoup de peine à séparer la terre de ces tubercules biscornus, à moins qu'ils ne soient venus dans un véritable sable ; mais alors ce sable a besoin d'être fortement fumé, pour donner une récolte assez abondante.

Je lendemain matin, je suis allé à la sucrerie de Saultain, à cinq kilomètres de Valenciennes, pour faire une visite à MM. Hamoir. Je n'ai trouvé que le fils. M. Gustave Hamoir m'a dit ne compter que sur dix-huit à vingt hectolitres de froment. L'année dernière la moyenne avait été de trente-trois. Ses avoines sont bonnes ; mais l'orge et le froment de mars n'ont pas bien réussi. Les escourgeons sont très-beaux, les betteraves de même. L'année dernière leur récolte moyenne a été de soixante-dix mille kilos. Ces messieurs ont toujours à l'engrais cent vingt bœufs qui viennent du Haynaut, de la Franche-Comté ou du Glâne. Ces derniers sont importés des environs de Saarbruck, par un marchand qui les leur fournit d'habitude et les leur a amenés cette année pour 260 fr.

Ces messieurs achètent aussi, vers l'âge de quinze mois, de jeunes bœufs. Ils les ont payés 120 fr. l'an dernier ; ils les tiennent hiver et été dans une petite cour garnie de fumier, mais sans autre abri que les murs des bâtiments qui l'entourent complètement. Les cours à bétail de la Grande-Bretagne contiennent toujours des hangars, et plus on va, plus on recommande dans ce pays, de laisser le bétail souffrir le moins possible du froid,

car cela ne lui vaut rien, et de plus il est bien reconnu
qu'il mange beaucoup plus lorsqu'il a froid.

Leurs attelages se composent de trente-quatre chevaux du Coudroz en Belgique et de trente bœufs. Ils
sont pour la plupart en ce moment dans les écuries et
les étables, les laboureurs étant occupés par la moisson.

Les chevaux mangent ici un kilo et demi de seigle,
autant d'orge, quatre d'avoine et du fourrage, dont
moitié paille qui a passé par le hache-paille. On met la
paille destinée à faire la litière dans les rateliers. Les
bœufs de travail ont de la pulpe, des résidus de distillerie, trois kilos de tourteau d'œillette et du coupage
comme les chevaux. Les bœufs à l'engrais ont la même
nourriture que ceux de travail, à part la ration de tourteau qui est plus forte. La nourriture des bêtes à l'engrais est mise par le haut dans une espèce de générateur
posé verticalement. On y introduit pendant vingt minutes de la vapeur qui sort par le bas du générateur,
lequel a pu coûter de 7 à 800 fr. Cette nourriture n'a
pas une apparence appétissante, mais son odeur est
excellente et les bêtes la dévorent.

M. Hamoir fait cuire la nourriture depuis plus de
deux ans, et la pleuropneumonie qui avant faisait souvent invasion dans ses étables, n'y a plus reparu depuis
lors. Il est persuadé que cette nourriture cuite les en a
préservés. Les écuries et une assez grande partie des
étables de Saultain, sont voûtées et élevées.

M. Hamoir se sert toujours avec satisfaction de ses
charrues en fer, à versoir changeant et à très-petit
avant-train. Il les vend 180 fr. Il est aussi fort content
de sa grande et de sa petite charrue américaine, importées de Londres en 1851 ; elles n'ont pas d'avant-
train. La plus forte coûte chez lui 65 fr. et l'autre 50.

M. Hamoir a encore, fin juillet, pour sept à huit
mois de pulpe.

Il fait de petites meules contenant cent cinquante à deux cents gerbes de sept à huit kilos, qui ont été liées de suite derrière les piqueteurs ; il les couvre avec des paillassons. Il lui faut six cents paillassons pour couvrir la récolte de soixante-dix hectares. On les fait avec de la paille longue de froment et de la ficelle goudronnée. Leur façon revient à 10 centimes. Il en faut de dix à douze par hectare. L'année dernière, ses petites meules se sont très-bien soutenues pendant une pluie orageuse de quarante-huit heures, sans que les paillassons aient été percés ou dérangés.

M. Hamoir m'a conduit chez MM. Baillet, trois frères non mariés, vivant ensemble sur une ferme de cent dix hectares dont le prix de location se monte de 180 à 200 fr. l'hectare. Ils habitent la ville de Denain, et y font valoir une sucrerie, à laquelle ils apportent les améliorations qu'un de ces trois messieurs apprend à connaître, dans les nombreux voyage qu'il fait.

Ces messieurs ont adopté depuis cinq ans, l'usage de laisser séjourner le fumier pendant trois ou quatre mois, sous leurs bêtes à cornes de travail ou à l'engrais. Ils ajoutent chaque jour une brouettée, pour cinq bœufs, d'un compost formé avec de la chaux, dont le mètre cube se vend ici 4 fr., et avec des cendres de houille ou de bonne terre sèche, pour sécher le fumier. Ils ont reconnu, après plusieurs essais comparatifs, que le fumier traité ainsi, était infiniment supérieur à celui retiré tous les jours des étables et entassé dans la cour.

Leurs deux étables, contenant chacune cinquante bœufs, ont été pendant deux années traitées, l'une à l'ancienne manière et l'autre à la nouvelle. Non-seulement cette dernière méthode a fourni une plus grande masse de fumier qui, employé à quantité égale, a fourni une plus belle récolte, mais encore son effet s'est fait sentir plus longtemps dans les champs que celui du tas qui avait été exposé dans la cour aux rayons du soleil et lessivé par les averses. Ils emploient le fumier d'écurie comme litière sous les bœufs; vingt-cinq de ceux-ci sont achetés jeunes à raison de 200 fr. et devront au bout d'une année, remplacer autant de bœufs vieux ou fatigués, destinés à être mis en graisse.

Ces messieurs ont pendant l'hiver trois cents moutons, qu'ils vendent gras au printemps.

Ils fument tous les ans cinquante hectares, dont moitié avec vingt voitures portant chacune quatre mille kilos de fumier sortant des étables, et moitié avec des boues de ville, qui donnent encore de plus belles récoltes de racines et de froment, l'année d'après, sans recevoir un nouvel engrais. Les dix hectares restants portent par tiers des féveroles, de l'avoine et du trèfle, pour les douze chevaux; trente de leurs bœufs travaillent. Ils font du pain de seigle pour leurs chevaux; cinq kilos de ce pain remplacent fort bien quinze kilos d'avoine, ce qui est une très-grande économie pour eux. Trois quarts d'hectolitre de charbon de terre suffisent pour cuire deux cents pains, du poids de ceux de munition. Ces messieurs m'ont dit que M. Fievé de Many, près de Douay, nourrissait aussi ses chevaux avec du pain en place d'avoine.

MM. Baillet inoculent toutes les bêtes à cornes qu'ils achètent.

Ils ont encore deux très-grandes meules de paille, qu'ils comptaient vendre sans cette sécheresse extrême.

Nous avons essayé le premier jour que j'ai passé dans cette maison, pendant six heures consécutives, trois machines à moissonner, celle du docteur Mazier de l'Aigle, celle de Mackormic et celle du même, améliorée par Burgess et Key de Londres. Le champ dans lequel on opérait était un froment manqué, clair-semé et n'ayant pas plus d'un mètre de haut. Le docteur qui logeait chez ces messieurs, avait amené un jeune homme habile et intelligent qui l'accompagne dans les concours.

Sa moissonneuse a bien fonctionné, étant attelée de deux chevaux comme les deux autres.

La moissonneuse Mackormic sans amélioration, ayant un javeleur nullement habitué à sa besogne, a fait l'ouvrage le moins bien exécuté des trois machines. La Mackormic, garnie de trois rouleaux devant former les andains, n'a pas mieux coupé que la précédente. L'andain était la moitié du temps mal fait; lorsqu'il n'était pas mal fait, une partie des épis était séparée de la masse et se trouvait sur le milieu de l'andain.

Le lendemain, les mêmes trois moissonneuses travaillèrent dans un beau froment, épais, ayant quatre pieds de haut, semé en lignes séparées par vingt-sept centimètres. La moissonneuse Mazier a mal fonctionné, les javelles étaient trop épaisses pour que le javeleur du docteur, tout habile qu'il était, pût suffire à les faire tomber sans les emmêler. L'ouvrage était tellement fatigant, que le javeleur était rouge comme s'il allait avoir une attaque. Il était forcé de faire arrêter les chevaux pour reprendre haleine. Et cependant le tour du petit champ qu'on moissonnait n'était pas terminé. La Mackormic, quoique son javeleur fût très-fort, n'a pas pu mieux fonctionner.

La moissonneuse Burgess et Key s'en est moins mal tirée que les autres. L'homme qui la suivait à pied pendant les deux jours, n'était pas éreinté comme les deux autres javeleurs. Il n'avait qu'à marcher derrière sa machine, pour débourrer les rouleaux qui s'engorgeaient souvent, ce qui forçait d'arrêter. L'andain avait les mêmes défauts que la veille. Cependant cette machine avait ce jour-là moins mal fait que les deux autres; mais ces deux expériences avaient suffi, pour que je puisse me prononcer contre toute moissonneuse, ne se débarrassant pas d'elle-même des céréales coupées et tombées sur la planchette, c'est-à-dire contre toute moissonneuse ayant besoin d'un homme posé sur la

plate-forme de la moissonneuse et qui, armé d'une
fourche ou d'un râteau, est chargé de former des javelles;
il les emmêle toujours de manière à avoir beaucoup
d'épis dans le pied et d'autres dans le milieu de la javelle. Cet homme, si fort et si habile qu'il soit, ne peut
pas suffire à cette fatigante besogne, tout en la faisant
très-mal. Il faut qu'il se fasse remplacer par le cocher,
qui bientôt épuisé à son tour, va remonter à cheval.
Cela arrivera toutes les fois que la céréale sera bien
venue.

Le lendemain, jour du concours, à ces mêmes machines furent ajoutées 1° celle de Hussey, améliorée
par Dray de Londres; 2° celle de Manny, fabriquée par
M. Roberts, Anglais fixé à Paris, lesquelles machines
avaient été aussi essayées les jours précédents dans une
autre ferme. Ce concours avait lieu chez M. Delincelle,
autre fabricant de sucre et riche propriétaire.

La pièce de froment dans laquelle allait se faire le
concours n'était pas mauvaise, mais moins bonne cependant que celle de la veille.

Le vent était très-fort lorsqu'on a commencé à moissonner, et au bout de vingt minutes un ouragan s'est
déclaré et a empêché qu'on continuât; la partie fut remise au lendemain. N'étant pas resté à Denain, j'ai
appris depuis, qu'on avait décerné la prime de 200 fr.
à la machine du docteur Mazier, parce que la petite
roue de la moissonneuse de Hussey Dray, s'était en-
foncée jusqu'au moyeu dans les terres douces du champ
de concours, devenues trop humides à la suite de l'ouragan. Celui-ci a été si violent, qu'il a renversé des
arbres dans la prairie bordant le champ du concours.

J'avais visité, avant le commencement du concours,
la magnifique ferme de M. Delincelle. Ce monsieur a
donné sa fille unique au maître de poste de Bonavie,
qui habite avec son beau-père à Denain. Il fait valoir
les deux propriétés quoiqu'elles soient séparées par

vingt-cinq kilomètres et que leur étendue soit de plus de trois cent cinquante hectares. Ces messieurs engraissent beaucoup de bétail à la sucrerie, et en élèvent beaucoup à Bonavie. On m'a dit qu'entre les deux cultures, il y avait plus de cinq cents têtes de gros bétail, en comptant dix bêtes à laine pour une tête de gros bétail. J'ai vu de très-beaux chevaux de travail, ayant été payés de 1,000 à 1,500 fr. J'ai admiré de très-belles vaches hollandaises et d'autres flamandes. J'ai regretté de voir que ces messieurs n'eussent pas adopté l'excellente méthode de laisser le fumier sous le bétail au moins quinze jours et même jusqu'à trois mois, comme MM. Decrombecque, Baillet et autres, car je regarde cela comme une très-utile pratique.

J'ai pu faire une courte visite à M. Courtin, jeune fermier qui habite une ferme bien bâtie, à quelque distance de la ville de Denain. Sa ferme se compose de cent huit hectares de terres et de douze en prés. Il a déjà drainé une vingtaine d'hectares de la partie la plus humide de sa ferme ; cela lui a coûté 200 fr. l'hectare. Il a une partie de ses froments qui lui donnera au moins trente hectolitres à l'hectare. Ses betteraves sont très-remarquables, de même qu'une grande pièce de chanvre.

Il paie ses piqueteurs 18 fr. par hectare. C'est plus cher que le prix ordinaire, mais il tient à ce que la moisson soit faite aussi bien que possible, et qu'on laisse peu d'épis traîner. Il fait lier immédiatement après les piqueteurs et mettre en moyettes couvertes d'une double gerbe. Ses avoines sont très-épaisses et très-longues. Il paie les terres de sa ferme 120, et un autre lot 150 fr. Il m'a dit qu'il y avait dans les environs des terres louées 180 fr.

J'ai fait aussi une visite à M. Gouvion, qui a monté la première sucrerie à Denain, qui n'était qu'un village en 1823. Par la découverte des mines de charbon de terre et par suite de l'installation successive de nombreuses sucreries et distilleries, Denain dépasse maintenant une population de dix mille âmes. M. Gouvion cultive environ cent dix hectares. Il a vingt-cinq chevaux et trente bœufs de trait ; il engraisse des bœufs. Il a de belles vaches et des élèves et des cochons de la grande espèce du Yorkshire. Il a plus de grosses têtes de bétail que d'hectares. Ses étables sont fort bien tenues et voûtées. Il m'a dit que le prix des chevaux avait baissé de 300 fr. par tête environ.

Il distille des mélasses et en extrait de la potasse. M. Gouvion se sert, ainsi que MM. Baillet, de l'appareil à lixiviation pour fabriquer le sucre. Cet appareil a été inventé par M. Schutzenbach ; ils en sont fort contents et m'ont dit que, s'ils avaient des sucreries à établir, ils conserveraient ce système.

Le concours des moissonneuses avait été organisé par trente-deux souscripteurs, qui ont invité à dîner les visiteurs étrangers. J'ai retrouvé là MM. Hamoir, Pilat, Harry et Dervaud. J'avais trouvé le travail de la moissonneuse Hussey Dray bien meilleur que celui des quatre autres ; j'en fis mon compliment à M. Dervaud qui m'engagea à venir dans sa grande ferme et sucrerie du grand Wargny, pour y voir travailler deux autres moissonneuses, qu'il a fait copier sur celle qu'il avait importée d'Angleterre il y a deux ans. Celle-ci devait rester encore à Denain. Il fut convenu qu'il allait retourner à Condé où il demeure, et viendrait me chercher le lendemain à mon hôtel à Valenciennes, pour me conduire à sa ferme, qui est à trois lieues de cette ville, ainsi que de celle de Condé. J'acceptai son aimable invitation avec grand plaisir.

M. Harry, ce jeune fermier dont j'avais fait la connaissance sur le chemin de fer de Lille à Hazebrouck, il y a quelques années, et qui demeure à l'abbaye du Verger, sur la route de Douay à Cambray, à trois lieues

de la première de ces villes, m'aborda, car je ne le re-
connaissais pas. Il me dit que je lui avais rendu grand
service, en lui conseillant, lors de notre rencontre, d'inoculer toutes les bêtes à cornes qu'il achèterait. Il m'avait
dit en effet qu'il avait déjà eu beaucoup à perdre, par
suite de l'invasion dans ses étables de la pleuropneumonie exsudative. Cette maladie s'étant de nouveau
montrée chez lui et lui ayant enlevé une bête, il avait
de suite fait inoculer toutes ses bêtes à cornes, ce qui
avait arrêté le mal.

Je lui ai dit que j'avais eu l'intention de me rendre
chez lui de Somain, où je me trouvais, et que je n'avais
pu le faire. Il me répondit qu'il n'aurait eu que de
pauvres récoltes à me montrer, la sécheresse l'ayant
fort maltraité.

M. Dervaud est venu me chercher à dix heures du
matin, malgré une forte pluie, et à onze heures, nous
arrivions à la sucrerie du Grand-Wargny.

Cette ferme se compose de trois cent cinquante hectares, dont plus de moitié sont sa propriété; le reste
appartient à ses sœurs. Il cultive en outre trente hectares à Condé, où il possède une fabrique de grande
ferronnerie, dans laquelle il emploie, si je me souviens
bien, jusqu'à quatre cents ouvriers, dont moitié femmes.
Nous visitâmes la ferme malgré la pluie. Il m'a dit
qu'il venait deux fois par semaine au Grand-Wargny,
qui est dirigé, ainsi qu'une petite succursale de sa
fabrique de Condé, par une personne qui n'était pas
cultivateur avant d'entrer chez lui. Il l'a formée d'abord
dans ses bureaux pour la comptabilité; ensuite, connaissant sa capacité et sa grande activité, il la mise à la
tête de cette grande affaire. Ce régisseur est en même
temps maire de la commune et la dirige à merveille. Il
est logé, chauffé et a 1,500 fr. de fixe; mais les 10 0/0 du
produit net de l'affaire qu'il dirige lui valent plus de
quatre fois son traitement fixe. La comptabilité des

deux établissements est arrêtée tous les mois, mais le régisseur a un aide qui fait aussi les distributions.

Ici, personne n'est nourri ; les ouvriers gagnent 55 fr. par mois, et les contre-maîtres 100 fr. On donne à ceux-ci des gratifications qui vont de 300 à 500 francs, lorsque l'affaire prospère. Il a vingt-sept contre-maîtres, dont les mieux payés ont 1,500 fr., mais ils sont aussi intéressés.

On ne tient pas une seule vache dans la ferme. Il s'y trouve en moyenne deux cent cinquante bœufs, dont cinquante de trait et autant achetés entre l'âge de quinze mois à deux ans, parmi lesquels sont choisis vers l'âge de trois ans, ceux qui doivent remplacer les vieux qu'on engraisse ; avec eux on engraisse les jeunes animaux qui n'ont pas été réservés pour le trait.

On a toujours ici de quarante-cinq à cinquante chevaux capables de bien travailler, mais n'ayant pas coûté des prix très-élevés. M. Dervaud dit que lorsqu'on a de beaux chevaux, on a peur de les fatiguer et l'ouvrage est en retard, ou bien il faut en doubler le nombre. Il donnait à ses chevaux sept kilos d'avoine, mais depuis qu'elle est devenue chère, on la remplace par trois kilos de pain et quatre kilos de farine d'un mélange par moitié de seigle et orge qu'on mêle avec le coupage, moitié foin et moitié paille.

Les charrues à versoirs changeants, ou les brabants sans avant-train, sont attelés ici de trois bêtes, chevaux ou bœufs, car on tient aux labours profonds. J'ai oublié de dire que dans ces pays les bœufs sont toujours attelés avec des colliers, attelage qui leur permet de marcher plus vite. M. Dervaud a déjà drainé plus de cent hectares, opération qui lui est revenue de 150 à 160 fr. Il défonce ensuite les terres drainées en travers des rigoles, au moyen d'une charrue attelée de trois bêtes, suivie par une charrue à sous-sol attelée de quatre bœufs. Il est parvenu, au bout de trois ans de tâtonnements, à fabriquer une herse triangulaire, tout en fer, qui est excellente. Les dents de dessous sont longues et celles de dessus courtes; il ne la fait payer que 42 fr. Je l'ai vue travailler des deux manières sur un trèfle retourné; elle m'a semblé parfaite.

La pluie ayant cessé vers midi, nous sommes allés, après avoir déjeuné, voir travailler une moissonneuse Hussey Dray, dans un grand champ qu'on était près de terminer. La machine était attelée de trois chevaux dont un devant les deux autres. Le conducteur montait le cheval de gauche, qu'il dirigeait de manière à marcher très près du froment. Comme la plus grande partie des attelages restent à l'écurie durant le temps de la moisson, M. Dervaud préfère atteler trois chevaux au lieu de deux; cela permet de leur faire presser le pas. On les change au bout de trois heures de travail. Par ce moyen, la moissonneuse marche douze heures par jour, et coupe habituellement cinq hectares. La plate-forme de cette moissonneuse n'a qu'un mètre de profondeur; elle est garnie en zinc. L'homme posé sur la machine qui n'a pas de volant, est assis; il est armé d'un râteau oblique n'ayant que quatre dents. Il appuie légèrement le froment contre la scie, et lorsque la plate-forme porte à peu près quinze centimètres de grain coupé, l'homme lève le pied gauche, la plate-forme fait la bascule, et laisse derrière la machine une fort belle javelle; des femmes la mettent en gerbes que les hommes lient et elles sont mises de suite en moyettes de dix gerbes, couvertes par une double gerbe. Aussitôt que la javelle est à terre, l'homme placé sur la moissonneuse, pèse du pied sur la plate-forme, qui se trouve en un clin-d'œil remise en position. On fait les gerbes petites dans tout le Nord. Huit hommes et autant de femmes suivent la machine, et le soir cinq hectares sont en moyettes, parfaitement à l'abri du mauvais temps et de la grêle.

Le charretier et l'homme de la machine gagnent 3 fr. chacun, les huit hommes 16 fr. et les huit femmes 8 fr. Total 30 fr., en comptant 12 fr. pour les chevaux, qui sans cela resteraient inoccupés, 6 fr. pour l'intérêt et l'amortissement de la somme de 625 fr. que la machine a coûté en Angleterre et pour son usure pendant la journée et aussi pour l'huile de graissage ; tout cela réuni forme la somme totale de 50 fr., ou 10 francs par hectare ; ce serait 12 fr. 50 si l'on en faisait que quatre hectares par jour. Ce n'est au plus que moitié de la dépense faite habituellement pour moissonner. Cette moissonneuse a encore le mérite de très bien faucher ; elle pourra donc être employée dans une ferme de cent hectares assolés à quatre ans, en ne comptant que quatre hectares par jour, pendant vingt-cinq jours, douze jours pour la moisson de cinquante hectares, et le même espace de temps pour faucher deux fois les prairies artificielles de vingt-cinq hectares. Les travaux finis, rien n'empêcherait de la louer à des voisins.

M. Dervaud m'a fait observer que le terrain du champ où sa moissonneuse fonctionnait était très-uni et en même temps très ferme, ce qui empêchait sa petite roue de mordre en terre, accident qui était arrivé assez souvent la veille au concours. Il m'a dit que ses froments étaient roulés au printemps et par un temps très sec avec son lourd rouleau croskyll ; cela aplanit le sol et lui donne la consistance dont manquent beaucoup de terres, et dont le froment et bien d'autres plantes ont besoin. Quant au chaume, il était aussi bien coupé que les meilleurs piqueteurs ou faucheurs puissent le faire. Lorsque la moissonneuse vient de passer, on ne voit ni épis cassés, ni brins de paille traînants. On peut dire que l'ouvrage est parfait. S'il emploie huit hommes et autant de femmes pour lier, c'est parce qu'il exige que cela soit très bien fait, et qu'en se dépêchant ils ne laissent point traîner beaucoup d'épis, comme cela ne se voit que trop souvent.

Nous nous sommes rendus ensuite dans un autre champ à près de deux kilomètres du premier, où nous avons vu opérer l'autre moissonneuse que nous avons encore suivie pendant quelque temps. Elle opérait aussi bien que la première, quoique l'homme placé sur la machine ne l'eût manœuvrée que depuis trois jours, après le départ de l'autre machine pour Denain.

Tous les fabricants de sucre sèment leurs céréales au semoir, et économisent ainsi au moins un hectolitre de semence à l'hectare, même en ne semant qu'à la fin de décembre. M. Dervaud n'emploie que soixante-dix litres de froment à l'hectare, dans le commencement des semailles, et jamais plus de quatre-vingt-dix litres vers la fin.

J'ai aperçu des scarificateurs chez tous les cultivateurs et simples fermiers de ces pays. M. Dervaud en fait qui sont tout en fer et qui ne lui coûtent que 150 fr. Ses récoltes sont très-belles. Il a cent hectares de très-bonnes betteraves; mais la même étendue de froment, qui l'an dernier a dépassé trente-deux hectolitres à l'hectare, en donnera environ dix de moins. Ses trèfles sont magnifiques, quoiqu'il les fasse revenir tous les cinq ans; mais il leur applique trois cent cinquante hectolitres de chaux, faite avec cette marne ou craie en pierres, qui est si commune dans les départements du Pas-de-Calais et du Nord.

Il fait faire sa chaux, et elle ne lui revient qu'à 35 centimes lorsqu'elle est faite à la tâche. Cependant il préfère la faire à la journée, quoiqu'elle lui coûte alors un peu plus cher, car sa marne contient beaucoup de pierres à fusil. Il paie 1 fr. 25 le mètre cube pour les extraire et il les emploie dans les chemins. Il en a déjà mis en bon état trois kilomètres, en les empierrant avec des silex cassés convenablement.

On lui tire la craïe ou marne à ciel ouvert, pour 2 fr. le mètre. Elle n'est pas dure. Un hectolitre de charbon maigre lui produit cinq hectolitres de chaux qui, je suppose, n'est pas aussi caustique que celle faite avec de la pierre à chaux très-dure. Sa carrière, qui a dix mètres de profondeur le long du coteau, a déjà un tiers d'hectare de dégarni. Il l'aplanit au fur et à mesure qu'elle est arrivée au niveau des terres environnantes, afin d'en refaire de la terre cultivable.

M. Dervaud va presque tous les ans faire un voyage en Angleterre, pour se tenir au courant des perfectionnements qui peuvent regarder sa fabrication. C'est ainsi qu'il a importé la moissonneuse et faucheuse de Hussey Dray, que je regarde comme la meilleure de celles que j'ai vues fonctionner jusqu'à présent. Je sais aussi qu'elle est très-répandue, surtout dans le nord de l'Angleterre et en Ecosse, de même qu'en Autriche où je l'ai vue en 1850.

M. Dervaud et son régisseur, dont je regrette d'avoir oublié le nom, sont des hommes remarquables. Ce dernier administre à merveille sa petite commune de huit cents âmes. J'ai vu le garde champêtre dirigeant une bande de glaneurs, composée seulement des habitants de la commune, qui ne peuvent gagner leur vie en travaillant à la journée ; entr'autres les mères de famille nécessiteuses qui, ayant des enfants, sont obligées de rester au moins une partie de la journée à la maison. Le garde champêtre les mène où on peut glaner sans inconvénient et conformément aux prescriptions de la loi.

Voulant aller coucher à Landrecy, M. Dervaud m'y fit conduire.

Les dix lieues que j'ai faites aujourd'hui à partir de Valenciennes, m'ont fait voir un pays très bien cultivé. Les récoltes de froment y sont en partie meilleures qu'aux environs de Denain, où les terres sont cepen-

dant plus fertiles. Les maisons sont très-bien bâties.
Les croisées plus grandes sont toutes garnies de ri-
deaux, jusqu'à une certaine distance de l'autre côté de
la petite forteresse du Quesnoy. On voit aussi beaucoup plus de betteraves dans la première partie du
voyage. En approchant de Landrecy, place fortifiée, on
traverse le chemin de fer conduisant à Charleroi. J'ai
vu dans ces environs des froments très-beaux, de nombreux vergers garnis de gros arbres fruitiers et des
houblonnières. La moisson s'y fait à la faux au lieu de
la sape.

Je suis parti le lendemain de bonne heure pour visiter
M. Renouard, administrateur de la grande et magnifique propriété de l'Arrouase, appartenant à une société dont le siége est à Paris. Je n'avais encore vu dans
aucun de mes nombreux voyages, une aussi belle
ferme. Un élégant pavillon, ressemblant à une fort
jolie maison de campagne, est placé au milieu d'une
vaste cour entourée de nombreux bâtiments, dont cinq
sont immenses. Les toitures sont arrondies, et si elles
étaient posées sur le sol elles formeraient encore de
vastes granges. Les écuries, étables, bergeries, s'y
trouvent bien placées et sont des mieux arrangées. Il y
a deux immenses granges; de grands hangars sont
pleins de bons instruments agricoles.

Une forte machine à vapeur met en mouvement
deux machines à battre établies par Duvoir, un moulin
Bouchon, un hache-paille, un concasseur de grains, un
coupe-racines, un trieur Pernollet, un brise-tourteau,
pompe l'eau dans un réservoir placé fort haut d'où elle
se rend dans toutes les parties de la cour de ferme et
aux jardins. Les instruments remarquables que j'ai
aperçus sont une moissonneuse Manny, un rouleau
Croskyll et d'excellentes charrues brabant à versoirs
changeants, comme j'en ai vu fabriquer, il y a plusieurs
années, à Orchie, route de Lille à Valenciennes; elles

coûtent 200 fr. J'ai remarqué de bons scarificateurs, des semoirs, etc.

La forêt de l'Arrouase, que cette société a acquise, se composait de cinq cent cinquante hectares. Elle avait été estimée 1,100,000 fr. Sa superficie a été vendue par la société 800,000 fr. M. Renouard a défriché cinq cents hectares en trois ans; avec les racines qui lui sont restées, il chauffe la machine à vapeur et les fours à chaux. Il a conservé cinquante hectares de bois partagés en divers bouquets.

Les terres ont été depuis chaulées ou marnées en grande partie. J'ai vu une immense quantité de très-belles avoines, environ cent cinquante hectares de beaux froments, cent hectares de betteraves qui laissaient beaucoup à désirer, tant pour leur levée que pour leur végétation; mais on dit généralement qu'elles ne prospèrent pas dans les défrichements et principalement dans ceux de bois, où il existe beaucoup de tannin. J'ai vu de fort beaux trèfles. On m'a dit que les trèfles incarnats ont été également beaux après avoir reçu de bonnes doses de calcaire. M. Renouard n'a pas rempli ses vastes étables, à cause du manque de fourrages verts. On fait donc couper du foin et de la paille, qu'on mélange avec de la pulpe pour nourrir les bêtes.

Il y a cinquante gros chevaux des Ardennes, autant de bœufs pour les travaux, six cents moutons, des vaches et cochons anglais.

M. Renouard m'a dit que les bâtiments de la ferme avaient coûté 500,000 fr., le défrichement des bois 150 fr. par hectare. Cela forme une somme de 750,000 fr. Il estimait les terres de la propriété à 2,500 francs l'hectare.

On a construit une belle sucrerie sur les bords de la route et bordant un canal navigable. Il a fallu pour cela payer 15,000 fr. 150 ares de terres communales. Cette sucrerie est fort belle et a coûté aussi 500,000 fr.

Les terres sont d'une culture facile ; elles n'ont pas besoin d'être drainées ; elles ont reçu soixante-dix mètres d'une marne pas très-calcaire, ou soixante-dix hecto-litres de chaux.

M. Renouard compte former une grande étendue de prés, et en a déjà semé avec des graines venues de chez Tollard de Paris. Je l'ai engagé à ajouter à ces graines de prés, une certaine quantité de trèfle hybride, qu'on assure durer aussi longtemps que la luzerne. Il m'a dit en avoir semé un petit champ. Cette plante peut alter-ner dans un assolement de quatre ans avec le trèfle or-dinaire, sans qu'ils se nuisent réciproquement, on me l'a assuré en Allemagne. Ce trèfle a en outre le mérite de n'être bon à faucher, qu'à l'époque où le trèfle ordi-naire devient trop dur pour être consommé en vert ; ensuite, pour les pays sujets à souffrir de la sécheresse, et où les secondes coupes sont souvent nulles, le trèfle hybride donnant infiniment plus à la première coupe qu'à la seconde, il donnera là plus et toujours au moins autant de fourrage que l'autre. Il est moins difficile pour la qualité de la terre, et craint moins les froids rigoureux. Il a encore l'avantage de donner beaucoup de graines, étant semé dans de mauvaises terres légères, et ses graines se vendent assez cher. MM. Simon frères, pépiniéristes et grainetiers à Metz, en expédient une grande quantité en Angleterre et en Ecosse.

M. Renouard attendait deux messieurs du voisinage qui venaient voir essayer sa moissonneuse de Manny. MM. de Vandœuvre père et fils, dont le premier habite la Normandie et est connu comme un bon cultivateur, sont venus nous rejoindre dans la pièce de froment, où l'on était en train d'essayer de nouveau, à faire bien travailler la moissonneuse. On n'a pas été plus heureux que les autres fois, quoiqu'elle ait été achetée pour la récolte précédente. Je pense que ce manque de réussite tient à ce qu'on n'a pas fait venir en même temps que la machine, un homme sachant la diriger, et ayant bien l'habitude de travailler avec elle. J'ai déjà assisté à de pareils mécomptes avec d'autres moissonneuses, qui ailleurs on fait leurs preuves. Je sais, par les mémoires de la société centrale d'agriculture de l'Etat de New-York, dont j'ai l'honneur d'être le correspondant depuis 1851, que la machine de Manny est une des bonnes machines de ce pays.

M. de Vandœuvre le père m'a dit, entr'autres choses, que du côté de Falaise et de Caen, on obtenait de meilleures récoltes de froment après deux récoltes successives de colzas repiqués, qu'après la première récolte de ce crucifère. J'ai regretté pour cette fort belle propriété, qu'on n'ait pas construit plutôt cinq jolies fermes de cent hectares chacune, placées au milieu de leurs terres, car il est difficile en France de trouver de bons fermiers, ayant un capital suffisant pour faire valoir convenablement des fermes de deux cents hectares, à plus forte raison pour une aussi vaste culture. D'un autre côté, la conduite des engrais et la rentrée des récoltes à d'aussi grandes distances, est une chose onéreuse et exige un plus grand nombre d'attelages. Je préférerais aussi à ces immenses greniers, servant à rentrer les fourrages, des hangars, bien moins chers à établir et dans lesquels on rentre les récoltes ou les fourrages, avec infiniment moins de main-d'œuvre, que dans des granges et surtout dans les greniers.

Le chef de culture est un fils de fermier des environs de Cambray; il a 100 fr. par mois; il est logé, mais n'est pas nourri. Les domestiques se nourrissent chez les contre-maîtres. Les journaliers gagnent toute l'année 2 fr. les hommes, et les femmes 1 fr.

Je suis retourné à Landrecy, et de là par chemin de fer à Charleroi, regrettant beaucoup de traverser de nuit ce pays couvert d'usines.

Je me suis rendu le lendemain matin, par Namur, à

l'abbaye de Gembloux, superbe ferme, cultivée depuis quelque temps par M. Maximilien Ledocte, précédemment secrétaire perpétuel de la société centrale de Belgique, qui a son siége à Bruxelles. M. Gustave Ledocte, un des frères du précédent, est devenu depuis secrétaire perpétuel de ladite société, qui s'est formée d'après les statuts de la société royale d'agriculture d'Angleterre. La société centrale de Belgique avait provoqué un concours de moissonneuses, gêné et presqu'empêché par une forte pluie qui n'avait pas même complétement cessé pendant les essais de ce concours. Cela a empêché les nombreux agriculteurs, venus des diverses parties de ce pays, d'apprendre quelle était la meilleure moissonneuse de celles présentées par trois inventeurs différents. Sept de ces machines avaient été inscrites pour concourir, quatre seulement se présentèrent. C'étaient deux de Mackormic Burgess et Key, toutes deux fabriquées à Londres ; l'une d'elles n'était arrivée que la veille d'Angleterre, envoyée par les fabricants.

Le docteur Mazier avait amené la sienne avec son javeleur.

La dernière était une copie de celle de Hussey Dray, fabriquée à Liége, et dont la plate-forme, garnie en zinc pour la rendre glissante, avait reçu maladroitement une couche de peinture à l'huile. Aucune des machines n'a pu bien fonctionner, la terre étant trempée, ainsi que la paille du froment à couper qui ne résistait pas à la scie. Les Burgess et Key faisaient des andains très-souvent emmêlés, les rouleaux bourraient. Le grain tombé sur la plate-forme peinte, de celle de Dray, ne coulait pas bien pour former la javelle. Le javeleur de la moissonneuse Mazier emmêlait ses javelles. Chacun finit par s'en aller tout trempé, faire un mauvais repas, et on s'en retourna tristement à la station du chemin de fer. M. Baillet, celui des trois frères qui voyage assez sou-

vent, fut le seul Français que j'aie rencontré à ce concours.

Je fis à table la connaissance de MM. Cloquet frères,
trois cultivateurs et distillateurs. L'un d'eux m'était
connu par plusieurs articles intéressants, publiés dans
le journal de la société centrale d'agriculture de Belgique, sur les résultats de l'inoculation comme remède
préventif contre l'invasion de la pleuropneumonie exsudative. Après diverses conversations intéressantes, je
saisis une occasion pour mettre l'inoculation sur le ta-
pis, et j'engageai M. Cloquet à nous faire part de son
expérience à cet égard. Il nous dit qu'engraissant beaucoup de bêtes à cornes, il avait très-souvent essuyé des
pertes très-sensibles, à la suite de l'invasion de cette
épizootie qui est arrivée en Belgique en 1836. Ayant
enfin entendu parler de l'inestimable découverte du docteur Willems, M. Cloquet étudia chez d'autres engraisseurs les résultats de cette heureuse invention. Il l'in-
troduisit enfin chez lui en faisant diverses expériences,
afin d'être bien certain de son efficacité. Voici le résumé
d'une de ses expériences. Il choisit une étable pouvant
contenir quinze bêtes ; cette étable avait, l'année précédente, logé des bêtes atteintes de cette terrible mala-
ladie ; il la fit nettoyer à fond, blanchir et désinfecter,
alors il y mit sept vaches soigneusement inoculées.
Chacune d'elles fut placée entre deux vaches non inoculées ; la pleuropneumonie se développa peu après
chez les huit vaches, qui toutes les huit furent prises
de pleuropneumonie. exsudative , et pas une des sept
qui avaient été inoculées n'en fut atteinte. Aucun des
nombreux cultivateurs présents ne fit d'objection à
ce récit, qui avait été publié dans le journal de la société
centrale que je reçois, ainsi que d'autres expériences
qui ont servi à faire connaître l'efficacité du remède
préventif.

Il y a en Amérique un assez grand nombre de machines à moissonner qui fauchent aussi fort bien. Il serait à désirer que les sociétés principales des divers pays, voulussent se réunir et faire la somme nécessaire pour acheter et faire venir de ce pays, les diverses moissonneuses et faucheuses qui y ont été reconnues les meilleures ; on les ferait travailler concurremment pendant une semaine au moins, afin de pouvoir les juger avec connaissance de cause.

Je suis revenu à Liége avec le baron de Chestré, fameux agriculteur qui fait valoir une grande sucrerie auprès de Saint-Trond, et M. Carlier habitant de Liége, aussi fabricant de sucre et cultivateur. Ce dernier m'invita à venir chez lui voir le travail de sa moissonneuse Mackormic, je le lui promis. Le baron m'emmena dans un ancien et beau château, qu'il habite à faible distance de la première station du chemin de fer de Liége, allant du côté de Verviers ; cette habitation dont le nom est Colonstère, est posée sur une hauteur qui domine les grands établissements de la Vieille-Montagne, immense fabrique de zinc, et une admirable vallée longée par une rivière navigable.

M. de Chestré possède là de beaux bois situés sur des côtes, offrant de nombreux et très-beaux points de vue, et une belle chasse aux chevreuils et aux sangliers. Il ne cultive pas la belle ferme qu'il y possède, ayant entrepris la culture de la terre de Bernissem près Saint-Trond, où se trouve la sucrerie qu'il exploite avec beaucoup de succès, et pour laquelle il a payé cette année, plus de 120 mille francs de droits.

M. de Chestré m'a conduit chez M. le baron de Moffarts son beau-frère, où nous avons trouvé mademoiselle de Chestré.

MM. de Moffarts étaient deux frères qui habitaient une terre bâtie contenant quatre cents hectares ; ils voulurent la partager ; lorsque la chose fut faite aussi également que possible, ils tirèrent leur part au sort, et l'aîné, chez lequel nous étions, eut la portion qui n'était pas bâtie. Il construisit une charmante habitation très-bien distribuée, une basse-cour et une ferme pour cultiver cinquante hectares de réserve.

Le pays montagneux contenait des coteaux schisteux, qu'il planta avec soin, et ses bois ont poussé avec vigueur ; il s'est créé un beau parc dans lequel plusieurs petits étangs alimentés par des sources abondantes, ont été transformés en de belles pièces d'eau ; les digues en ont été dissimulées par des plantations.

Le père avait planté, il y a plus de vingt ans, une assez grande étendue de mauvaises terres en mélèzes ; il s'y trouve quelques groupes d'épicéas, sous lesquels rien ne pousse, tandis que sous les mélèzes, les moutons ont une assez bonne pâture ; j'avais déjà remarqué ce fait dans plusieurs endroits, entr'autres en Ecosse.

M. de Moffarts a de bonne pierre à chaux dans une partie de sa propriété ; il y a construit un four qui lui produit de la chaux grasse, revenant à 50 centimes l'hectolitre ; elle lui sert à améliorer ses terres.

Un de ses fermiers, qui est bien logé, lui paye 5,000 francs net d'impôts, pour quatre-vingts hectares, ou 62 francs par hectare de terres et 100 francs par hectare de prés. La position est si élevée au-dessus de la mer, qu'on n'y fait pas de froment ; on le remplace par de l'épeautre ; cette céréale réussit mieux, dans ces terres schisteuses. Les perches des taillis qui ont dix centimètres de diamètre au pied, et une longueur suffisante, se vendent de 15 à 20 centimes la pièce, pour les usines. Il y a deux ans une neige tombant par un temps calme, a abîmé une assez grande étendue de bois, plantée en pins âgés de dix-huit ans, qui appartiennent à MM. de Moffarts et de Chestré ; la masse de neige a, non seulement écrasé et déchiré les branches, mais brisé beaucoup d'arbres qui éclataient avec bruit comme si on tirait des boîtes d'artifice ; comme on avait semé du gland en même temps qu'on plantait les pins, il se forma un taillis de chênes lorsque les pins eurent été arrachés.

Un parent de ces messieurs, M. d'Erckental, vient d'acheter de compte à demi avec un M. Hallen, la terre de Pensières près Châtillon sur Indre ; ils y ont mis un régisseur belge ; cette terre de trois cents hectares a été payée par ces messieurs 150,000 francs.

M. de Moffarts m'a dit que beaucoup de Belges avaient l'intention de faire des acquisitions dans le centre de la France où les terres sont à vil prix, comparativement à ce qu'elles valent en Belgique.

Le pays que M. de Chestré m'a fait parcourir pendant cette course d'environ deux heures, m'a fait voir une jolie contrée montueuse, bien cultivée ; les récoltes étaient belles même sur des terres naturellement mauvaises, schisteuses ou sablonneuses. Les parties en pentes trop raides, étaient couvertes de plantations d'arbres résineux, dont les plus anciennes pouvaient dater de trente ans.

Nous avons traversé deux bourgs très-peuplés et qui annonçaient l'aisance de leurs habitants ; il y avait un assez grand nombre de maisons de campagne, dont plusieurs fort belles.

Le baron loue les cinq fermes de sa terre de Colonstère, à raison de 60 à 100 francs l'hectare. La récolte de ses prés dans la vallée, se vend de 200 à 250 fr. par hectare. Il a deux fours à chaux, qu'il a loués, où l'on vend la chaux 5 fr. le mètre cube ; l'hectolitre de charbon ne se paie, pris à la mine, à Liége, que 1 fr. 20 c. Sa chaux ne lui revenait qu'à 3 fr. 50, lorsqu'il la fabriquait lui-même.

Un des voisins du baron, M. Ferdinand de Soor, a marié sa fille à un Français, M. Clérambault. Etant retourné à Liége, je suis allé chez M. Carlier, dont la fabrique de sucre est à Visé, à trois lieues de Liége; il y cultive 140 hectares, et il a près de Liége, une autre ferme de soixante-cinq hectares, dont cinq en prés; il la loue 9,000 francs, quoique la moitié soit en terres peu fertiles, ayant de fortes pentes et longeant un bois. Cela fait 138 fr. 50 par hectare, ce qui m'a paru fort cher; les meilleures terres de l'Ile de France près Paris, ne se paient que 150 francs. M. Carlier l'a louée il y a sept ans; elle était alors en fort mauvais état; il l'a chaulée à raison de deux cents hectolitres par hectare, dans les deux premières années, lui a donné quarante mille kilos de fumier acheté en ville 4 francs, a recommencé ensuite tous les deux ans à chauler avec cent cinquante hectolitres; il a mis depuis lors tous les ans, des betteraves dans ses meilleures terres, en ajoutant par hectare vingt-cinq mille kilos de fumier; dans les moins mauvaises terres, il a mis une année des betteraves, et l'autre du froment, en fumant plus fort; enfin dans les plus mauvaises terres, il suit l'assolement quatriennal.

J'ai trouvé ses betteraves bonnes et très-propres. Son régisseur a 2,000 francs et est logé; mais il se nourrit. Son cheptel se compose de cinq chevaux, douze bœufs et trois vaches, dont une est pour le régisseur; il ne nourrit personne. M. Carlier a une moissonneuse de Mackormic depuis deux ans, venue de chez Laurent, à Paris; il en est content.

Il a trois bateaux naviguant sur la Meuse; ses deux fermes bordant cette rivière, ses bateaux conduisent les betteraves de la ferme de la ville à la sucrerie; ils amènent le fumier acheté en ville et du charbon maigre pris à Charleroi, et qui lui revient à cause du transport, aussi cher que le charbon gras pris à Liége; mais celui qu'il fait venir, cuit plus de chaux que l'autre.

M. Carlier a eu beaucoup à se plaindre de la pleuropneumonie, avant de connaître l'invention du docteur

Willems; il inocule depuis lors toutes les bêtes qu'il achète, et n'en a plus perdu.

Lorsqu'il eut fait inoculer la première fois neuf bêtes à cornes et que l'opération eut bien réussi sur elles, il les fit attacher dans une étable infectée de la maladie; les neuf bêtes ne devinrent pas malades, ce qui le convainquit complétement de l'efficacité de l'inoculation. M. Carlier avait mis deux cent cinquante kilos de guano sur des prés en 1855, et l'année ayant été fort sèche, il n'eut pas lieu d'être satisfait; mais cette année 1856, la saison ayant été pluvieuse au printemps, ceux de ses prés qui ont reçu du guano, ont été infiniment plus beaux que les autres.

M'étant rendu le 1ᵉʳ août à Aix-la-Chapelle, je suis allé visiter dans les environs la ferme que M. Adolphe de Stelle, fait valoir près de sa belle maison de campagne; j'y ai vu deux étalons et deux juments de race percheronne fort bien choisis. Il s'y trouve une vingtaine de vaches et élèves de race hollandaise. J'ai aperçu un rouleau croskyll. J'ai traversé un champ de fort belles betteraves destinées à ses vaches, quoiqu'il ait une distillerie pour faire du genièvre.

Je suis reparti d'Aix-la-Chapelle par un autre chemin de fer, qui passe par Maëstricht; j'ai couché à Hasselt, où j'ai fait une visite au docteur Willems; M. Vaës le vétérinaire, m'a accompagné dans une nouvelle exploration d'un certain nombre d'étables de distillateurs, afin d'y revoir des inoculations. Ces messieurs sont toujours fort contents des résultats de ce remède préventif, qui est sans danger lorsqu'on peut éviter d'opérer par les chaleurs; M. Vaës ne se décide à faire cette opération par un temps chaud ou qui peut le devenir, que lorsque la maladie fait des ravages dans une étable, où l'on n'avait pas encore inoculé, et où il faut risquer quelque chose pour arrêter l'épizootie. M. Vaës m'a dit qu'il était en train de monter une distillerie de moitié avec son frère, je lui en ai témoigné mon étonnement vu le bas prix des alcools ; il m'a dit qu'on avait beaucoup perfectionné à Hasselt la fabrication du genièvre, dit de Chidam, ville de Hollande qui passe pour faire le meilleur ; aussi celui de Hasselt s'écoule très-bien en Belgique ; cette cause l'a décidé à fonder ce nouvel établissement de distillerie dans ces environs ; il a répondu à ma question, sur le prix qu'il fallait mettre au moins pour monter une distillerie, qu'ils y dépenseraient 30,000 francs ; il a ajouté que les bêtes maigres étaient à vil prix, à cause du manque de fourrages, et que les distillateurs vendraient cher leurs bêtes grasses ; les quatre-vingt-quinze kilos de seigle se vendaient 18 fr. alors.

Je me suis rendu de là au château d'Oplieux chez M. le baron de Wœlmont ; il me fit voir sa distillerie montée à la Leplay, il en est fort content ; elle lui a coûté, y compris un beau bâtiment qui la contient, 40,000 fr. ; il engraisse quatre-vingts bœufs à la fois, durant la saison de distillation.

Un des messieurs Ledocte régit cette propriété depuis longtemps avec un parfait entendement et un grand succès. Il a cette année, trente-un hectares de très-belles betteraves ; elles n'ont reçu que trente mille kilos de fumier, mais on les a semées avec le plantoir Ledocte qui, en déposant la graine par poquet, y ajoute en même temps une bonne pincée d'engrais Hillel. Il faut par hectare deux cent cinquante kilos de cet engrais, valant 17 fr. les cent kilos ; on m'a dit qu'il était composé de sang, d'os pulvérisés et de chair desséchée mise en poudre ; on cultive les lignes des betteraves en long et en large, au moyen de l'excellente houe à cheval, inventée ainsi que le plantoir, par un des frères Ledocte. Ce plantoir sépare l'engrais pulvérulent de la semence, ce qui empêche les germes d'être détruits par les engrais mordants. La houe à cheval cultive 4 hectares par jour.

J'ai vu deux hectares de fort belles carottes blanches à collet vert ; elles sont très-grasses, mais ne sont pas longues, ce qui convient dans beaucoup de terres, et permet de les arracher plus facilement ; elles sont si grosses que lorsqu'on en a séparé les feuilles, on les prend pour des betteraves ; elles produisent autant que les carottes longues à collet vert.

On ne se sert ici que de la charrue du maréchal de la commune de Marline, nommé Odeurs ; c'est le meilleur Brabant qu'on connaisse.

Les environs d'Oplien, comme ceux de Saint-Trond, contiennent une grande quantité d'arbres fruitiers, qui sont cette année chargés de fruits ; on les vend à des gens qui les expédient en Angleterre, par Ostende et Anvers, dont on n'est pas à plus d'une trentaine de lieues par chemin de fer.

Je me suis rendu ensuite au château d'Ordange, chez M. de Pitteurs, frère du sénateur de ce nom qui habite la ville de Saint-Trond, à quatre kilomètres d'Ordange. Ces deux messieurs sont tous deux à Bruxelles, les Chambres étant réunies, M. de Pitteurs d'Ordange, étant député et son frère sénateur. La culture de cette terre se compose de trois cents hectares d'excellentes terres, dont soixante-dix sont en prés ou herbages ; on y engraisse beaucoup de bêtes à cornes.

M. de Pitteurs a commencé à croiser durham en 1843, et a donné depuis cinq ans à ses belles vaches croisées, des taureaux du même croisement ; ses vaches sont généralement bonnes, car il ne conserve pas celles qui donnent moins de douze litres de lait après vélage ; il en a une qui donne jusqu'à trente litres de lait. Il cherche un taureau durham de pure race, qui soit beau et bien écussonné, car ses élèves sont moins forts que lorsqu'il se servait de taureaux durham de pur sang. Ses travaux de culture se font tous par des bœufs croisés durham qu'il a élevés, et qu'il n'engraisse que dans

leur sixième année ; ses chevaux ne font que les charrois éloignés ; les jeunes bœufs croisés durham sont
d'excellents travailleurs, malgré la réputation qu'on
leur a faite de n'être bons que pour la boucherie ; on
accuse aussi bien à tort les vaches de cette race de ne
donner que très-peu de lait. Toutes les fois que je suis
venu à Ordanges, et, tous les ans, dans mes visites à
MM. Auclerc à Bruère près Saint-Amans, département
du Cher, j'ai vu des bœufs, provenant de bêtes ayant
plus de trois quarts de sang durham, fort bien labourer
en marchant un bon pas, ou traîner de lourdes voitures
de fumier. Lorsqu'ils sont attelés au jonc double, avec
un bœuf salers ou un limousin, dont ils partagent ainsi
tous les travaux, ils sont en meilleur état d'embonpoint
que leur camarade.

Les betteraves sont très-belles ; une partie de celles
que cultive M. de Pitteurs sont d'une variété dont les
côtes des feuilles sont très-rouges ; elles n'ont pas l'air
de souffrir de l'excessive sécheresse de l'année, tandis
que les betteraves blanches à collet vert, ont le soir les
feuilles pendantes et un peu flétries ; on butte les betteraves comme le fait aussi M. Ledocte d'Oplieu, pour
éviter que les racines sortent de terre.

M. de Pitteurs, fils du sénateur, a épousé sa cousine
germaine et habite le château d'Ordanges ; il m'a conduit à la ferme de Léo, propriété de son père, qui a
transformé il y a une dizaine d'années, un lac, espèce
de marais d'une centaine d'hectares d'étendue et dont
le sol paraissait être de la plus grande fertilité ; comme
les eaux n'avaient pas de pente pour s'écouler naturellement, M. le sénateur a fait l'acquisition de deux machines à vapeur et de pompes qui ont élevé les eaux
dans un canal construit à une hauteur convenable, pour
emmener ces eaux. J'ai admiré une étendue de quarante-cinq hectares, couverte des plus belles betteraves
qu'on puisse désirer ; une partie de cette terre produit

des betteraves chaque année depuis neuf ans. Il existe depuis cinq ans une distillerie dans la ferme ; mais, l'an dernier, une sucrerie ayant été construite dans le voisinage, elle manquait de racines, et M. de Pitteurs lui a vendu les siennes à 22 fr. les mille kilos ; la moyenne du poids des betteraves a dépassé cinquante mille kilos par hectare. Ce qui est très-remarquable, c'est qu'elles sont venues sans la moindre fumure.

La ferme se compose d'une maison habitée par le régisseur, qui est en même temps distillateur ; d'étables pour une centaine de bêtes à cornes, d'une écurie pour douze chevaux, et d'une bergerie pour six cents bêtes à laine. Les fumiers sont employés dans les terres bordant le lac ; elles étaient excessivement maigres, lorsqu'on les a acquises ; elles sont maintenant très-fertiles, depuis qu'on les fume si abondamment. L'orge, l'avoine et le ray-grass d'Italie sont des plus beaux ; les froments étaient rentrés.

Une des deux machines à vapeur a été envoyée dans une autre ferme, celle qui reste sert à la distillerie, à la machine à battre, et continue à pomper l'eau des canaux quand il y en a de trop.

M. de Pitteurs a construit à poste fixe un petit chemin de fer, qui longe un des côtés du lac et touche à la ferme ; il en a un autre qui est portatif et que trois hommes peuvent aisément changer de place. Il est assez long pour traverser le lac ; on s'arrange de manière à pouvoir faire passer du chemin de fer mobile sur le chemin de fer à poste fixe, les huit wagons qui peuvent contenir chacun huit cents kilos de betteraves ; cette manière de rentrer ces lourdes récoltes est bien plus économique que celle dont on se sert habituellement, sans compter que cela évite le piétinement des chevaux et les ornières des tombereaux. Par l'ancienne méthode, on abîme ces terres qui sont souvent assez molles pour qu'on y enfonce une canne de toute sa longueur sans grande difficulté.

Le distillateur et régisseur de la ferme de Léo, est logé et chauffé; il a le produit d'une vache et reçoit 2,500 fr. Le régisseur d'Ordanges qui est depuis trente-cinq ans au service de M. de Pitteurs, mais n'a rien à faire à la sucrerie, est logé, nourri avec sa famille, et gagne 1,700 fr. On est maintenant occupé de la moisson des avoines; les journaliers ne gagnent que 1 franc et 10 centimes, les femmes 70 ou 80 centimes, et les enfants de 40 à 60 centimes, suivant leurs forces. Les piqueteurs coupent un hectare pour 12 francs, mais ils ne lient pas.

Les palfreniers du château où se trouvent treize chevaux de luxe, sont logés, mais ne sont pas nourris; ils n'ont que 1 fr. par jour.

Le cheptel de la culture d'Ordanges se compose de vingt-neuf chevaux de gros trait, trente bœufs de labour, vingt-deux jeunes bœufs, quatre taureaux employés, huit jeunes taureaux, trente-cinq vaches, quarante génisses et dix cochons.

Je suis allé d'Ordanges au château de Bernissem que le baron de Chestré a transformé en sucrerie; elle a été établie sous la direction du baron, de manière à ce que le régisseur puisse voir de son bureau l'ensemble des employés.

M. de Chestré fait cent vingt hectares de betteraves, trente-six de froment, seize de trèfle, vingt de seigle, seize d'avoine, soixante-dix-sept de prés ou herbages, etc.

Cette terre se compose de deux cent cinquante hectares des meilleures terres qu'on puisse trouver, et qui, n'étant qu'à deux kilomètres de la ville de Saint-Trond, pourraient se vendre de 7 à 8,000 francs l'hectare; elle est d'un seul tenant, ainsi que cinquante hectares d'excellents prés ou herbages.

Le baron s'est fait faire des instruments qui sont des meilleurs que je connaisse ; ses deux modèles de charrues en fer et fonte, lui permettent de labourer en suivant le même sillon,. jusqu'à quarante centimètres de profondeur ; la première charrue prend quinze centimètres et la seconde vingt-cinq. J'ai assisté à un labour où la première charrue, attelée de deux gros bœufs, prenait dix centimètres, et la seconde avec trois forts chevaux attelés de front, en prenait vingt-sept de plus en profondeur, total trente-sept centimètres que j'ai mesurés. Les terres du baron sont défoncées ainsi depuis bien des années ; aussi ses cent vingt hectares de betteraves sont-elles des plus belles, on les butte avec une houe à cheval, sur trois rangs à la fois.

Le baron a construit un semoir qui sème par poquet à quarante-deux centimètres entre les lignes et dépose la graine, séparée de l'engrais pulvérulent, à volonté à neuf, dix-huit ou vingt-sept centimètres de distance dans les lignes.

Il a construit des houes à cheval, cultivant trois lignes de racines à la fois ; elles se transforment trois fois au moyen de pièces de rechange. Cette espèce de houe à cheval a pour troisième modification, trois petites charrues, avec lesquelles on pèle parfaitement les chaumes, aussitôt après que les moyettes sont faites ; la largeur du travail est d'un mètre, et il se fait de la manière la plus satisfaisante, à quatre ou cinq centimètres de profondeur, en y attelant deux chevaux.

Le baron ayant toutes ses terres d'un seul tenant et très-bien arrondies, a établi il y a quinze ans un chemin de fer à poste fixe, auquel aboutissent toutes les parties de son assolement ; il a aussi un chemin de fer portatif s'adaptant à celui qui reste en place, afin de ne pas abîmer les terres lorsqu'on arrache et transporte les betteraves. Les wagons contiennent un mètre et demi cube de racines, ou de fumier ; ce chemin de fer ne lui a coûté que 5 francs le mètre courant.

M. de Chestré a un taureau durham et quelques vaches de pure race : le reste de ses soixante-quinze bêtes à cornes, à demeure, les élèves compris, sont des croisés durham. Son troupeau contient sept cents moutons pour la boucherie ; lorsqu'il fabrique, il a encore environ quatre-vingt bêtes bovines à l'engrais.

La comptabilité de cet établissement est tenue avec le plus grand soin ; celle de la sucrerie est séparée de celle de la culture. Lorsque le régisseur ou le chef de la sucrerie ont besoin d'acheter un objet quelconque, ils détachent d'un livre à souche, un carré de papier imprimé, sur lequel ils demandent par écrit ce dont ils ont besoin et présentent ce coupon au comptable. Celui-ci donne un coupon pris dans un autre livre à souche, sur lequel il écrit un bon pour prendre l'objet en question chez les fournisseurs indiqués par le baron ; le régisseur ou le chef de la sucrerie va recevoir avec ce bon ce dont il a besoin. M. de Chestré, dans ses visites qui ont lieu tous les huit ou quinze jours au plus tard, contrôle tout ce qui a été acheté ou vendu, et il ajoute sa signature à chacun des coupons sur lesquels il n'a pas d'objection à faire.

Etant retourné à Bruxelles, j'en suis reparti par le chemin de fer qui se rend en France par Luxembourg. Nous avons traversé d'abord une assez grande étendue de vallées et de coteaux sablonneux et naturellement très-maigres, mais cependant fort bien cultivés. J'ai cependant aperçu un coteau et un bois couverts de bruyères bien chétives. En approchant de Nivelles, le pays s'améliore et devient très-fertile près de cette ville ; le sous-sol y est marneux ; les vallées contiennent de bons prés irrigués entourés de peupliers. Les maisons des villages sont bien bâties et blanchies fréquemment. Les portes et les volets sont peints.

Je suis arrivé vers quatre heures chez M. Bômal, riche cultivateur, faisant valoir un moulin à deux kilomètres de Nivelles. J'avais fait sa connaissance chez

M. Dryon, l'un des propriétaires de la belle terre d'Argy près Buzançais, en Berry. J'avais rencontré ces deux messieurs au concours des moissonneuses à Gembloux, où ils m'avaient renouvelé leurs pressantes invitations de venir les voir.

M. Bômal, tout en cultivant sa propriété, y a joint des terres louées, qui portent sa culture à cent trente hectares. Il m'a dit que ces terres se vendent de 6 à 7,000 fr. l'hectare. Il m'a fait voir vingt-cinq hectares cultivés en chicorée, dont les racines séchées sont expédiées en Angleterre.

Le loyer des terres de ces environs est de 150 fr. Les frais de culture de la chicorée qu'on ne fume pas, sont, séchage compris, de 250 fr. Le produit est de cinquante à quatre-vingt mille kilos de racines par hectare; quand il est séché, ce produit se réduit à cinq ou sept mille kilos. On a vendu l'an dernier de 200 à 250 fr. les mille kilos. C'est donc en terre de bonne qualité, comme chez M. Bômal, un produit d'au moins 1,000 à 1,500 fr. l'hectare. M. Bômal, jusqu'à cette heure, avait semé la chicorée à la volée, mais il compte dorénavant la cultiver en lignes séparées par quarante centimètres, et la sarcler en partie à la houe à cheval. J'ai engagé M. Bômal à visiter la culture du baron de Chestré à Bernissem, ce qui lui sera très-utile. M. Bômal cultive aussi des betteraves pour les fabricants de sucre, quoiqu'il soit à cinq lieues de la sucrerie la plus rapprochée, celle de M. Claës de Lembec, mais il en rapporte sa charge de pulpe.

Il engraisse ordinairement chaque hiver cinquante bêtes à cornes, mais la sécheresse de l'année le forcera à en diminuer le nombre cet hiver. Il tient habituellement vingt vaches hollandaises, qu'il s'est procurées au marché de Malines il y a deux ans, et dont le prix moyen a été de 500 fr. La pleuropneumonie avait alors démonté son étable. Son vétérinaire lui avait déconseillé, pendant plus d'une année, d'essayer l'inoculation, mais après qu'il eut perdu dix bêtes, M. Bômal a prévenu son vétérinaire que s'il n'inoculait pas les bêtes qui restaient, il allait s'adresser à un autre. Depuis lors, toutes les bêtes de ses étables ont été inoculées avec succès, sans qu'il en ait perdu. M. Bômal élève tous les veaux, et vend les jeunes bœufs vers l'âge de trois ans. Il a dix-huit bêtes de trait : la plupart sont des juments. Il a dix poulains de plusieurs âges.

Il va se procurer une machine à battre, qui ira au moyen d'une chute d'eau provenant de nombreuses sources, qui formaient une espèce de marais. Il vient de leur faire à chacune un canal voûté en briques, recouvert de terre. Il obtiendra ainsi un très-beau et bon pré tout en augmentant l'eau de son moulin. Derrière son habitation il y a un tertre haut d'une vingtaine de pieds qui le gêne. Il y prend la terre à briques, qu'un briquetier moule et cuit à raison de 3 fr. 50 le mille de grosses briques ; elles ne lui reviennent qu'à 6 fr. de façon et de combustible, en ne comptant pas la valeur de la terre, ni de la paille employée. Le gros charbon de terre ne lui coûte, pris à cinq kilomètres, que 3 fr. 60 les mille kilos, et le charbon menu 1 fr. 60. Ces briques sont vendues 12 fr. dans la ville de Nivelles, qui a une population de dix mille âmes. Il comble avec les terres de sa colline qui ne sont pas bonnes pour la brique, les grandes inégalités du pré marécageux, après en avoir d'abord mis de côté toutes les vases et les bonnes terres, qu'on répand ensuite sur les terres de déblai.

M. Bômal s'occupe de la création d'un petit étang placé à l'extrémité la plus élevée de son petit vallon. Il y recueillera les eaux de pluie provenant d'une grande étendue de terres cultivées et plus élevées. Elles serviront à l'irrigation d'un pré, dont l'étendue est de huit hectares. Cette amélioration aura coûté cher, mais sera profitable.

Il a construit un bâtiment à quelque distance de sa ferme pour y établir un séchoir à racines de chicorée ; il a coûté 4,000 fr. Cette opération emploie vingt-cinq femmes pendant l'hiver. Ces femmes travaillent à la tâche jusqu'à huit heures du soir à couper les racines en petites tranches et gagnent 1 fr., tandis qu'en été leurs journées ne sont payées que 75 centimes.

Les hommes gagnent 1 fr. 50. Comme on construit beaucoup dans ces pays, les maçons sont très-recherchés, ils gagnent 2 fr. 50.

La moisson d'un hectare de froment faite à la sape, coûte 18 fr., dont 15 en argent et 3 pour la nourriture qui se compose de soupe trempée trois fois par jour, d'un repas où ils ont de la viande, d'un autre de légumes et de salade, enfin du troisième où on leur donne du café. Ils coupent le blé, le lient et le mettent en moyettes ; chaque moissonneur reçoit en outre pendant le temps de la moisson, qui est le plus habituellement d'une durée de six semaines, une barrique de 160 litres de bière coûtant de 15 à 18 fr. Les domestiques nourris à la ferme, ont par mois 18 fr. en morte saison, et 25 fr. en été.

M. Bômal met de 40 à 60 mille kilos de fumier par hectare pour les betteraves, et y ajoute 1,200 kilos de tourteaux semés à la volée. Les champs de chicorée ne sont pas fumés, si les terres sont de bonne qualité. On coupe maintenant les féveroles ; elles sont encore vertes ; peu longues, mais très-bien grainées. M. Bômal m'a donné son cabriolet pour aller faire une visite à M. Cloquet, cultivateur et distillateur près de Braine l'Alleux ; j'avais fait sa connaissance à Gembloux, car j'avais lu souvent dans le journal de la Société Centrale de Belgique, des articles fort intéressants sortis de sa plume. Il m'a fait visiter les grands bâtiments qui composent sa ferme ; les étables sont voûtées et une d'elles est superposée à une autre, sans qu'il en résulte aucune infiltration.

M. Cloquet distille chaque 24 heures, 20 mille kilos de betteraves, ou 2,000 kilos de seigle pendant 10 mois; les 2 mois de la moisson sont employés à restaurer les appareils de distillation ainsi que les étables. Il engraisse annuellement environ 150 bêtes à cornes; un tiers des résidus de distillation est livré à son frère qui babite à deux kilomètres de chez lui, et qui est son associé dans les opérations de la distillerie.

Ils ont besoin de 220 mille francs, d'abord pour se monter en bêtes et en seigle à acheter dans les moments convenables, et ensuite pour pouvoir accorder 3 mois de crédit aux personnes qui achètent leur genièvre et leur alcool. M. Cloquet a acheté pour 27 mille francs, une petite ferme ne contenant que 8 hectares de pauvres sables restés pendant 13 années en friche, tant ils paraissaient ingrats; il y a réuni les champs les plus sablonneux de sa ferme, pour y former un assolement particulier; il est de 4 ans : 1re sole : pommes de terre avec 108 mille kilos de fumier; 2e sole : seigle, 3e sole : betteraves fumées, et 4e sole : avoines.

Le reste de la ferme est assolé à 6 ans; 1er, betteraves fumées comme ci-dessus; 2e, froment; 3e, betteraves fumées aussi énergiquement que les premières; 4e, froment; 5e, trèfle qui reçoit une bonne couverture de compost composé de terre, chaux, cendres et suies; 6e, froment. Les récoltes sur pied sont fort belles; on complète les fumures par du guano. Deux des voisins de M. Cloquet lui fournissent des betteraves à 18 fr. les mille kilos. Il a battu du froment de ses différentes pièces, et compte sur 36 hectolitres comme produit moyen. Il espère que ses betteraves lui donneront entre 45 et 50 mille kilos. Quelques parties de champs trop en pente sont en topinambours; j'ai vu aussi un beau

sorgho. M. Cloquet cultive la betterave à feuilles bordées de rouge; il la préfère à la blanche; il en a tiré la
graine des environs de Lille.

Il est très-grand partisan de l'inoculation contre la
pleuropneumonie, et inocule toutes les bêtes à cornes
qu'il achète. Après avoir essuyé de grandes pertes par
suite de cette épizootie, il a fait bien des essais d'inoculation, qui l'ont dûment convaincu de l'entière efficacité
de ce remède préventif. Il n'a pour avoir du lait que
5 vaches, dont 3 sont des durham.

Il suit le système de distillation de Champonnois,
mais il dit que celui de Leplay est bon. On voit beaucoup de petits champs de tabac, près et dans les jardins
de Nivelles; on m'a dit que ceux-ci se louaient jusqu'à
600 fr. l'hectare.

Partout dans ce pays, aussitôt que le froment est en
moyettes ou en douzaines, on voit peler les chaumes, à
la charrue, ou bien avec le scarificateur, ce qui vaut
mieux et avance bien plus. Le scarificateur est suivi
par des herses légères, puis des femmes armées de
rateaux réunissent les mauvaises herbes pour les brûler
ou les transporter dans les fermes pour en faire de la
litière; cette opération a le grand mérite d'empêcher les
mauvaises herbes de mûrir leurs graines, et elle favorise
la germination des graines déjà tombées, que le labour
suivant détruit.

Etant revenu chez M. Bômal, il m'a dit que le terrible coup de vent du 25 juillet, avait tellement secoué
ses froments encore sur pied et déjà trop mûrs, que la
douzaine de gerbes de celui qui était en grange, donne
2 kilos de grains de plus que le blé éprouvé par la
tourmente; sur 2,000 gerbes qu'il a récoltées par hectare, c'est une perte de 4 hectolitres, 52 litres par hectare; il ne l'eût pas éprouvée s'il eût acheté à temps
une bonne machine à moissonner; la valeur du froment
perdu, eût pu en payer deux. M. Bômal m'a dit aussi,

qu'un négociant de Nivelles, venait d'acheter la terre de Saint-Pierre, non loin de Buzançais; elle contient 400 hectares; il l'avait d'abord visitée avec un fermier fort à l'aise de son pays; ce dernier doit la cultiver, et il paiera 5 pour 0/0 du prix d'acquisition. Ce négociant aura ainsi sa terre améliorée au bout du bail dont M. Bômal ignore la durée; et en attendant, son capital aura été placé à 5 pour 0/0, sans avoir à craindre de banqueroute.

Je me suis rendu le lendemain matin à la station du chemin de fer de Nivelles, où j'ai vu des préparatifs de fêtes; on m'apprit que les autorités de la ville avaient engagé les musiques des villes, bourgs ou fabriques de ce pays, à venir concourir entre elles; des primes seront fournies par la ville.

J'arrivai de bonne heure à Gosselies, où m'attendait M. Dryon le fils, un des propriétaires de la terre d'Argy en Berry; il m'emmena dans une jolie américaine attelée de charmants chevaux, à une très-jolie maison de campagne qu'il a construite à peu de distance de celles de son père, de sa grand'mère et d'une tante. Madame Dryon me fit faire un excellent déjeuner, après lequel monsieur me conduisit à travers une suite continuelle de fabriques, de charbonnages et d'habitations formant plusieurs villages, contenant jusqu'à 10 et 15 mille âmes, chez un oncle de sa femme.

M. Outard est directeur depuis une trentaine d'années d'une très-grande verrerie, où l'on fabrique du verre à vitres, des gobelets, des carafes, etc., etc. J'avais déjà vu faire des bouteilles; ici je vis pour la première fois faire de grands carreaux à vitres. Cette opération est si difficile, que les deux tiers des jeunes gens qui cherchent à apprendre ce métier, y échouent et l'abandonnent; cela fait que les bons ouvriers gagnent énormément; on m'en citait un qui gagne 800 fr. par mois; on ajoutait que la plupart d'entre eux, dépensent tout ce qu'ils gagnent ; aussi vers l'âge de 40 à 45 ans, usés par ce dur métier et par la débauche, ils sont forcés de se retirer sans avoir acquis de quoi vivre tranquillement le reste de leurs jours.

Nous arrivâmes ensuite à Charleroi, où M. Dryon laissa sa voiture ; nous y prîmes place dans le convoi se rendant du côté de Namur ; là, nous descendîmes à une station dont j'ai oublié le nom, pour nous rendre, près de là, dans une ancienne et très-belle abbaye, celle d'Ognies, qu'on a transformée en une immense fabrique de glaces. M. Outard, frère du précédent et père de madame Dryon, la dirige depuis 15 ans, après avoir été pendant 17 ans à la tête d'autres verreries.

Cette très-remarquable fabrique de glaces emploie 800 ouvriers et ouvrières ; on y produit des glaces de toutes dimensions ; la plus grande dimension est de 13 à 14 mètres carrés de surface, et se vend de mille à 1,200 fr. Cette fabrique érigée seulement depuis 18 ans, est assurément une des plus belles et des mieux outil-lées. L'abbaye ne datait que de l'année 1780 ; elle est très-considérable et fort belle.

M. Outard a eu l'extrême complaisance de me faire voir sa magnifique usine et de m'en expliquer les divers travaux ; il m'apprit que l'impératrice Marie-Thérèse, amena en Belgique des ouvriers verriers de Bohême ; elle dut leur accorder divers priviléges, au nombre des-quels celui de n'apprendre leur état qu'à leurs seuls enfants. Ce privilége expirait en 1825 ; M. Outard, ayant alors voulu augmenter le nombre de ses ouvriers, les anciens ouvriers se mirent en grève. M. Outard s'adressa au procureur du roi, et à la suite de sa plainte les meneurs furent condamnés à deux mois de prison. M. Outard ayant formé de nouveaux ouvriers, les anciens se mirent en société ; mais n'ayant pu réussir, faute d'entente, ils lui revinrent.

Depuis lors, M. Outard qui est un des principaux

membres de la Société verrière, qui a 7 grands établissemens de verreries ou de glaces, a formé il y a quelques années une fabrique de glaces à Réquigny, dans les environs de Maubeuge.

Il y a dans la fabrique de glaces que je visitais, une fabrique de produits chimiques suffisante pour fournir tout ce qui y est employé en ce genre. M. Outard, pour éviter que les vapeurs malsaines produites par cette fabrication, ne fussent nuisibles aux habitants du voisinage, a construit une cheminée qui passe pour être la plus élevée du continent. Sa fondation a huit mètres de profondeur et est sur pilotis; elle a vingt mètres en carré; la cheminée s'élève à cent deux mètres au dessus du sol. Il y a dans l'immense salle où les glaces sont coulées, trois fours à fusion et vingt-huit fours à sécher.

La fabrication des grosses briques généralement employées dans ce pays, ne revient à M. Outard qu'à 6 fr. 50 cent. le mille; le charbon maigre menu ne vaut que de 5 à 6 fr. les mille kilos, et le gros 8 fr.; le charbon gras menu vaut 14 fr., et 21 fr. quand il est gros.

Me trouvant un samedi à l'abbaye d'Ognie, ces messieurs me conduisirent, le soir, dans une grande salle où les ouvriers, qui sont musiciens, se trouvaient réunis en grand nombre; je fus étonné, et en même temps enchanté d'entendre une aussi excellente musique.

Je me rendis, le lendemain matin, à Namur, et de là à deux stations plus loin, sur le chemin de fer de Liége, au château de Melleroy, chez le comte Adolphe de Gourcy, un de mes cousins. M. Adolphe de Gourcy ne cultive qu'une réserve de quarante hectares; ses quatre excellents chevaux de culture ont été achetés dans le Condrox; les deux plus jeunes achetés, il y a peu de temps, lui ont coûté 1,150 fr. Il a de belles et bonnes vaches hollandaises. Les fermes de M. de Gourcy sont louées sur le pied de 120 fr. l'hectare; celles de la

Hesbaye, qui commencent à quelques lieues de Melleroy, se louent de 180 à 250 fr. Le mari de madame de Woot, la fille de mon cousin, y possède une terre avec une fort belle habitation.

La commune de Melleroy, dont la population s'élève à quinze cents âmes, emploie encore un très-grand nombre d'ouvriers étrangers, à l'exploitation d'un minerai, contenant 75 0/0 de fer. Quarante chariots, dont les trois quarts sont attelés de quatre bons chevaux, sont occupés, pendant toute l'année, à descendre le minerai à la station de Slaigneau, qui en expédie chaque mois de douze à quatorze millions de kilos; une assez forte partie de ce minerai va en France, et une autre en Allemagne. Les chariots font chacun quatre voyages par jour, et, comme il n'y a qu'à descendre, ils chargent chacun, m'a-t-on dit, environ dix mille kilos de minerai, qui se paye de 1 fr. 50 cent. à 2 fr. les mille kilos, aux propriétaires de la surface, quoique l'exploitation se fasse en galeries souterraines.

Les terres de M. de Gourcy couvrent une couche de minerai de 1ᵐ,33 d'épaisseur; il exploite, en outre, une terre plastique qu'on lui paye 4 fr. la charge de deux mille deux cents kilos. Il m'a dit qu'un habitant de Melleroy, qui n'est propriétaire que de cinq hectares, a déjà retiré pour plus de 180,000 fr. du minerai extrait sur trois hectares cinquante ares.

Je suis allé de Melleroy à la station d'Audènes, et de là à six kilomètres, visiter au château d'Altine, les comtes d'Apremont de Lynden. Ces messieurs cultivent cent quatre-vingts hectares; ils ont une trentaine de vaches, dont un tiers est de pure race Durham; une partie de ces vaches Durham ont été achetées en Angleterre, dans les prix de 1,000 à 1,200 fr.; toutes les autres proviennent de croisements commencés, il y a quinze ans. Les deux taureaux sont Durham, et l'un des deux m'a paru très-beau. Ces messieurs élèvent tous les veaux ; mais ils font castrer tous les mâles croisés, et même le plus grand nombre de ceux de pur sang ; car il se présente peu d'amateurs pour payer 250 à 300 fr. des veaux de trois mois. Leurs vaches pures ou croisées, sont généralement bonnes laitières.

Ils ont eu énormément à souffrir, cette année, d'une immense quantité de sauterelles qui dévoraient tout ; les betteraves, les carottes et même les pommes de terre, ont été abîmées par un ver, espèce de chenille, qui attaque les racines sous terre, mais surtout à la superficie. Ces vers y creusent des trous, dans lesquels se mettent ensuite des guêpes d'une petite espèce, qui en sucent le jus. Je n'avais jamais aperçu, jusqu'alors, ce genre de ver : il ressemble, pour la forme, à une chenille ; sa couleur est noire, dans le jeune âge, et d'un vert de bouteille, quand il est arrivé à toute sa taille.

Ces messieurs ne cultivent que des seigles ou des méteils, le froment n'étant pas assez productif dans leurs terres.

Je me suis rendu de là à Namur, et ensuite par le chemin de fer de Luxembourg, à la station de Natoye, d'où je n'eus que deux kilomètres à faire pour aller au château de Myannois, chez le comte Félix de Gourcy, frère du précédent. Mon cousin a planté beaucoup de mélèzes, sapins et peupliers sur ses quatre cents hectares ; mais cette dernière espèce d'arbres souffre des hivers rigoureux de ce pays, qui la rend gélive. Les terres se louent, dans le Condroz, de 50 à 60 fr. l'hectare ; la culture y est moins avancée que du côté de Namur, et le climat est plus rigoureux.

Je me rendis de Myannois au château de Barsenal, chez un beau-frère du comte de Gourcy, le baron Van Eyl, dont la terre est à trois kilomètres de la ville de Ciney, une des stations du chemin de fer. Le baron loue ses terres 55 fr. ; il a environ quatre cents hectares de bois, prés et terres ; il a bien voulu me conduire chez

un de ses neveux, le comte Ernest de Gourcy, fils aîné
d'Adolphe de Gourcy. Sa terre a plus de cinq cents hectares d'étendue ; il est grand planteur de bois, surtout
de mélèses.

Je suis parti à six heures du soir par le chemin de fer,
pour la petite ville de Rochefort, dont les habitations
sont assez bien bâties.

J'ai visité le lendemain, 13 août, la fameuse grotte
de Han, dans laquelle on parcourt plus d'une lieue
assez péniblement sous terre ; mais elle mérite bien d'ê-
tre explorée.

Je suis allé ensuite coucher à dix lieues de Rochefort,
dans la belle ferme de Bellevue ; un des Messieurs Ledocte en est le régisseur depuis cinq ans, pour une société composée d'un négociant, d'un notaire et d'un
avocat. Il a 2,000 fr. de fixe, est nourri et est très-bien
logé. M. Ledocte aura, en outre, 1/4 du bénéfice net ; il
a décidé ces Messieurs, pour lesquels il cultivait déjà une
autre ferme, à acheter une bruyère ayant cent seize
hectares d'étendue ; cette bruyère était écobuée tous les
dix ou quinze ans, pour donner une récolte de seigle,
suivie d'une autre d'avoine. Cette bruyère a coûté
300 fr. l'hectare ; M. Ledocte y a construit une fort
belle ferme, pour 30,000 fr. J'ai vu de beaux champs
d'orge et d'avoine, et l'on m'a dit que les froments mêlés d'épeautre rouge, avaient été très-bons ainsi que
les seigles. L'assolement est quadriennal : première
année, un méteil formé de moitié froment et moitié
épeautre ; deuxième sole, moitié en trèfle rouge et moitié en trèfle blanc ; troisième sole, avoine, et quatrième,
colza, rutabagas, carottes et pommes de terre.

Il fume fortement, ayant dix bons chevaux, douze
vaches, vingt-huit élèves de bêtes à cornes, et deux cent
cinquante bêtes à laine du pays, qui ressemblent à des
solognotes, mais plus lourdes. Il leur donne des béliers

flamands, pour grandir la taille, et donnera ensuite aux femelles croisées, des béliers southdown.

Il met, en place de fumier, trois mille kilos de déchets de filatures de laines, ou de tonsures de draps. Cet engrais lui coûte 80 fr. les mille kilos, et vient de Sedan. Il emploie aussi de l'engrais Hillel, dont il est très-content; il n'en met, par hectare, que deux cents kilos, qui passent par le semoir-plantoir, inventé par son frère, M. Henry Ledocte. Ce semoir dépose les engrais pulvérulents autour de la graine. Il m'a dit qu'une femme plantait ainsi un hectare par jour, en colza, rutabagas, carottes, ou betteraves. Le fait est que ses récoltes sarclées étaient très-belles et fort propres; elles sont en lignes séparées par $0^m,70$, et dans la ligne, à $0^m,33$. J'ai vu aussi de très-beaux choux; tout est beau, malgré l'extrême sécheresse de l'année. M. Ledocte a défriché ses bruyères, en les labourant une ou deux années avant de les emblaver; il les chaule à raison de cent hectolitres par hectare, et la chaux lui coûte, prise à quinze kilomètres de la ferme, 6 fr. le mètre cube; il enterre la chaux en hersant fortement; il laisse passer l'hiver, sème au printemps de l'avoine et du trèfle blanc qu'il laisse un ou deux ans pour pâture; après cela, il commence son assolement.

M. Ledocte m'a fait voir un essai de lupins jaunes qui n'ont pas mal réussi pour une année aussi sèche. Je l'ai engagé à semer des lupins blancs pour semence, afin de pouvoir par la suite en semer pour engrais vert; je lui ai aussi recommandé le lupin bleu, dont la graine très abondante sert à l'engraissement du bétail. Ces 3 variétés de lupins viennent à merveille dans les terrains siliceux; le lupin jaune craint le calcaire. Ses champs de trèfle, après avoir donné une bonne première coupe, peuvent se faucher; ils ont souffert de la sécheresse. J'ai engagé M. Ledocte à ajouter du ray-grass d'Italie à ses trèfles ne devant durer qu'une année, et à ses prairies artificielles devant servir pendant plusieurs années de pâture, du timothy et du trèfle hybride qui, assure-t-on, dure aussi longtemps que la luzerne; ce dernier convient surtout dans les terres fortes et humides, et principalement lorsqu'on forme des prés.

M. Ledocte compte mettre tous les quatre ans, au moins 20 hectolitres de chaux. Il se plaint du manque de bras pour les travaux de culture; il paie les journaliers 1 fr. 50 et les femmes 1 fr. Il devrait construire des chaumières, auxquelles il ajouterait un demi-hectare de terre; de plus, il faudrait assurer aux ouvriers de l'ouvrage pour toute l'année; on serait certain dans ce cas de voir bientôt les chaumières occupées. Il m'a dit qu'un propriétaire des environs avait proposé à la petite société qui possède Bellevue, de lui donner 40 mille fr. de bénéfice, après lui avoir remboursé toutes les dépenses qu'elle a faites pour cette ferme; cette société a refusé espérant davantage. M. Xavier Ledocte m'a cité le comte d'Ogworst, un de ses voisins, comme ayant défriché récemment 200 hectares de bois, par écobuage; il y a fait une belle récolte de seigle, et a loué ses terres à raison de 30 fr. l'hectare pendant les six premières années, et 40 fr. pour les 6 années suivantes.

M. Ledocte m'a fait conduire au château des Abbys, près Palisselle, propriété habitée depuis 18 mois, par le comte Charles de Gourcy, un autre de mes cousins. Celui-ci a acquis pour 450,000 fr., cette terre dont l'étendue est d'environ 350 hectares. M. de Gourcy, après avoir remis son château et sa grande ferme à neuf, a loué pour 4,000 fr. cette dernière, avec 100 hectares de terres calcaires où le froment réussit. Une autre ferme qui a une huilerie et une scierie, lui donne 2,000 fr.; ses bois et ses prés de réserve produisent environ 4,000 fr.; le comte espère louer plus cher à la fin du bail. Comme ses bois ne lui rapportent guères que 10 fr. la feuille, il va en défricher 100 hectares, et y construire une belle ferme dans le genre de celle de Bellevue, cela lui permettra de trouver un bon et riche fermier, comme celui de la grande ferme, qui possède une ferme dans le Brabant louée 160 fr. l'hectare, tandis qu'il ne paye ici que 40. M. de Gourcy m'a appris que les paysans de ses environs sont tous propriétaires ; il n'y en a pas de misérables, ce qui tient en partie à ce qu'on leur alloue chaque année au moins 42 ares de bruyères communales à écobuer: ils y sèment du seigle qui leur fournit leur consommation en pain. Les terres écobuées sont ensuite abandonnées à la vaine pâture pendant 15 ans; la bruyère y revient et est alors de nouveau écobuée ; les bruyères qui se vendent, atteignent maintenant les prix de 5 à 800 fr. l'hectare, selon leur position et leur qualité.

Mon cousin m'a fait conduire au château de Vonèche chez le comte Cornet, dont la terre est à 20 kilomètres des Abbys, et à même distance de la ville de Dinan. Ma route suivait de jolis vallons garnis de très-belles prairies irriguées ; j'ai traversé de belles futaies, principalement en essence de hêtres ; on en fait du bois de chauffage. Cette futaie a l'inconvénient d'empêcher les taillis de bien pousser ; elle nuit aussi aux récoltes de seigle et d'avoine qu'on sème, après avoir écobué les taillis dont la coupe vient d'être enlevée ; cet écobuage a pour effet de détruire les bruyères, elle assure en même temps une meilleure coupe du taillis qui suit l'avoine.

L'habitation du comte Cornet est grande et meublée avec luxe ; la ferme est très-considérable , elle contient 35 chevaux ou poulains, y compris les chevaux de luxe. Parmi ceux de gros trait, il y en a une dizaine de race percheronne.

La vacherie du comte contient moitié bêtes durham dont il vend les mâles à l'âge de 3 mois de 3 à 400 fr. ;

les autres vaches sont de race hollandaise ou des croisées
durham ; il s'est procuré les premiers durham il y a
8 ans. Son troupeau est composé de brebis ardennaises,
à face et à pieds rouges, auxquelles il a donné des béliers cheviot et des béliers mérinos ; les agneaux croisés
cheviot ont jusqu'à présent l'avantage.

Il cultivait encore l'année dernière 250 hectares de
bruyères défrichées par lui ; il vient d'en donner en
location 120 hectares à deux familles des environs de
Ciney, qui occupent deux belles fermes nouvellement
construites ; elles payent 45 fr. l'hectare. Il m'a fait
voir 3 de ses fermes sur 7. La troisième que j'ai visitée,
est occupée depuis 8 ans par un fermier des environs
de Bruxelles qui n'a loué à son début que 20 hectares,
qu'il a augmentés peu à peu et portés jusqu'à 80. Il les
cultive fort bien ; le comte fournit à ses fermiers des
taureaux durham et des béliers cheviot, il ne leur permet pas d'employer d'autres étalons que ses percherons.

Lorsque le comte Cornet est arrivé dans cette terre,
il y a 12 ans, et qu'il a commencé ses défrichements, il
faisait écobuer comme c'était l'usage dans le pays ;
mais lui ayant donné un de mes Voyages agricoles,
lorsque j'ai fait sa connaissance, il y a 8 ou 10 ans à
Bruxelles, il a, depuis lors, renoncé à l'écobuage qu'il
a remplacé par 5 hectolitres de noir animal par hectare,
ce dont il est très-satisfait, m'a-t-il dit. Il fait le plus
grand cas du ray-grass d'Italie et du trèfle hybride,
qu'il a fait connaître et a répandu dans ses environs.

Le comte m'a dit que lorsqu'il est arrivé dans ce
pays et qu'il y a introduit des vaches hollandaises et
plus tard des durham, ces bêtes n'y réussissaient pas,
non plus que leurs élèves ; il a fini par supposer que
cela pouvait tenir à la crudité des eaux de source dont
elles étaient abreuvées ; il a essayé de verser de l'eau
ayant bouilli dans leurs auges ; cela a bien réussi et il
continue.

N'ayant plus de bruyères à défricher, il arrache des bois, et, lorsque le noir animal a fini son temps, il chaule à raison de 150 hectolitres par hectare. Il envoie prendre sa chaux sur la terre du duc d'Ossuna qui vient de construire un magnifique château. Les fours à chaux ne sont qu'à 6 kilomètres de chez lui : les attelages y vont deux fois par jour.

Le comte a fait beaucoup de prés qu'il irrigue, et comme ses eaux de source ne sont pas très-fertilisantes, il les améliore par des purins ou du guano. Pour former ses prés, il sème soixante-dix kilos de ray-grass d'Italie, quatre kilos de trèfle rouge, autant de blanc, six kilos de lupuline, et sept kilos de trèfle hybride.

Ses bêtes à cornes mangent de la nourriture fermentée, consistant principalement en paille hachée, racines, et deux kilos de tourteaux de colza. Elles sont en fort bon état, ne dégénèrent pas et ne diminuent pas de taille.

Comme il était obligé de se rendre à Bruxelles, il m'a ramené en chaise de poste jusqu'à Namur. En me rendant de chez M. de Gourcy, chez le comte Cornet, j'avais eu l'occasion de causer avec un paysan qui gardait onze bêtes à cornes, en assez bon état eu égard au peu de fertilité des terres de ces environs. Il m'a dit qu'il possédait trois hectares de prés irrigués, et neuf hectares de terres dont à peu près moitié est en trèfle blanc servant de pâture pendant dix-huit mois. Il a une jument dont il vend les poulains de 3 à 400 fr. à l'âge de trois ans. Cet homme s'exprimait en bon français. Il m'a dit qu'il avait tous les ans un journal ou quarante-deux ares de taillis venant d'être coupés et provenant des bois communaux à écobuer. Il sème du seigle qui lui donne une bonne récolte. Il emploie du guano.

Je me rendis de Namur à la remarquable abbaye de Gembloux, pour visiter la belle et grande culture de M. Maximilien Ledocte, qui était secrétaire de la Société centrale de Belgique où il a été remplacé par un de ses frères.

M. Maximilien Ledocte a quitté le poste honorable et avantageux qu'il remplissait si bien, pour venir s'associer à un monsieur qui avait loué la ferme de l'Abbaye. Ce monsieur avait besoin d'un habile directeur pour conduire cette grande culture, où se trouve une distillerie de betteraves du système Leplay, travaillant vingt-quatre mille kilos de racines par vingt-quatre heures.

L'associé de M. Ledocte a fourni un capital de 140,000 fr., M. Ledocte y a ajouté 40,000 fr. et reçoit 2,000 fr. pour son ménage et ses frais de réception. Il partage les produits nets. M. Ledocte ne nourrit personne. Il a un comptable choisi par son associé qui a 1,500 fr.; son chef de culture gagne 2,000 fr. Le distillateur a 20 0/0 des bénéfices nets de distillation. Les étables de cette superbe ferme sont voûtées; elles ont des citernes à purin. Elles logent en hiver deux cent cinquante bêtes à cornes. Il ne s'y trouve en été que cent cinquante. Il a six chevaux de trait et un pour le directeur. M. Ledocte et son associé se sont assuré le fumier des soixante étalons du haras du gouvernement, qui occupe la contre partie de l'abbaye; ils le paient 12 centimes par vingt-quatre heures. Ils se sont assurés aussi les boues de la ville de Gembloux, qu'ils évaluent à quatre cents mètres cubes. La grange est immense, ainsi que les hangars et autres dépendances.

Les domestiques de culture ne sont pas nourris et ne reçoivent que 45 fr. par mois; les bouviers ont en outre 1 fr. par bête vendue grasse.

La nourriture de ces bêtes se compose maintenant de siliques de colza, fermentées avec de l'eau bouillante contenant par bête un kilo de tourteau de colza et trois kilos de farine de riz. On prépare cette nourriture trois jours d'avance.

M. Ledocte se sert d'une très-bonne charrue brabant, mais il lui préfère de beaucoup celle d'Odeurs, maréchal à Marlines, près Tirlemont. Il a un très-bon rouleau anglais de Cambridge; mais je crois qu'il fera bien d'y ajouter celui de Croskyll.

Il a adopté pour sa culture de soixante hectares de betteraves, le plantoir à graine de son frère Henri, qui coûte 45 fr., et son cultivateur ou marqueur qui en coûte 600. Voici comment M. Ledocte établit la dépense de plantation et des sarclages d'un hectare de betteraves avec ces instruments. Il la porte à 27 fr. 75, en estimant la journée d'un homme à 1 fr. 50, celle d'une femme à 80 centimes, d'un enfant à 60 centimes, d'un cheval à 4 fr., et enfin celle du surveillant des ouvriers à 2 fr. Il emploie 12 kilos de semence à 50 centimes. Il n'estime l'arrachage et le décolletage qu'à 15 fr. Il met soixante mille kilos de fumier et trois cents kilos d'engrais Hillel à 17 fr. 50 les cent kilos. Les lignes se trouvent à $0^m,45$ en tous sens, ce qui fait que les sarclages peuvent se donner sur deux directions. Il espère, en année ordinaire, obtenir un produit en racines de cinquante à soixante mille kilos; mais cette récolte a terriblement souffert de la sécheresse, ainsi que des ravages de ces vers dont j'ai parlé, lors de ma visite au comte d'Appremont, au château d'Altine.

M. Ledocte sème aussi ses trente hectares de colza avec le plantoir. Sa ferme s'étend sur deux cents hectares de très-bonnes terres, qui sont couvertes de soixante hectares en betteraves, soixante en froment, trente en colza, vingt en trèfle, dix en avoine ou en pommes de terre, dix en prés et autant en verger entouré de grands murs, garnis de six cents beaux espaliers. La terre de cet enclos est en luzerne. Le loyer de cette admirable ferme est de 181 fr. l'hectare, l'impôt compris; c'est 20 fr. de plus que l'ancien fermier n'en donnait.

M. Ledocte cultive un froment jaune à grains ronds qui a de très-beaux épis ; il donne habituellement au moins un tiers en sus du froment du pays. Il a produit, l'année dernière, au frère de M. Ledocte, qui régit comme associé la culture du château d'Oplieu, une moyenne de trente-sept hectolitres. Le froment vaut maintenant 20 fr. l'hectolitre. M. Ledocte emploie principalement des laboureurs flamands ; il a eu d'abord de la peine à leur faire conduire des bœufs, il a donc décidé qu'il donnerait 5 fr. de plus par mois à ceux de ses gens qui laboureraient bien avec les bœufs. Peu de temps après, tout le monde fut en état de gagner les 5 fr. de plus.

Je me suis rendu ensuite à la station de Brugelette, près du couvent de jésuites de ce nom. Je visitai là M. Grenier, qui cultive une ferme de sa famille dont il ne paie, à cause de cette circonstance, que 100 fr. l'hectare, tandis que les terres voisines en rapportent 150. Les bonnes terres de ces environs se vendent de 6 à 8,000 fr. l'hectare au détail.

M. Grenier, qui n'est pas marié, cultive vingt-huit hectares et en a quatre en prés. Il a d'excellentes luzernes et sa culture m'a paru fort bonne. Il a quatre chevaux de trait, un de cabriolet, et élève un poulain. Ses vaches sont de fort belles hollandaises. Il a drainé ses prés. Son jardin est garni de beaux espaliers et de quenouilles. La commune de Brugelette a plus de deux mille habitants, les habitations annoncent une grande aisance. Les notables de l'endroit ont établi par souscription un concours de bétail, lors de leur foire. Ils distribuent des primes à ce concours. Ils ont organisé des jeux publics, afin de donner de la vie et du mouvement à cette foire, qui tombait en désuétude.

J'arrivai le 17 août, au soir, au château de Bury, chez le comte Ferdinand de Vizard. Sa capacité et sa très-grande activité, l'ont déterminé à établir une troisième sucrerie dans sa commune; elle touche à une station du chemin de fer qui conduit de Tournay à la ville de Leuse, près de laquelle il en a déjà construit une. Celle-ci pourra râper cent vingt mille kilos de betteraves par vingt-quatre heures. Comme il a pris la moitié des actions, il s'est chargé de la construction de la sucrerie. Elle a coûté 200,000 fr. et le capital de roulement est de 100,000 francs.

Le comte cultive sa ferme toujours avec le même succès. Ses betteraves lui donneront, malgré la sécheresse, au moins quarante-cinq mille kilos, ses froments de vingt-six à vingt-huit hectolitres par hectare. Son colza lui a donné plus de 800 fr. sur pareille étendue. Ses trèfles de l'année sont bien réussis ainsi que son replant de choux caulets. Ses navets d'Éteule semés en lignes sont bien levés.

Il a fini le drainage de toutes ses terres, et a été le premier à s'occuper de cette immense amélioration qu'il a essayée dès 1840, après avoir lu un livre anglais qui parlait des drainages exécutés en Angleterre. Pour aider autant que possible à l'introduction du drainage dans ce pays, il a construit, il y a six ans, une grande tuilerie où il fabrique des tuyaux.

Lorsqu'on ne lui demande pas de tuyaux, il fait des briques réfractaires et des tuiles nommées pannes dans ce pays. Il en fournit de brutes et de vernissées.

Sa tuilerie est placée à portée d'une station de chemin de fer, sur un terrain qui contient, en même temps que diverses terres plastiques, d'excellents sables, à douze ou quinze pieds sous les couches d'argile. Il occupe une quarantaine d'ouvriers. Les acheteurs sont toujours sûrs de trouver là, non-seulement d'excellente marchandise, mais tout ce dont ils peuvent avoir besoin en ce genre. Il y a toujours approvisionnement suffisant d'objets fabriqués, pour ne pas renvoyer des voitures à vide.

Cette tuilerie couvre un hectare de terrain. Il y existe un chemin de fer de plus de quatre cents mètres de longueur, dont les trois quarts sont sous un immense hangar. Ce chemin est couvert de petits wagons qui peuvent transporter chacun seize plateaux chargés, soit de marchandise à sécher, soit de pièces à conduire au pied des fours, au nombre de six. La terre commence par passer par les malaxeurs; ensuite elle traverse deux doubles cylindres, qui écrasent toutes les petites pierres qui peuvent s'y trouver. Deux grandes machines de Clayton fabriquent les tuyaux ou les briques; on les dépose sur des plateaux qu'on superpose, au nombre de seize, sur chaque wagon; ces wagons peuvent circuler ou stationner à volonté sur le chemin de fer, formé en cercle allongé. Une machine à vapeur, de la force de six chevaux, met les machines en mouvement et pompe l'eau.

Le pays que j'ai parcouru entre Jurbize, Brugelette, Leuze, Ath et Grammont, est d'une haute fertilité; il est d'autant mieux cultivé qu'on approche davantage du pays flamand, du côté de Termonde et d'Alost.

Je suis allé de Grammont au château de Sainte-Marie-Andenhoven, chez M. Vermeulen fils, qui a épousé mademoiselle de Gourcy de Myannois, sa cousine germaine. Cette charmante habitation, peu éloignée d'Oudenarde, se trouve placée dans un vallon entouré de hauteurs boisées, au milieu d'un pays fertile.

M. Vermeulen, beau-frère de ma cousine, m'a emmené, le lendemain, chez son père, sur les bords de la vallée de l'Escaut, au château de Waesmunster. Il est entouré de la partie des Flandres belges, naturellement peu fertiles; mais on peut dire que c'est la contrée la mieux cultivée de toute la Belgique, et même de toute l'Europe. C'est dans le pays de Waes que se trouvent les villes de Locqueren et de St-Nicolas, dont la culture a été si bien décrite par le célèbre agronome Schwerz. Le château de M. Vermeulen le père, est fort beau et entouré d'un parc contenant de magnifiques arbres ; une centaine d'hectares de prés, pendant dix années, lui ont donné un produit annuel et moyen de 500 fr. par hectare. M. Vermeulen loue des terres à plus de neuf cents individus ; il a suivi l'exemple de ses prédécesseurs en plantant de noyers les digues de l'Escaut.

Il a amélioré une grande étendue de pâtures inégales et pleines de trous, bordant les digues de ce fleuve ; il a commencé par extraire la tourbe qui y restait, a rabattu les tertres dans les fosses, après en avoir sorti la bonne terre, et a cultivé ces terres vagues pendant quelques années, en les fumant bien. Il a maintenant d'excellents prés, dont les regains que j'ai vus sont pleins de légumineuses, et ont plus de $0^m,33$ de haut ; ils versent, tant ils sont épais.

La superficie d'une pièce de cinq hectares de prés recouvrant un excellent fond d'alluvion, située près de la ville de Termonde, a été vendue, l'an dernier, pour en jouir toute l'année, 5,000 fr., plus 400 fr. pour les noix.

La petite ville de Waesmunlter, qui touche les murs du château de ce nom, contient une population de cinq à six mille âmes. Si l'on juge, en général, de l'aisance des habitants, d'après l'extérieur des maisons, on pourrait la supposer assez grande ; mais ici on se tromperait, car elle est habitée par de nombreux tisserands, qui souvent ne peuvent gagner 1 franc par jour. Tous ceux qui se contentent de gagner par jour 1 franc 10 cent., M. Vermeulen les emploie depuis longtemps à abaisser le niveau d'une colline couverte de broussailles, d'environ dix ou quinze pieds de pauvre sable. Arrivé à une couche de pareille épaisseur, d'une terre argilo-siliceuse, il la fait extraire tant qu'on en trouve ; elle sert à améliorer les pauvres champs sablonneux voisins qu'on couvre de $0^m,33$ de cette terre argileuse ; on l'amène au moyen de brouettes roulant sur des planches ; on remplit ensuite l'excavation avec le sable de la colline, au moyen d'un chemin de fer portatif et de ses wagons. M. Vermeulen, qui tient une comptabilité très-exacte, a reconnu qu'il a déjà dépensé plus de 80,000 francs à améliorer ainsi quinze ou seize hectares de terre défoncée et remblayée, et, en outre, une plus grande étendue de pauvres sables, qui ont été rechargés d'un pied de terre argileuse. Ces terres sont louées ensuite 120 fr. l'hectare. Si son argent n'est pas placé à gros intérêts, il a du moins été utile aux pauvres gens.

J'ai vu deux charrues attelées chacune d'un cheval qui marchaient très-vite dans ces terres sableuses; j'ai mesuré au pas l'ouvrage fait dans la demi-journée : il y avait un peu plus de cinquante ares.

Nous avons traversé, pour rentrer au château, des collines sablonneuses couvertes de jeunes pins sylvestres, sous lesquels on avait semé des glands qui souffrent jusqu'à ce qu'on éclaircisse, vers l'âge de dix ans, ces pins, pour faire d'abord des rames à haricots; plus tard, on enlève les pins restés, et on en fait des perches à houblon. Alors le taillis de chêne prend son essort; les hêtres viennent mieux dans ces sables sains.

Avec un peuple aussi savant en agriculture, et dans un pays où la population est si nombreuse, les plus mauvais sables deviennent productifs; le bétail ne sort pas des étables, et les habitants ont des latrines sur des citernes à purin, ou sur les immondices ramassés soigneusement, s'ils n'ont ni vache, ni chèvre, ni même de lapins, dont une immense quantité est envoyée en Angleterre.

Le pays de Waes, où la culture est assurément la mieux entendue que je connaisse, et on peut ajouter la plus productive à égale quantité d'étendue, n'était primitivement formée que d'un pauvre sable fin, comme celui de la plus grande partie de la Campine.

Un des maux du pays flamand et de la partie du pays

wallon qui l'avoisine, ainsi que du Limbourg, est d'être
trop peuplé, tandis que la Campine et les Ardennes ne
le sont pas assez. La plus grande partie du centre de la
France manque aussi de population; il y reste de
grandes étendues de bruyères en bon fonds, ou au moins
beaucoup de terres en friche, qui ne demandent que des
bras actifs et intelligents pour devenir très-productives,
à condition aussi, que les capitaux y seront suffisants
pour les cultures qu'on y entreprendra. Les propriétaires qui voudraient tirer un bon parti de leurs terres,
trop étendues en égard à la population qui s'y trouve,
devraient, s'ils manquent de bras pour des travaux de
culture améliorante, devraient, dis-je, construire des
chaumières à chacune desquelles ils attacheraient un
demi-hectare. Deux chaumières, au moins, devraient
être placées près l'une de l'autre; on irait alors dans les
parties de la Belgique ci-dessus mentionnées, où les
journaliers ne gagnent pas plus de 1 fr. 25 à 1 fr. 50 c.;
on s'y adresserait à des notaires intelligents (1) et à des
curés de grandes communes, dans les pays de culture;
on les prierait même, en leur écrivant d'avance, de vouloir bien indiquer des familles honnêtes et actives, nombreuses en bras, pouvant travailler; on offrirait à ces
familles de bien les loger; de leur louer, avec la maison, cinquante ares de terre, le tout pour le prix de 50
à 100 fr., suivant la qualité de la terre, et on leur assu-
rerait au moins deux cent cinquante journées par an,
au prix de 1 fr. 50 à 2 fr. suivant la saison.

Si ces propriétaires avaient des fermes ou métairies
de plus de cinquante ou soixante hectares d'étendue,

(1) Voici les noms et adresses d'honorables notaires, qui ont déjà
rendu de pareils services à des personnes de ma connaissance :
M. Serruys, notaire à Ostende ; M. Ewards, notaire à Ghistell, près
d'Ostende ; M. F. Vander Staepele, notaire à Berchem, Flandre
orientale (Belgique).

ou des bruyères, ou enfin de mauvais bois en assez bon fonds de terre, ils feraient bien de dédoubler leurs métairies, en n'y attachant que vingt-cinq ou au plus quarante hectares, et de construire sur les terres détachées des anciennes fermes ou métairies, ou sur trente hectares de défrichements à faire, de nouvelles métairies, composées d'une maison et d'une grange, celle-ci contenant, à droite et à gauche de la batterie, une étable et une bergerie, le tout en pisé, et les couvertures en paille de seigle, qu'ils auraient obtenue sur un défrichement fait un an d'avance, au moyen de cinq hectolitres de noir animal, ou mieux vaut, de six cents kilos de phosphate natif de chaux pulvérisé, par hectare, qu'on obtient maintenant à Paris, à 5 fr. les cent kilos; la paille du seigle servirait à couvrir les bâtiments, et le grain fournirait le pain des futurs habitants. Un hectare serait écobué, défoncé à la charrue entre les lignes des tas brûlés; avant de répandre sur le labour les cendres, cet hectare produirait des pommes de terre, des topinambours, des navets et des choux, destinés à la nourriture des gens et de leurs vaches et cochons. Quelques autres hectares seraient semés en avoine d'hiver, dont la paille hachée fournirait la nourriture de quatre bœufs et deux vaches, après avoir été arrosée d'eau bouillante, contenant au moins deux kilos de tourteaux de colza par tête. Tout cela étant fait, on ferait venir les nouveaux métayers qui, arrangés ainsi, ne seraient pas trop mal pour leur premier hiver.

Maintenant, pour se procurer ces gens et les bien choisir, il faudrait que le propriétaire se rendît en Belgique un an d'avance, et qu'il se mît en communication avec des notaires, des curés, pour être aidé dans sa recherche, de familles honnêtes de petits cultivateurs, ayant des enfants en âge de travailler, et occupant de petites fermes, de six à huit hectares, souvent en mauvaises terres, dont ils payent ordinairement de 40 à

60 fr. l'hectare, et quelquefois bien plus. De telles gens
seraient établis comme métayers.

On leur fournirait tout le bétail, à mesure qu'ils auraient de quoi le bien nourrir; puis les instruments de
culture qu'ils n'auraient pas, sans oublier un cochon
bon à tuer à leur arrivée; enfin, tout ce qui leur serait
nécessaire pour vivre, en attendant leur première récolte. De telles gens, ainsi arrangés, feraient une bonne
culture et deviendraient bientôt à leur aise, en partageant
avec le propriétaire leurs belles récoltes et le croît du
bétail, surtout si le propriétaire, connaissant bien ses
intérêts, voulait suivre l'excellent exemple que nous a
donné M. Liazard, qui a remporté, en 1859, la prime
d'honneur, à Nantes.

Dans sa terre de trois cent quarante hectares, dont
soixante sont en bois, M. Liazard a sept métayers, cultivant chacun vingt-cinq hectares de terres naturellement fort médiocres; ils ont, en outre, cinq hectares de
prés. Le produit net des huit métairies, celle cultivée
par le propriétaire comprise, dépasse annuellement
20,000 fr., tandis que lorsqu'il a acheté, il y a dix ans,
la terre de Treguelle, située dans la commune de Gué-
méné-Pen-Fao, à cinq lieues de Grand-Jouan, et à
même distance de Redon, elle ne produisait, année
moyenne, guère plus de mille écus, au dire du vendeur,
M. de Jousselin.

Le secret de M. Liazard, pour sextupler ce revenu
ainsi que celui de ses métayers, a consisté à ne prendre
dans le principe que des familles de cultivateurs, forts
en bras, et du reste ne possédant que leur petit mobilier. Leur manque de ressources les a fait consentir à
toutes ses volontés; faute de le faire, ils savaient qu'on
les renverrait à la Saint-Martin de chaque année, à condition d'être prévenus six mois d'avance, C'était, dans
le début, le moyen d'obtenir entière obéissance; mais,
pour arriver à avoir leur entière confiance, il faut leur

faire faire de belles récoltes, et pour atteindre ce but,
M. Liazard leur fournit assez d'engrais pulvérulents,
pour compléter, ajoutés à leur fumier, l'assurance d'a-
voir des récoltes aussi abondantes que la température
de l'année le permet. M. Liazard achète pour ses métayers du noir animal, ou phosphate de chaux natif,
qui coûte moitié moins, mais qui ne convient qu'aux
terres récemment défrichées ; des cendres, lessivées ou
non, des poudres d'os, de la suie, des balayures de filatures de laine, ou des chiffons de drap, des têtes de sar-
dines, car il n'est pas loin de la mer, et principalement
du guano du Pérou, car c'est encore l'engrais le plus
puissant et le moins pesant ; et c'est en faisant une
avance d'environ 2,000 fr. par métairie, qu'il est arrivé
à s'enrichir en même temps que ses métayers. Peu
d'années après leur arrivée, la moitié de leur nombreux
bétail est devenu leur propriété ; ils ont remboursé
les avances qui leur avaient été faites, et ils sont fort bien
meublés.

Il serait plus agréable, assurément, si la chose était
possible, d'aller chercher en Belgique ou sur les bords
du Rhin, de bons et riches cultivateurs, pour leur louer
en argent ses fermes, au lieu d'avoir l'embarras du métayage ; mais les fermiers riches ou fort à l'aise, ne se
décident que bien rarement à changer de pays et d'habitudes ; et si quelques-uns étaient disposés à le faire,
je ne leur conseillerais pas de prendre une ferme, mais,
au contraire, de devenir propriétaires en achetant de
cinquante à cent hectares de bonnes bruyères, comme
il y en a encore tant dans l'intérieur de la France, et qu'on
peut acquérir avec 150 ou 200 fr. l'hectare, dans les lieux
où il existe de la marne ou de la bonne pierre calcaire, si
essentielles pour l'amélioration de la terre et de ses produits. Ces braves gens pourraient peut-être obtenir de ne
payer que la moitié du prix d'acquisition, en payant
4 ou 5 0/0 d'intérêt pour le reste ; cela leur conserverait

plus de ressources pour faire leurs constructions et leurs
défrichements. Ce qu'il faut surtout éviter en pareil
cas, c'est d'acheter trop de bruyères ou terres, et de faire
trop de constructions, afin de ne pas trop diminuer le
capital et de n'avoir plus alors la possibilité de tirer un
bon parti de la propriété. C'est malheureusement l'inconvénient dans lequel tombent la plupart des personnes, qui viennent acheter ou louer dans les pays où
les terres sont à bas prix.

Arrivé à Anvers, j'ai visité ce magnifique port qui
était encombré de bâtiments de commerce ; parmi les
plus grands j'en ai remarqué deux qui ne contenaient
que du guano du Pérou. On sortait de l'un des deux,
les sacs tout ficelés, qu'on entassait à une grande hauteur dans un grand magasin appartenant à la maison
Tancaerts, qui est chargée par le gouvernement péruvien ou par la maison anglaise Gibs et compagnie, du
débit du guano. L'autre bâtiment déchargeait aussi,
mais sortait cet inappréciable engrais dans des sacs non
fermés, qu'on posait debout dans des camions ; cela m'a
fait penser que la maison à laquelle ils étaient destinés
allait faire peut-être des mélanges frauduleux, comme
ce n'est malheureusement que trop fréquent.

J'ai vu charger sur le bâtiment à vapeur qui allait
partir pour Londres, une énorme quantité de grands
paniers contenant des fruits et des cerneaux. Les quais
étaient couverts de monde et de marchandises.

J'ai visité le jardin zoologique d'Anvers qui est fort
beau et fort grand. Ce que j'ai vu de plus remarquable,
c'était la carcasse d'une baleine exposée sous un hangar ; elle avait une longueur pareille à celle d'un bâtiment à deux mâts, de grandeur ordinaire.

M'étant rendu le lendemain à Rotterdam par chemin
de fer, j'ai vu des prés bien verts, de belles avoines et
de beaux sarrasins, en traversant la Campine. On a
ajouté un nouveau quartier très-bien bâti à Rotterdam,

ville déjà fort belle. On vient aussi d'y établir un muséum d'histoire naturelle et un grand jardin zoologique, qui contient une immense quantité d'animaux et de plantes rares.

Je suis allé coucher à Harlem, et j'ai parcouru le lendemain, pendant plusieurs heures, le lac desséché près de cette ville. Sur ce lac on voit déjà un très-grand nombre de fermes nouvellement construites, mais dont les champs sont encore loin d'être très-productifs ; il paraît que les terres y sont encore trop salées. J'ai cependant aperçu quelques belles récoltes de froment et d'avoine. Le lac est traversé par de nombreux canaux en partie navigables. Ils sont tous bordés de routes ou de chemins qu'on est en train de rendre viables. J'ai traversé un village assez bien construit ; il s'y trouvait une église qu'on m'a dit être la seule qui existât dans le lac desséché. J'ai aperçu près d'une ferme une assez grande culture de garance qui avait bonne mine. Ce qui manque le plus dans cette grande étendue de terre enlevée à l'eau salée, ce sont les arbres. Je n'ai vu nulle part des plantations d'arbres le long des canaux ou des routes. Il est probable que cela tient à ce que la terre est encore trop pleine de sel. Les pâturages ne sont pas beaux non plus ; on y voit cependant de belles vaches hollandaises et de gros moutons.

Je me suis rendu en Allemagne par Utrecht et Arnheim. J'ai couché à Emmerich, sur les bords du Rhin, que j'ai traversé le lendemain matin pour aller à Clèves. Là, j'ai pris un cabriolet pour aller visiter M. Func, qui habite et cultive dans la commune de Pfalzdorf. Je l'avais déjà visité en 1853 et en 1856. Il m'a répété ce qu'il m'avait déjà dit dans mes précédentes visites, qu'il avait essayé, en 1843, le guano dont un Anglais lui avait vanté les qualités fertilisantes. Il s'en trouvait très-satisfait et en avait fait venir depuis lors tous les ans. Il ajoutait que ses remarquables récoltes avaient attiré l'attention de ses voisins, qui le prièrent de leur faire venir aussi du guano; mais comme les habitants des quatre communes composant une population d'environ 4,000 âmes, étaient pauvres, ils ne purent le rembourser qu'avec l'argent provenant des récoltes venues avec le guano, argent qu'il fut obligé de leur avancer. Ils ont fini par en acheter une énorme quantité, et ont obtenu de si belles récoltes, que maintenant ils en achètent annuellement pour près de 600,000 fr., qu'ils paient comptant. M. Func m'a dit qu'il a voulu s'assurer, par sa propre expérience, si le guano, à la longue, tout en donnant de belles récoltes, n'épuiserait pas la terre ; à cet effet, depuis l'automne 1843, il a cultivé un champ en ne lui donnant jamais d'autre engrais que du guano, mais en quantité suffisante, et il n'a cessé depuis lors d'y obtenir de belles récoltes.

M. Func a de même été le premier importateur du drainage dans ce pays. Il m'a dit qu'ayant employé cette année des piqueteurs étrangers pour couper ses froments qui étaient peu hauts et clairs, il avait demandé à ces gens lequel de deux champs dont l'un avait été drainé et l'autre ne l'avait pas été, donnerait plus de grain. Ils lui désignèrent celui qui avait été drainé, et cependant ils ne savaient pas cette particularité. Il disait qu'il était remarquable que le drainage eût été encore si utile après deux années aussi sèches.

J'ai parcouru ensuite une des quatre communes en question. Elles sont composées presque toutes de fermes éparses. Chaque ferme est entourée d'un herbage clos de haies tondues et bien entretenues, ainsi que le jardin et le verger. Les plus anciennes fermes ne se composent que d'un seul grand bâtiment et d'une chambre à four séparée; celles qui ont été construites plus récemment, ont plusieurs bâtiments; elles ont toutes leurs portes et volets, ainsi que les barrières, peints à l'huile. Les champs m'ont tous paru bien cultivés. Les avoines et sarrasins étaient très-beaux; on les coupait, quoiqu'ils ne parussent pas mûrs. On formait avec l'avoine des douzaines de petites gerbes. Les sarrasins sont mis en ronds pointus, liés par la tête et posés debout.

Toutes les fermes cultivent une assez grande parcelle en tabac, et je n'en ai pas vu de plus beaux; les feuilles en étaient énormes. Ces parcelles sont divisées et entourées par de grands haricots grimpants après de longues rames. Ils sont destinés à empêcher les grands vents d'endommager les feuilles de tabac, comme je l'ai vu faire souvent du côte d'Arnheim en Hollande.

J'ai vu de belles secondes coupes de trèfles; la première coupe a été si mauvaise, que le foin coûte maintenant 150 fr. les mille kilos. Ces braves gens se sont mis, d'après le conseil de M. Func, à cultiver le ray-grass d'Italie. J'ai vu avec plaisir une immense quantité de navets d'Eteules, mais on ne les éclaircit ni ne les sarcle, comme cela a lieu dans les Flandres.

Tout le monde dans cette contrée moissonne à la sape ou pique, au lieu d'employer la faux qui fait plus d'ouvrage, mais qui le fait moins bien. Il n'y existe encore que peu de machines à battre. On ne fait pas encore ici ce que font les bons cultivateurs anglais, qui en fumant davantage et en soignant plus leurs cultures, cherchent à obtenir un plus grand nombre d'hectolitres de froment par hectare, lorsque son prix est bas, afin d'arriver ainsi à une somme équivalente à celle produite par une moindre quantité d'hectares. M. Func m'a dit que lorsque le froment est bon marché, ses voisins prenaient moins de guano.

Je me suis rendu de là à Goch, et à deux kilomètres plus loin, chez M. Van den Bosch, que j'avais déjà visité en 1853 et 1856. Il a une culture très-soignée, mais la sécheresse l'a si maltraité, qu'il est obligé de nourrir son nombreux gros bétail avec de la paille hachée, qu'il fait arroser avec de l'eau bouillante contenant en dissolution de quatre à cinq kilos de tourteaux de colza, et de farines de seigle et d'orge par tête. Son étable se compose de vaches hollandaises, de vaches du Birken-feld et d'autres du Westerwald. Il les a croisées depuis deux ans avec un gros taureau angus, dont tous les veaux, qui sont très-beaux, sont sans cornes. Ils ont pris la couleur noire de leur père. Il donne à ses brebis mérinos des béliers cotswold. Je n'ai pas vu les agneaux provenant de ce croisement. Il m'a fait voir deux beaux poulains provenant d'un étalon percheron. Un de ses parents qui cultive en Angleterre, vient de lui envoyer un verrat et une truie newleicester bien choisis.

Il sème un mélange de ray-grass d'Italie et de timothy qui lui a réussi à merveille. Il a essayé du sorgho, mais je ne l'ai pas vu.

M. Van den Bosch est toujours content de l'emploi de l'huile de spic, espèce de grande lavande, pour empêcher les altises de détruire ses crucifères au moment où elles lèvent. On prend dans la main une poignée de graine ; on y verse quelques gouttes de cette huile qui se trouve chez tous les pharmaciens, et qui n'est pas chère, puis on frotte entre les deux mains la semence jusqu'à ce qu'elle soit luisante ; cela suffit pour éloigner les altises.

Je suis arrivé le 25, vers midi, chez M. de Rath, au château de Lauersfort. C'est à deux lieues de Crefeld, ville de 45 mille âmes, qui n'est occupée que de fabrication de soieries. Cette industrie y fut apportée par une colonie de Memnonites hollandais ; Frédéric-le-Grand les y attira, en leur accordant plusieurs privi-léges, entr'autres celui d'être exemptés du service mi-litaire, privilége qu'ils ont perdu lorsque ce pays s'est trouvé réuni à l'Empire français.

M. de Rath étant invité à dîner avec sa famille chez le père de sa première femme, un des plus grands fabri-cants de soierie et descendant des anciens Memnonites, m'y conduisit ; on m'y reçut de la manière la plus aimable. Cette famille très-nombreuse habite un grand et bel hôtel ; tout le monde y parlait français ; ce dîner chez le chef de famille a lieu tous les mercredis.

La ville de Crefeld a des rues larges et bien bâties ; j'y ai vu de beaux hôtels.

La terre de Lauersfort contient 450 hectares ; M. de Rath en fait valoir 132 ; il ne s'y trouve que 25 hectares de prés.

M. de Rath et son père ont construit 17 locatures, dont les habitants jouissent d'un hectare de terre, et payent 120 fr. de loyer. Les terres de ce pays, quoique légères et à sous-sol faiblement perméable, se vendent 3,000 fr. l'hectare.

Voici l'emblave de cette année de la ferme de M. de Rath : douze hectares en pommes de terre pour la distillerie, douze hectares en betteraves pour faire du raisiné, qui s'expédie en Angleterre, trois hectares cinquante ares en colza semé en lignes, vingt-six hectares en froment, six hectares en seigle, vingt-trois hectares en avoine, sept hectares et demi en orge, onze hectares en trèfle rouge, dix-huit hectares en luzerne, trèfle blanc et ray-grass d'Italie, etc., un hectare en pois, un hectare en lupins jaunes pour essai, un demi hectare en carottes, en jachères douze hectares, et autant en récoltes dérobées, comme trèfle incarnat ou seigle fourrage, après lesquels on repique des betteraves, on plante des pommes de terre, et on sème des navets d'Eteule.

Il sème vingt kilos de ray-grass d'Italie avec ses trèfles rouges ou blancs, il le paie 1 fr. le kilo et l'achète d'une compagnie qui s'est formée à Bonn. Cette compagnie s'est engagée vis-à-vis de la Société centrale d'agriculture des provinces rhénanes de la Prusse, dont le siége est à Bonn, à fournir de bonnes graines et des engrais purs de tout mélange et de bonne qualité ; faute de quoi, elle aurait à payer de fortes amendes. La Société centrale fournit aussi aux cultivateurs qui en désirent, les instruments de culture anglais et autres, au prix de revient.

M. de Rath est président de la Société d'Agriculture de Crefeld.

Il emploie trente mille kilos de fumier comme fumure complète. Il a récolté l'année dernière trente-un hecto-litres et cinquante litres de froment, en moyenne ; il ne compte, cette année, d'après ce qu'il a déjà battu, que sur moitié, tant la sécheresse a été nuisible. Les avoines et orges ne sont pas abondantes non plus ; les fourrages sont si rares qu'il s'est vu forcé de vendre quinze vaches sur trente qu'il tient ordinairement ; il les a cédées à des bouchers et leur a livré celles qui étaient en état d'être abattues. Le charbon de terre qui vient des bords de la Roure, rivière de l'autre côté du Rhin, se paye 1 fr. 50 les cent kilos. Les laboureurs nourris et logés, ne gagnent pour l'année, que 188 fr. ; les servantes ont 113 fr., les journaliers gagnent 12 cent. 1/2 par heure de travail ; dix heures effectives leur donnent 1 fr. 25 ; les femmes reçoivent en été 7 et en hiver 5 centimes par heure de travail.

M. de Rath a le semoir et la houe à cheval de Garrett. Ses colzas qui sont bien levés sont en lignes espacées de 0 m. 50 ; ses froments semés aussi en lignes sont à 0 m. 17. Il a un bon scarificateur. Il a un taureau suisse pour ses vaches hollandaises ; ce croisement donne des veaux très-volumineux qui sont destinés à la boucherie, attendu qu'il n'élève pas.

M. de Rath est le plus grand propriétaire de la petite principauté, dont la ville de Meurs était le chef-lieu. Cette principauté a été réunie à la Prusse ; sa population est de cinquante mille âmes ; ce petit pays est possédé en grande partie par des paysans, qui paraissent être à l'aise, et sont fort bien logés ; ils sont propriétaires de six et jusqu'à vingt hectares ; les journaliers ont au moins un hectare. Presque tous ces petits propriétaires fabriquent du raisiné de betteraves qui se vend de 60 à 80 fr. les cent kilos ; ils s'en trouvent si bien, qu'ils payent les betteraves à sucre jusqu'à 40 fr. les mille kilos. Il ne faut pour cette fabrication qu'une chaudière en cuivre et une presse.

M. de Rath m'a conduit chez un de ces propriétaires cultivateurs ; sa ferme contient vingt-deux hectares ; elle est très-bien et grandement bâtie. Il a trois bons chevaux, une douzaine de bêtes à cornes de race hollandaise, et des cochons croisés berkshire. Il achète annuellement pour 200 thalers ou 750 fr. de guano ; il a une machine à battre pour deux chevaux qui a coûté 1,000 fr.

M. de Rath a une machine à vapeur de la force de huit chevaux, qui dessert sa machine à battre, son hache-paille, un moulin à trois paires de meules, et un concasseur de tourteaux ; la vapeur perdue sert à la cuisson des pommes de terre qu'on distille.

M. de Rath, son père, et quelques membres de leur famille, ont formé une petite société, qui a acheté la belle terre de Kobositz, en Silésie ; elle contient onze cents hectares d'excellentes terres, dont plus de moitié est semée chaque année en betteraves à sucre ; le reste est en froment d'automne ou de printemps ; ils y ont construit une sucrerie. Ces messieurs ont chargé un M. Leidenfrost, habitant de l'Autriche, de la direction de cette sucrerie et de la culture ; c'est la septième sucrerie qu'il dirige, et sur lesquelles il gagne, assure-t-on, par an, une cinquantaine de mille thalers ou 187,500 fr. Son principal mérite est de savoir produire de très-fortes récoltes de betteraves ; il fume pour cela avec trois mille kilos de tourteaux de colza, qui dans ces pays ne reviennent qu'à 300 fr. ; à 14 fr., prix assez habituel des cent kilos en France, cette fumure reviendrait à 420 fr. plus le port.

On ne tient à Kobositz que des bœufs hongrois,

comme cela a lieu dans la sucrerie de Jacowitz près de
Prague. J'ai visité cette remarquable fabrique de sucre
en 1856, et c'est une de celles que M. Leidenfrost
dirige. Il fait mettre quatre grands bœufs hongrois à
ses charrues, afin de labourer très-profondément : ils
travaillent matin et soir. Ces bœufs ont coûté l'année
dernière 750 fr. la paire; on ne leur donne pour toute
nourriture que trente kilos de pulpe et huit kilos de
paille hachée par tête; on en avait en à Jacowitz quatre
cents depuis septembre jusqu'à la fin de novembre, et
seulement deux à trois cents pendant le reste de l'année;
on les vend lorsqu'on n'en a plus besoin, en essuyant
un perte de 40 fr. par tête : ce sont des bouchers qui les
achètent pour les tuer en sortant de la charrue.

M. de Rath assistait comme moi en 1856 au congrès
des agriculteurs allemands à Prague, et a aussi visité la
sucrerie de Jacowitz, dont la culture s'étend sur 1,050
hectares de bonnes terres argilo-calcaires de couleur
noire; il m'a dit, que M. Leidenfrost recevait 25 cent.
pour chaque cent kilos de betteraves produites dans ses
7 sucreries; il avait en 1856 à Jacowitz, six cent cinquante hectares en betteraves, qui ont produit cinq cent
mille quintaux autrichiens, de trente-neuf kilos, par
hectare, dans une année aussi très-sèche.

M. de Rath nous a conduits sur les bords du Rhin,
pour y voir exécuter le passage de ce grand fleuve par
de l'artillerie appuyée d'une escorte de hussards; les
pièces étaient attelées de 6 à 8 jolis chevaux, mais qui
ne me paraissaient pas faits pour supporter la fatigue;
le gouvernement prussien les paie de 4 à 700 fr. Ce
passage du Rhin opéré sur des radeaux, avait attiré une
foule considérable de paysans et de paysannes des environs. J'ai pu voir ainsi une très-belle race d'hommes et
de femmes; les femmes sont grandes et fortes, et beaucoup d'entre elles ont de jolies figures.

Depuis Rurort, où j'ai traversé le Rhin dans un gros

bateau à vapeur, jusqu'à Brunswick, jolie ville située à 220 lieues de Paris, le voyage ne m'a rien laissé apercevoir d'intéressant en fait d'agriculture, excepté un endroit où de pauvres paysans cultivent avec le plus grand soin, le plus mauvais sable blanc qu'on puisse voir ; je n'ai vu là qu'un seul champ de lupins à fleurs jaunes, plante qu'on dirait faite exprès pour ces misérables sables ; je n'ai rencontré de terres annonçant de la fertilité qu'auprès de la ville de Minden. Je venais à Brunswick assister au congrès des agriculteurs allemands. Je n'ai plus aperçu beaucoup de bruyères dans le Hanôvre, où j'en avais tant vu quelques années auparavant. En me rapprochant de Brunswick, j'ai trouvé de nombreux champs de chicorée et de belles betteraves.

Je suis allé de suite en arrivant, assister à un essai de moissonneuses. M. Garrett avait apporté de Londres, avec ses autres nombreux instruments, la moissonneuse de Mac-Cormick, améliorée par Burgess et Key. Comme il pleuvait, les machines ont mal fonctionné. J'ai rencontré à cet essai de machines, MM. Rimpau, dont j'avais fait la connaissance à Prague. J'avais visité les deux grandes cultures de l'aîné de ces messieurs ; le second devait m'emmener chez lui après le congrès. Ces messieurs me firent faire la connaissance de M. de Nathuzius, que je n'avais pas rencontré chez lui, quand je fus le voir, en 1856. Je revins dîner à mon hôtel, où il y avait tous les jours une très-belle table bien garnie de monde ; mon voisin, à table, qui faisait partie du jury des machines, m'a dit qu'il était à sa connaissance qu'il avait été importé, depuis deux ans, dans cette partie de l'Allemagne, plus de quarante semoirs avec leurs houes à cheval, d'invention et de fabrication de la maison de Garrett ; cependant, le droit d'importation monte à 45 fr. les cent kilos, du poids des machines.

Je suis allé le lendemain de bonne heure visiter la belle

place où l'on devait exposer les animaux, et où se trouvaient déjà la plupart des machines. Cinq grands hangars contenaient chacun l'emplacement de deux rangs de chevaux ou bêtes à cornes; un autre hangar devait loger deux rangs de parcs à moutons, et un autre avait un rang de toits à cochons. Il y avait ensuite quatre grandes tentes garnies d'instruments et de machines agricoles, parmi lesquelles il s'en trouvait un grand nombre d'anglaises, amenées ou envoyées par MM. Ransomes, Garrett, Colman, Smith et Ashby, Chandler et Richmond et autres.

C'est la maison Garrett, de Saxmundham, comté de Suffolk, qui avait amené le plus d'instruments anglais ; il y avait de cette maison une grande machine à battre et sa locomotive. Cette machine rend le grain parfaitement propre et bon pour semence ; puis son grand semoir à douze lignes de froment, et sa houe à cheval, qui sarcle les douze lignes d'un coup. Il y avait aussi un semoir à engrais liquides, et par poquets, pour racines, avec sa houe à cheval ; ce semoir est très-estimé en Angleterre, et l'on assure que le produit des racines semées avec son aide, est au moins de moitié plus considérable que celui de celles qui sont semées avec un semoir à engrais pulvérulents ; le même engrais est supposé avoir été employé dans les deux cas. Je ne connais encore en France qu'un seul semoir à engrais liquide ; il se trouve chez M. Manuel, à l'Orfrasière, près Tours ; mais il n'avait pas encore été employé avec de l'engrais liquide, lorsque je l'ai vu.

M. Garrett avait exposé trois excellentes charrues de divers modèles, marchant sans avant-train ; deux, en se suivant dans la même raie, peuvent ramener de 0ᵐ.50 de profondeur le sous-sol à la surface. Il avait un bon scarificateur, un tarare, un concasseur de tourteaux, qui peut aussi les pulvériser, deux hache-paille ; enfin, la moissonneuse Burgess et Key que j'ai déjà citée.

J'ai aperçu plusieurs charrues de Grignon et des charrues américaines, exposées par divers fabricants ; il s'y trouvait une charrue mal imitée des brabants, d'Odawy. Quant aux charrues allemandes, elles étaient presque toutes mauvaises, à part celle de Hohenheim, celle de M. Rimpau de Schlansted, et celle de M. de Nathuzius, qui toutes trois sont très-bonnes. Je n'ai vu qu'un petit rouleau Croskyll ; il paraît que cet excellent instrument est encore fort rare en Allemagne. La fabrique de Blumenthal, près de la ville de Darmstadt, avait un grand nombre d'instruments, parmi lesquels j'ai remarqué une excellente petite charrue.

Le docteur Schneitler, de Berlin, et son associé André, fabricants d'instruments, avaient exposé beaucoup d'instruments, entr'autres une moissonneuse Burgess et Key, à laquelle il disait avoir apporté cinq améliorations différentes ; il la vendait 1,469 fr. M. Pintus, autre fabricant de machines agricoles, avait aussi une nombreuse exposition, de même qu'un autre fabricant de Berlin, M. Ekert ; enfin, le docteur Ham, de Leipzig, en avait une des plus nombreuses, parmi laquelle se trouvait encore une moissonneuse Burgess, fabriquée par lui, et une moissonneuse Atkinson ; mais celle-ci n'avait pas été essayée. M. Colman, venu pour la première fois en Allemagne, avait vendu trois sur quatre de ses très-bons scarificateurs ; le plus grand lui était resté jusqu'alors. M. Smith, aussi fabricant bien connu en Angleterre, qui exposait des semoirs, n'en avait pas vendu, lorsque j'ai causé avec lui à la fin de l'exposition.

J'ai rencontré MM. Mikoletzki et Seidel : le premier est directeur de la culture des dix fermes attachées à la sucrerie de Dux, près de Téplitz, en Bohême ; c'est le comte de Coudenhove, d'une famille lorraine, qui en est l'excellent administrateur. Il administre encore une autre sucrerie dont j'ai oublié le nom, et dont la culture

est dirigée par M. Seidel, régisseur de la grande terre
de la comtesse Bouquevoy. Cette terre fournit les betteraves de la seconde sucrerie. Ces messieurs m'ont dit
qu'ils avaient adopté tous deux la charrue Schwerz, de
Hohenheim ; ils m'ont dit que l'extrème sécheresse avait
bien diminué leurs récoltes de céréales et de fourrages,
mais que leurs très-grandes cultures de betteraves promettaient une bonne récolte.

Un des membres du congrès qui habite les bords de
la mer, dans le duché d'Oldenbourg, où se trouvent des
herbages tellement fertiles, que les très-grandes brebis
qu'on y nourrit, donnent habituellement des portées de
trois, assez souvent quatre, et même quelquefois cinq
agneaux à la fois (cela a lieu aussi dans le Holstein, du
côté de Stetin), nous disait que cette année la sécheresse est si intense, qu'elle a amené le prix du foin à
93 fr. les mille kilos ; il ajoutait qu'un bâtiment était
venu d'Amérique chargé de foin, comprimé au moyen
de presses hydrauliques ; mais il est probable que sa
spéculation n'aura pas été profitable, car il voulait vendre son foin 150 fr. les mille kilos.

J'ai trouvé M. de Nathuzius occupé du beau et nombreux bétail qu'il avait exposé. Il m'a fait voir d'abord
un fort beau taureau durham, que M. Crisp, célèbre
fermier à Bushy-Abbey en Suffolk, lui a vendu, après
avoir remporté un prix à l'exposition de 1855, à Paris ;
ensuite, un taureau durham élevé chez lui, deux vaches
de même race, un bœuf croisé venu d'un taureau demi-
sang durham, avec une petite vache du pays. Ce jeune
bœuf, âgé de trois ans, pèse huit cent quatre-vingt-dix
livres prussiennes. Il m'a fait voir deux béliers et trois
brebis cotswold ; deux béliers southdown avec trois
brebis venues de chez Jonas Webb ; un bélier dishley ;
trois moutons énormes âgés de vingt-sept mois et fort
gras : l'un provenant d'un bélier dishley, l'autre d'un
southdown, avec de très-petites brebis mérinos, le

troisième mouton, produit d'un bélier dishley, aussi
avec une petite brebis mérinos, étaient très-gros, mais
j'ai oublié leurs poids ; deux moutons antenais gras,
âgés de seize mois et dix-sept jours : le plus lourd provenait d'un southdown et pesait quatre-vingt-un kilos;
celui qui venait d'un dishley pesait soixante-treize kilos ; leurs mères étaient aussi de petites brebis mérinos.
On est étonné que de si petites brebis puissent faire
d'aussi gros et d'aussi lourds moutons. Il avait encore
exposé un bélier de la sous-race connue depuis vingt
ans en Angleterre, sous le nom d'Oxfordshire perfectionnée. Cette race provient du croisement de béliers
cotswold avec brebis hampshire. Cette belle et forte
sous-race est très-estimée dans les environs d'Oxford.

M. de Nathuzius exposait encore des verrats et des
truies, d'espèces newleicester, essex, suffolk, enfin de
la très-grande espèce du comté d'York ; un gros verrat
et une truie énorme de cette dernière race, lui étaient
arrivés la veille de Northallerton, où il les avait payés
1,500 fr. Le verrat avait gagné le premier prix au concours de la grande société de Yorkshire. Il m'a dit qu'il
avait grand soin de prévenir les acheteurs, que cette
énorme race leur donnerait beaucoup plus de viande,
mais qu'elle leur coûterait bien plus chère la livre, que
celle des races moyennes. Cela n'empêche pas qu'on lui
en demande beaucoup ; on les lui paye 220 fr. le couple,
à l'âge de deux à trois mois. Il est fâcheux que tous ces
beaux animaux n'aient pas été exposés les uns à côté
des autres ; ils eussent fait à eux seuls une exposition
méritant d'être étudiée et admirée.

Je n'ai rien vu dans le reste de l'exposition de bien
digne de remarque en fait d'animaux ; il y avait de jolies
vaches des pays montueux, une grande race blonde venant de plaines fertiles, et de belles vaches hollandaises;
il y avait aussi de jolis chevaux de luxe, mais rien de
bien en fait de chevaux de gros trait. L'Allemagne est,

sous ce rapport, bien en arrière de la France ; on y rencontre rarement de bons chevaux de gros trait ; jamais rien n'approche en mérite de nos percherons, de nos boulonnais, nos normands, nos poitevins, et enfin de nos bretons des environs de St-Pol de Léon. Mais aussi pour être juste, il faut avouer que nous avons bien des parties de notre pays, où la culture est plus arriérée que dans les parties de l'Allemagne les moins bien cultivées ; nous avons aussi beaucoup de chevaux qui sont inférieurs aux moins bons de ceux qu'on voit en Allemagne.

Je me suis réuni à la section qui s'occupait de l'amélioration des machines et instruments d'agriculture ; deux messieurs, dont l'un se nomme Ruhlman et est professeur d'agriculture à Hanovre, nous ont beaucoup parlé des instruments anglais et écossais. Ils ont visité ces deux pays, dont ils ont beaucoup admiré la culture, surtout celle des Ecossais. Ils ont cité la fabrique d'instruments de Sculer à Haddington, de laquelle je faisais venir mes charrues pour terres fortes et défrichements, il y a trente-six ans. Ils ont fait l'éloge des scarificateurs de Sculer, de Colman, de Hensman, de la belle exposition de Garrett, des semoirs de Smith, des moissonneuses, des batteuses, et ont enfin parlé de l'avenir du labourage à la vapeur. Ils ont regretté que les droits d'importation sur les instruments d'agriculture soient si exagérés, 12 thalers ou 45 fr. par cent kilos du poids des machines. Dans leur opinion c'est d'autant plus fâcheux, que malheureusement jusqu'à cette époque, la plupart des fabricants allemands qui se sont mis à copier les bons instruments anglais, les font mal, et les font payer plus cher ; aussi avant de lever la séance, on convint de prier le président du congrès en séance générale, de demander au gouvernement de vouloir bien abaisser les droits excessifs qui pèsent sur l'importation des instruments et machines agricoles en Allemagne.

On a beaucoup parlé en séance générale de la grande rareté des fourrages, suite de l'excessive sécheresse, et des moyens d'y suppléer, autant que possible. Beaucoup de membres et surtout des fabricants de sucre, recommandaient de ne rien perdre des feuilles de betteraves, chicorée, choux et autres plantes ayant beaucoup de feuilles ; ils conseillaient de les mettre en silos par couches de 0 m. 15 c. d'épaisseur, et de les piétiner fortement après y avoir ajouté du sel. On met au moins deux kilos de sel par mille kilos de feuilles. On continue ainsi à superposer les couches de feuilles en les salant ; puis arrivé à une certaine hauteur au-dessus du sol, on les couvre de terre qu'on bat bien ; on a soin de reboucher toutes les fissures, qui se forment par suite de la fermentation des feuilles dont la masse s'abaisse, enfin la couverture en terre doit toujours être bien fermée. Un fabricant de sucre de Silésie, nous a assuré que depuis cinq années qu'il conservait ainsi les feuilles et les collets des betteraves de plus de deux cents hectares, son bétail s'en trouvait tout aussi bien que s'il mangeait des betteraves. Il pourrait garantir ce fait, après un essai entre deux lots de moutons égalisés autant que possible ; un lot recevait des betteraves et du fourrage sec, et l'autre avait des feuilles conservées en silos depuis plusieurs mois et le même fourrage sec ; ce dernier lot avait autant gagné, après six semaines, que le premier lot.

Il a dit aussi, et ceci a été appuyé par plusieurs autres membres, qu'il fallait ajouter un ou deux kilos de mélasse de betteraves par tête de bêtes à cornes, à l'eau avec laquelle on arrosait la paille hachée. Cette paille doit être bien humectée et rester ainsi au moins 24 heures. Elle forme alors une excellente nourriture, même pour les moutons, qui doivent recevoir la dixième partie de la nourriture qu'on donne aux bêtes bovines. On a aussi conseillé la cuisson à grande eau des racines

et des farines de tourteaux ; on humecte avec cette eau
bouillante la paille hachée et on donne le mélange après
fermentation. On a dit encore que la paille de féveroles
et les tiges desséchées des topinambours ainsi traitées,
étaient fort bien mangées, la paille, ou pour bien dire
les tiges du maïs ayant mûri, sont employées ainsi en
Amérique. On a dit encore que les os bien pulvérisés
entraient avec avantage dans la nourriture des animaux,
des cochons et des volailles.

Un membre a lu un mémoire très-bien fait sur les
diverses genres d'irrigations ; ce mémoire sera inséré
dans le compte-rendu que chaque membre du congrès
recevra. Il nous a parlé de ses voyages en Angleterre
et dans différents autres pays. Il nous a cité un excellent
cultivateur M. Van Amersford, qui a construit dans le
lac desséché de Harlem, une belle ferme qui n'est pas
loin d'un endroit nommé Slooten. Elle se trouve placée
sur la route qui conduit du lac à Amsterdam. Ce
monsieur sème toutes ses céréales en lignes assez espacées pour être sarclées. Il ne se sert, comme c'est l'usage
dans toute l'Ecosse et dans une partie de l'Angleterre,
que de charrettes et de tombereaux à un cheval,
M. Van Amersford emploie les meilleurs instruments
d'agriculture anglais, et a de fort beau bétail. Je suis
désolé de n'avoir pas connu plus tôt cette adresse et la
suivante ; elle m'eût donné une meilleure idée de l'état
de la culture du lac de Harlem.

Ce monsieur m'a parlé aussi d'un M. Charbon, demeurant dans une ferme du lac, près de Salleinheim.
Là se trouve une des énormes pompes à vapeur qui ont
servi à épuiser le lac de Harlem ; il se disait très-bon
cultivateur et un des meilleurs éleveurs de bêtes à cornes
hollandaises. Ce voyageur a dit encore que les bons
éleveurs de Hollande font inoculer tous les veaux qu'ils
élèvent, vers l'âge de six mois. A cette époque ils s'a-
perçoivent peu de cette opération, c'est une garantie

pour les acheteurs, ils n'auront rien à craindre de la pleuropneumonie, maladie qui a fait éprouver de grandes pertes à bien des personnes ayant fait venir des vaches hollandaises. Ces animaux, introduits sans avoir été mis en quarantaine, ont souvent donné cette terrible maladie à leurs autres bêtes à cornes.

Un discours qui m'a bien étonné, ainsi que le plus grand nombre des membres du Congrès qui l'ont entendu, a été prononcé par un des conseillers du duc d'Oldenbourg, pays qui fournit à une grande partie de l'Allemagne des vaches laitières, descendant de la race hollandaise, mais moins grandes et pesant moins. Ce monsieur a cherché à persuader au Congrès, qu'il n'y avait qu'un moyen de détruire la maladie des bêtes à cornes connue sous le nom de pleuropneumonie exsudative. Ce moyen était d'abattre toutes les bêtes qui se trouvent dans une ferme où cette maladie a fait irruption. Non seulement il faut abattre les bêtes atteintes, mais aussi celles encore saines; il nous a dit que ce système avait été adopté par les deux gouvernements des duchés d'Oldenbourg et de Holstein, qui faisaient abattre toutes les bêtes en payant aux cultivateurs les deux tiers de la valeur des bêtes attaquées, et la totalité du prix des bêtes bien portantes; il nous cita à l'appui de son récit, que dans le duché d'Oldenbourg, on avait fait abattre dans une ferme quatorze bêtes malades et vingt-huit en bonne santé. Un des amis de ce monsieur qui habite le Holstein, nous a cité une ferme de son pays où il avait été abattu cent bêtes, parmi lesquelles quinze seulement étaient malades.

Ayant alors demandé la parole, je dis au Congrès tout ce que j'avais vu et appris dans mes voyages sur l'invention du docteur Willems de Hasselt. Ce docteur a rendu un service immense, en faisant connaître à tout le monde sans demander aucune indemnité, qu'on inocule les animaux non atteints au bout de la queue avec du pus pris dans la partie affectée du poumon, au moment où la maladie a atteint son second degré. On est assuré si l'opération est bien faite, que la bête ne prendra pas la pleuropneumonie, même en la logeant au milieu de bêtes malades. Ce fait a été prouvé par bien des expériences. J'ai ajouté que maintenant on savait mieux soigner les bêtes inoculées, et qu'on n'en perdait pas une sur cent. C'est à ce point que plusieurs vétérinaires de Hasselt, se chargeraient très-volontiers de payer la valeur des bêtes inoculées qui viendraient à périr par suite de cette opération, si on voulait leur donner 5 fr. par vache inoculée ; je puis assurer que la plus grande partie des distillateurs et sucriers Belges et Français, qui engraissent des centaines de bêtes bovines à la fois, ne manquent jamais de faire inoculer les bêtes qu'ils achètent, à moins que la chaleur de la température ne s'y oppose.

Plusieurs personnes ont encore parlé avec chaleur du grand mérite de la découverte du docteur Willems, qui vient enfin d'obtenir la croix de Belgique, après avoir reçu celle de Hollande.

On a parlé ensuite de la grande utilité de donner du sel aux animaux ; plusieurs membres ont cité les quantités qu'ils donnent à leurs bêtes : les uns donnent cinq cents grammes par semaine et par tête de grosse bête; d'autres, vingt grammes par jour. Un membre a dit qu'il se trouvait bien de donner 2/3 de sel et 1/3 de sel de Glauber à ses agneaux, et que cela leur réussissait à merveille. Par ce régime, il avait chez lui diminué énormément le tournis, qui n'était plus maintenant que de 2 pour 0/0. Un professeur de chimie de Brunswick, nous a fait voir du pain si mauvais, qu'on ne pouvait le manger; il provenait de farine de seigle germé ; il a alors montré du pain de seigle qui avait bonne mine et qui était bon ; et il nous dit que les deux pains avaient été faits avec la même farine, et par la même personne;

la seule différence dans la fabrication, provenait de ce qu'on avait ajouté du sel à l'eau du levain, dans la proportion d'une once et demie pour chaque trois livres de farine; il a ajouté que tous les gouvernements du Zolverein, à l'exception de deux, ont établi un impôt considérable sur le sel, mais qu'ils en vendent beaucoup au prix coûtant, pour la consommation du bétail, en exigeant qu'on le mélange avec de la farine de tourteaux, ou avec du charbon de bois pulvérisé.

Le professeur Muller, habitant de la ville de Brunswick, nous a dit que la plupart des prés qui ne reçoivent pas naturellement des inondations, ou bien ne sont pas susceptibles d'être irrigués, n'ont été laissés en prés que par suite de la nature de leur sous-sol trop imperméable; mais si on pouvait les drainer, et ensuite les défricher, ils rapporteraient infiniment plus de nourriture pour le bétail, dans un assolement de quatre ans, qui aurait une sole de racines et une en prairie artificielle. Les prés sécherons ne sont utiles que comme pâtures, à moins qu'on ne les fume souvent et abondamment, ce qui est difficile et cher; et enfin, le produit des deux récoltes de céréales qu'on aurait en plus, serait beaucoup plus considérable que les frais de culture que l'assolement occasionnerait. Son discours fut fort approuvé; j'ai vu souvent dans les journaux d'agriculture anglais, des articles qui donnaient le même conseil.

Beaucoup d'orateurs ont conseillé les semailles de céréales en lignes assez séparées, pour pouvoir les sarcler avec de bonnes houes à cheval, comme celle de Garrett; ils ont fait ressortir les grands avantages qui en résultent : ce sont la destruction des mauvaises herbes, et par suite pour les céréales, bien moins de disposition à verser; l'économie de la semence qui arrive à moitié et quelquefois à plus; enfin, l'augmentation du produit en grain et en paille.

M. le docteur Rouf, professeur à l'Ecole royale de

Hohenheim, en Wurtemberg, nous a dit que M. Walz, directeur de ce bel établissement, s'était trouvé très-bien de la culture du sorgho de la Chine comme plante fourragère ; il a publié un article dans la feuille hebdomadaire d'agriculture de Stuttgard, afin d'engager les cultivateurs à semer du sorgho de Chine pour fourrage ; il pense qu'il réussira bien partout où la vigne existe ; il dit aussi que dans les années ordinaires, il produit jusqu'à cent mille kilos du meilleur fourrage vert, soit pour les bêtes à l'engrais, soit pour les vaches laitières. On a beaucoup insisté sur les grands avantages des labours profonds ; on fait suivre la charrue ordinaire à laquelle on donne une bonne entrure, par celle à sous-sol ou charrue fouilleuse ; on augmente progressivement la profondeur de la charrue, de manière à ne pas ramener à la surface trop de sous-sol à la fois. On arrive cependant de suite à une grande profondeur, quand on a affaire à un sol d'alluvion, ou bien quand on veut et qu'on peut fournir à la terre des fumures extraordinairement fortes.

M. Rimpau l'aîné, fermier du roi de Prusse et fabricant de sucre à Schlanstedt, cultive aussi une terre considérable qu'il vient d'acheter du côté de Halberstadt ; il a parlé souvent et sur divers sujets, de manière à être bien applaudi par tout l'auditoire ; il nous a dit, à ce propos, que lorsqu'il avait loué, il y a une quinzaine d'années, la ferme royale, il s'y trouvait une grande étendue de terres qui était alors complètement improductives. Elles sont devenues bonnes, à la suite de nombreux labours par des charrues suivies de la fouilleuse ; plus tard, il remplaça la fouilleuse par une seconde charrue suivant la première dans la même raie : elle ramenait le sous-sol d'une profondeur de quinze à dix-huit pouces ; mais, disait-il, il faut que j'ajoute que je n'ai pas laissé mes terres manquer de fumier et de calcaire, et je n'ai pas non plus oublié le drainage quand il était nécessaire. Il a dit ensuite que cultivant près de deux cents hectares de betteraves à sucre, il avait pu apprendre combien les labours profonds leur sont utiles, pour ne pas dire nécessaires.

On a parlé après cela du drainage, dont les résultats ont été singulièrement avantageux à bien des personnes présentes.

On a beaucoup parlé dans l'assemblée générale de la réunion des parcelles de terres, de prés, ou de bois, qui est au moment de se terminer dans la vieille Prusse. Le gouvernement s'efforce en vain d'introduire ce genre d'amélioration dans la Prusse rhénane ; plusieurs membres du congrès, habitants de la vieille Prusse, se sont appliqués à faire ressortir les grands avantages qui résultent de ce qu'on appelle dans ce pays la consolidation ; mais comme aucun membre de la Prusse Rhénane n'a pris la parole pour répondre, la question en est restée là.

Beaucoup de membres du congrès à qui j'ai fait des questions sur la culture des lupins à fleurs jaunes, m'en ont fait le plus grand éloge ; plusieurs d'entr'eux m'ont dit, qu'ils en faisaient plus de cinquante hectares annuellement, qu'ils s'en trouvaient bien, et comptaient en augmenter la culture. Cette plante, excellente pour les terres pauvres qui ne sont ni calcaires ni trop humides, leur a permis d'augmenter infiniment le nombre de leurs bêtes à laine. Par son amertume, elle préserve les animaux des atteintes de la cachexie aqueuse, dans les années humides. Ils ont ajouté que la graine de lupins jaunes qui, dans certaines années, arrivait à trente hectolitres et plus par hectare, faisait prospérer les agneaux et servait à l'engraissement du bétail. Plusieurs de ces messieurs m'ont assuré qu'ils étaient parvenus à faire manger les lupins jaunes, par leurs bêtes bovines etpar leurs chevaux.

Le 1er septembre, environ six cents membres du

Congrès dont le chiffre dépassait mille, se mirent en route sur toutes les directions, pour se rendre aux invitations qui leur étaient faites par trente personnes ; le plus grand nombre de ces trente personnes étaient des fermiers du duc de Brunswick, qui voulaient faire visiter leurs cultures. Une soixantaine de visiteurs dont je faisais partie, prit le chemin de fer qui se dirige vers Gottingen et Cassel ; nous y fîmes une dizaine de lieues, en nous rendant à la grande ferme de Green, chez M. Teichman. Ce fut une charmante excursion, à travers un bon et joli pays, bien cultivé : les villages annonçaient l'aisance, le bétail que nous apercevions était beau.

M. Teichman nous fit à merveille les honneurs de sa maison très-confortable ; il commença par nous faire déjeuner avec force vin de Bordeaux et de Porto, et nous conduisit ensuite dans sa grande cour de ferme. Il nous dit qu'il avait succédé à son père ; que cette ferme, propriété du duc, contenait plus de trois cents hectares, au loyer de 105 fr.

Il nous fit voir son beau troupeau mérinos d'environ dix-huit cents têtes ; à peu près tous les béliers bien faits, en sont vendus étant antenais, dans le prix de 50 à 100 fr. Les toisons lavées à dos ont un poids moyen de trois livres.

M. Teichman nous a fait voir ensuite une partie de ses cinquante bœufs de trait, tous élevés chez lui, ils sont de couleur rouge. Sa sous-race provient de vaches hollandaises, auxquelles on a donné pendant fort longtemps des taureaux de couleur rouge, venant des montagnes du Harz.

Le vacher, un bel homme, depuis vingt-cinq ans au service de cette famille, nous montra ses deux étables contenant chacune vingt vaches ; les élèves étaient dans une autre ferme ; il nous dit que les meilleures de ses vaches donnaient plus de vingt litres à nouveau lait ; le produit moyen en lait de la vacherie était de six à sept

litres par tête, pendant tous les jours de l'année, quoique
le troupeau fût favorisé aux dépens de ses bêtes qui ne
reçoivent que les fourrages les moins bons; on leur
alloue un kilo de tourteaux de colza par tête.

Les cochons étaient fort nombreux, mais d'une vi-
laine race; les truies sont très prolifiques, on n'a pas
encore cherché à en améliorer l'espèce par des verrats
anglais. M. Teichman nous a conduits ensuite dans une
magnifique prairie fort bien irriguée et couverte d'un
bon regain.

La culture de cette excellente ferme nous parut
bonne, les charrues à avant-train n'étaient pas trop
mauvaises; nous vîmes des scarificateurs.

Nous prîmes à trois heures un convoi du chemin de
fer, qui nous mena à la première station où des calèches
et des chars-à-bancs nous attendaient, pour nous mener
dans une autre grande ferme du duc. M. Kunz, le
fermier, est aussi un jeune homme. Il paie 90 fr. l'hectare, parce que ses terres se trouvent dans une position
plus élevée et plus accidentée que la précédente. La
seconde coupe de trèfle que nous vîmes en arrivant,
était de toute beauté, et les trèfles semés au printemps
étaient tellement vigoureux qu'on les fauchera cet automne. Les avoines étaient fauchées, mais pas encore
rentrées; elles formaient une bonne récolte.

M. Kunz sème ses froments avec le semoir de Garrett, il a aussi semé ses féveroles en lignes, mais il n'a
pas encore la fameuse houe à cheval du même fabricant.

Le troupeau mérinos étant éloigné, nous ne l'avons
pas vu. Les vaches sont de la race d'Oldenbourg. Les
cochons sont de races anglaises croisées ensemble.
M. Kunz est éleveur de chevaux de luxe, et il nous en
a fait voir de fort beaux. Il a reconstruit tous les bâtiments de la ferme, ainsi que dix-huit locatures où sont
logés les journaliers. Ils ne gagnent qu'un franc par

jour, mais ils sont employés toute l'année. Les femmes gagnent aussi un franc, mais elles ne sont employées que lorsqu'on en a besoin. Les domestiques sont nourris, logés et blanchis, et gagnent 28 thalers ou 161 fr. 25. La sape remplace la faux dans ce pays. Le dîner a été aussi bon qu'élégamment servi ; les vins de Bourgogne, de Bordeaux et de Champagne nous furent versés en abondance.

Nous avons aperçu une grande quantité de petits champs de maïs à dents de cheval, autour des villages de ce beau pays. La semence en est tirée chaque année d'Amérique ; il est bien singulier que cette excellente plante fourragère, soit cultivée sur les bords de la Baltique et de la mer du Nord, et ne soit connue ni dans le centre de l'Allemagne ni en France : le Midi pourrait en fournir la graine.

Nous ne sommes rentrés à Brunswick qu'à près de minuit et nous étions partis à sept heures du matin. Le Congrès des agriculteurs et forestiers allemands étant fini, M. Herman Rimpau est venu me prendre à mon hôtel à sept heures du matin, pour me conduire dans sa terre. Nous sommes sortis de cette jolie ville dont la population est d'environ quarante mille âmes, par un faubourg assez long et bien bâti ; on y voit de charmantes habitations, entourées de fort beaux jardins. M. Rimpau qui est né dans cette ville, mais qui habite et cultive une grande terre située dans la vieille Prusse, terre qu'il a achetée du duc d'Aremberg il y a onze ans, m'a dit que le duc de Brunswick ne se mêle nullement du gouvernement de son pays. Il est dirigé par des ministres, qui le gouvernaient déjà avant 1848.

La chambre qui élit les ministres est élue elle-même par les grands propriétaires, la bourgeoisie et les paysans. Elle ne perd pas son temps en vaines discussions, ou à tracasser les ministres dont elle est contente, et fait seulement les affaires du pays qui est riche et

n'a pas de dettes. Les impôts suffisent à couvrir les dépenses ; enfin, me disait mon interlocuteur, les Bruns-
wiquois sont aussi heureux qu'on peut l'être dans ce
monde.

Les terres sont sablonneuses près de la ville, mais
elles sont si bien fumées et si bien cultivées, qu'elles
sont très-productives. Nous avons traversé deux fois,
pendant les seize lieues de ce petit voyage, des terres du
royaume de Hanovre, celles appartenant au duché de
Brunswick et une partie du territoire de la vieille Prusse.
J'ai été étonné de trouver excellente la route que nous
suivions sur ces deux derniers pays, tandis qu'en Hanovre nous n'avions qu'un pauvre chemin de traverse.
On a fait rafraîchir les chevaux dans une auberge, située
près d'un immense château ayant l'air d'une prison
d'état ; son nom est Welshourg. Cette grande terre est
la propriété d'un comte de Schulenburg, qui a dit-on
100,000 écus de rente. J'ai vu pour la première fois
des tuteurs d'un genre particulier, placés auprès des
jeunes arbres fruitiers, plantés le long des chemins de
cette propriété. Ils dépassaient en hauteur les arbres et
avaient une traverse longue de trente pouces, destinée à
empêcher les gros oiseaux de casser les branches en se
posant dessus. J'ai aperçu dans ce voyage un champ de
topinambours et de beaux champs de spergule. M. Rimpau m'a fait remarquer dans cette course, que les points
élevés que nous traversions étaient composés de bonnes
terres calcaires, tandis que celles de la plaine étaient
sablonneuses et caillouteuses.

Mon compagnon m'a conduit à la ferme principale
de cette vaste terre, dont un ancien officier, M. Weins-
chenk, est le régisseur depuis onze ans. Il nous a fait
visiter une grande distillerie, qu'il a fait construire lorsqu'il a pris la direction de cette grande culture. Elle
pourrait distiller par vingt-quatre heures deux cent
douze hectolitres de pommes de terre ; mais on ne peut

s'en procurer qu'une quantité moindre de moitié pendant les quatre mois d'hiver. Cette usine a coûté, les
bâtiments compris, 135,000 fr. La machine à vapeur
est de huit chevaux de force.

Nous n'avons pu voir le bétail qui était en pâture.
Les charrues étaient celles du pays, c'est-à-dire mauvaises.

Nous sommes arrivés chez M. Herman Rimpau, à
Cunrau, à deux heures. Il a acheté cette propriété à la
fin de l'année 1847, et elle lui a coûté 180,000 thalers
ou 675,000 fr. Il n'y avait alors en bons bâtiments que
deux maisons. La plus petite est habitée par le propriétaire; la plus grande est occupée par le ménage de
la ferme. Ce ménage est dirigé par une demoiselle
âgée. Les employés de la culture sont au nombre de
six : un régisseur, un sous-régisseur, un comptable
qui est en même temps garde de la propriété, un distillateur, enfin deux jeunes Messieurs, faisant sans
appointements, leur apprentissage de culture. Ces sept
personnes, la demoiselle comprise, mangent à la table
de M. Rimpau, qui n'est pas marié. Il y avait encore
une grande distillerie. Les autres constructions, couvertes en paille et en mauvais état, ne méritaient pas
d'être comptées. Elles ont d'ailleurs été consumées par
un incendie en 1850. On les a reconstruites convenablement et solidement, et elles sont couvertes en pannes.
M. Rimpau a dépensé à cet effet et pour remettre sa
distillerie sur un bon pied, 40,000 thalers ou 140,000
francs.

L'étendue de la terre est de mille six cent vingt-six
hectares; environ moitié est en terres labourables qui
ne sont que des sables plus ou moins améliorés depuis
dix ans; deux cent cinquante hectares sont en prés,
dont un tiers a été très-amélioré et est irrigué. Ces
prés se fauchent deux fois; le reste a besoin d'être
amélioré, étant sur sous-sol tourbeux; deux cent

vingt-cinq hectares sont en pâtures tourbeuses ou en bruyères, qu'on fauche pour litière ; deux cent cinquante hectares sont en bois de pins, dont le quart a été semé par M. Rimpau ; enfin, le reste, cinquante hectares, sont loués à des voisins.

Le bétail se compose de vingt chevaux, soixante-dix bœufs, cinquante vaches croisées Durham, et trente élèves, dont les mâles sont vendus gras, à trente mois.

Le troupeau compte deux mille deux cents bêtes, les antenais compris, plus six cents agneaux ; on donne à la moitié des brebis mérinos les moins bonnes, des béliers cotswold ; on vend tous les produits croisés, mâles ou femelles, à trente ou trente-six mois, gras ; ils pèsent, en vie, suivant leur état de graisse, entre cinquante-cinq et quatre-vingts kilos. Dans le premier cas, ils ne produisent que 30 à 32 fr. ; dans le second, ils rapportent 60 fr. On engraisse habituellement une vingtaine de vieux bœufs ; ils arrivent au poids vif de 750 kilos ; ils coûtent, âgés de cinq ans, 252 fr., et se vendent, gras, 375 fr. après six ans de travail ; on réforme habituellement de huit à dix vaches. Les jeunes croisés durham se vendent à raison de 37 fr. 50 les cinquante kilos, poids vif, et pèsent, âgés de trente mois, jusqu'à sept cent cinquante kilos.

M. Rimpau n'élève pas de cochons, mais il en engraisse une quarantaine, presque tous croisés anglais, qu'il amène au poids net de cent cinquante kilos.

Il a partagé ses terres en plusieurs assolements, d'après leur qualité.

Les plus maigres souffrent beaucoup de la sécheresse, qui règne assez souvent dans ce pays éloigné des bords de la mer ; leur étendue est de cent hectares ; leur assolement est de cinq années, comme suit :

Première sole : lupins jaunes ; deuxième : seigle, avec dix mille kilos de fumier ; troisième : lupins dans lesquels on sème pour pâture de la fétuque ovine, sur un amendement de terre tourbeuse. Cette pâture reste deux ans, après quoi l'assolement recommence. Voici le second assolement sur cent trente-cinq hectares de sables moins mauvais : première sole, seigle, avec seize mille kilos de fumier à l'état de mélange, pendant trois mois, avec double quantité de tourbe tombée en poussière; deuxième sole : pommes de terre recevant la même fumure; troisième sole : lupins ou serradelle; quatrième sole : seigle sans fumure, sur lequel on sème comme pâture, pour deux ans, un mélange de fétuque ovine et de plantin lancéolé.

Le troisième assolement est suivi sur trois cents hectares de sables plus compactes, ayant reçu, par hectare, vingt-quatre voitures attelées de quatre chevaux, de marne qui contient 85 0/0 de calcaire; si la marne n'a que 20 p. 0/0 de calcaire, on en met le double. Première sole : seigle avec seize mille kilos de fumier, ou, à son défaut, deux cents kilos d'os pulvérisés, mêlés à cent kilos de guano; deuxième sole : pommes de terre avec seize mille kilos de fumier d'étable, ou bien douze mille kilos de fumier de bergerie; troisième sole : pommes de terre avec au moins la même quantité d'engrais; quatrième sole : seigle; cinquième et sixième sole : pâture semée avec douze kilos de fétuque ovine, autant de ray-grass anglais, six kilos de thymoti, six kilos de trèfle blanc, et autant de plantin lancéolé.

Le quatrième assolement est adopté sur cent hectares de pins sylvestres défrichés; ces pins ont été détruits par une très-petite chenille. Première sole : lupins; deuxième : pommes de terre avec seize mille kilos de fumier; troisième : seigle; quatrième et cinquième : fétuque ovine.

Cinquième assolement sur quatre-vingt-dix hectares de sables tourbeux, assainis au moyen de fossés. Première sole : seigle avec seize mille kilos de fumier ou bien parcage ; deuxième sole : seigle avec deux cents kilos de superphosphate mêlé à cent kilos de guano ; troisième sole : pommes de terre avec vingt mille kilos de fumier d'étable, ou bien douze mille kilos de bergerie ; quatrième sole : seigle ou avoine sans fumure ; cinquième et sixième sole : thymoti.

Sixième assolement sur soixante-quinze hectares sur tourbe profonde de un mètre, et assainis. Première sole : vesces, pois et seigle de printemps et avoine, pour être donnés en vert ; ou bien on les récolte, et ils donnent huit mille kilos de foin, ayant reçu seize mille kilos de fumier d'étable ; deuxième sole : avoine seule ; troisième sole : froment de printemps sans fumure ; quatrième sole : thymoti avec seize kilos de semence. Si on lui donne une couverture de compost de fumier et deux fois autant de tourbe, on obtient jusqu'à quatre mille kilos d'un excellent foin.

M. Rimpau cultive des lupins jaunes depuis six années, sur soixante-quinze hectares, et en est très-content ; il compte augmenter l'étendue de cette culture et en faire cent hectares. On les sème, pour avoir de la semence, vers le 15 avril ; pour faire du foin, on les sème depuis le 15 avril jusqu'au 1er août ; pour pâture d'automne, on les sème après l'enlèvement des céréales. On laboure très-profondément avant l'hiver, s'il est possible ; si la terre est battue au printemps, on passe le scarificateur ; dans le cas contraire, on ne fait que herser. On sème cent quatre-vingts kilos pour fourrage ; pour semence, on sème en lignes, afin de pouvoir sarcler, et on ne met que cent kilos ; on choisit, dans ce cas, les plus mauvais sables et, si c'est possible, un sable à sous-sol ferrugineux, afin que la plante ne s'élève pas beaucoup. Lorsqu'on n'en a encore qu'une petite quantité, on fait cueillir les gousses à la main lorsqu'elles sont brunes ; dans le cas contraire, on les fauche et on les met en petits tas, hauts d'un mètre, et dont le pied a le même diamètre. On fauche celui pour foin, lorsqu'il est à peu près défleuri ; on le met d'abord en petits tas, hauts de 0ᵐ,33 et d'un mètre de diamètre; on les laisse ainsi pendant huit ou dix jours, pour en réunir ensuite cinq en une moyette d'un mètre de hauteur ; on ne doit pas la serrer, afin que le vent puisse la pénétrer et la sécher, ce qui est fort long. Une fois qu'ils sont assez secs pour les mettre en petites meules, on les rentre dans des voitures garnies de drap, car ils s'égrainent très-facilement. Lorsqu'on en a une grande quantité, on prend pour graine celle qui se trouve au fond de la voiture : c'est la plus mûre ; on la met au grenier avec les balles ou silignes, afin qu'elle s'y dessèche complé- tement et ne s'échauffe pas. Il est essentiel qu'elle soit très-mûre pour semence ; elle ne le serait pas assez, si les espèces de marbrures qui entourent la graine n'é- taient pas très-foncées. Si l'automne était excessivement pluvieux et qu'on ne pût parvenir à obtenir une dessic- cation suffisante pour les rentrer, on les ferait consom- mer par le troupeau jusqu'en janvier ; on les met dans des rateliers doubles; les moutons les mangent bien, quoique mouillés et ayant même l'air d'être pourris. Les récoltes de lupins jaunes en foin donnent, en années ordinaires, ni trop humides, ni trop sèches, de huit à dix mille kilos de fourrage très-nutritif.

On a d'abord de la peine à décider les moutons à les manger à cause de son amertume; voici comme on s'y prend pour les y amener. On mélange en hiver un peu de graine de lupins à une provende quelconque; lors- qu'ils en ont mangé ainsi, on augmente la dose de cette graine amère. Plus tard on leur donne du fourrage contenant la graine, fourrage semé en même temps que de la serradelle, ou toute autre plante venant facilement dans le sable comme de la spergule, etc., etc. Si on pou- vait humecter un peu les lupins-fourrages d'eau salée, cela les amènerait plus facilement à les consommer. Au

bout de quelque temps, ils y prennent goût et les dévorent. Pour les amener à les pâturer lorsqu'ils sont
verts, on les conduit à jeun dans un champ de lupins
non encore en fleur; on les y tient pendant une couple
d'heures chaque jour, jusqu'à ce que l'ennui les décide
à en goûter. Lorsque quelques bêtes en ont mangé,
bientôt après toutes s'y mettent et en deviennent friandes.
Cette plante a le grand mérite de prospérer dans toute
espèce de terre pas trop humide en été, et pas calcaire,
de donner sans fumures de grandes récoltes; en outre
elle prévient la cachexie aqueuse qui détruit souvent
des troupeaux entiers de bêtes à laine. Jusqu'à présent
M. Rimpau n'a pas encore cherché sérieusement à amener ses bêtes à cornes à manger des lupins à fleurs
jaunes, mais plusieurs membres du congrès m'ont assuré que leurs bêtes bovines s'y étaient bien accoutu-
mées; un d'eux m'a dit que ses chevaux mangeaient du
fourrage de lupins jaunes.

M. Rimpau sème aussi des lupins à fleurs bleues,
dont le fourrage a peu de valeur; mais ils donnent plus
de graines qui sont à peu près grosses comme des pois;
elles servent à engraisser le bétail et conviennent beaucoup aux agneaux. On peut aussi faire entrer les graines
de ces deux espèces de lupins pour un quart dans la
ration des chevaux; on en récolte jusqu'à trente hectolitres et plus dans de pauvres sables sans les fumer;
la graine est aussi nutritive que les féveroles. C'est une
chose si avantageuse, que tous les propriétaires de mauvaises terres non calcaires, devraient s'empresser d'introduire cette plante si profitable et si peu exigeante
dans leurs cultures et chez leurs pauvres métayers.

M. Stengel, professeur à l'école supérieure d'agriculture de Proschkaw, dans la partie polonaise de la Prusse,
m'a dit qu'on cultivait aussi dans la grande ferme de
cet établissement, des lupins à fleurs blanches et que les
animaux les mangeaient bien. J'ai vu semer des lupins

blancs dans les environs de Perpignan, où l'on m'a dit
que les moutons les mangeaient fort bien ; enfin, un
grand propriétaire sicilien m'a assuré que dans son
pays, où les lupins blancs sont beaucoup employés
comme fumure verte, ils servent aussi à la nourriture
du bétail et des chevaux ; mais pour cela on les prend
avant la floraison, car en général cette espèce de plante,
de même que les ajoncs, est beaucoup plus amère lorsque les fleurs ont paru. Comme fumure verte, on doit
les enterrer lorsqu'ils sont bien en fleur ; alors les lupins blancs arrivent à plus d'un mètre de haut.

Les prés irrigués de Cunraw donnent en foin et en
regain, le plus souvent de quatre à cinq mille kilos ;
ceux qui ne peuvent être irrigués n'en donnent tout au
plus que moitié. Les seigles du premier assolement produisent en temps ordinaire, huit cent cinquante kilos de
grain par hectare ; ceux du second assolement en donnent
à peu près moitié en sus ; ceux du troisième, donnent
un mille quatre cent cinquante kilos ; les seigles du
quatrième assolement produisent onze cent cinquante
kilos ; ceux du cinquième, arrivent à plus de deux mille
kilos. L'avoine donne dans le cinquième assolement
jusqu'à seize cents kilos, et dans le sixième, seulement
de mille à douze cents kilos. Les pommes de terre du
second assolement produisent ordinairement douze mille
kilos ; celles du troisième, quatorze mille kilos ; celles
du quatrième, de neuf à dix mille ; celles du cinquième,
environ treize mille kilos par hectare. Elles sont généralement d'une bonne grosseur ; celles venues dans les
terres tourbeuses sont fort belles.

Le troupeau mérinos fournit des toisons lavées à dos
de deux livres et demie, les cent kilos de laine se sont
vendus cette année 562 fr. 50 c. ; les toisons des croisés
cotswold et mérinos lavées à dos, pèsent trois livres et
demie ; les cent kilos ont été vendus 447 fr. 50 c. Les
vaches donnent comme produit brut environ 180 fr. ;

le veau est compté pour 7 fr. 50 à sa naissance ; le lait sert à faire du beurre.

Les bœufs sont attelés, chez lui et dans ses environs, au moyen d'un harnais en cuir fixé au gros os de la nuque. Ce harnais se ferme par une boucle et une courroie au-dessous du cou. M. Rimpau m'a dit que les bœufs de montagne dont le corps est trapu et le cou peu allongé, tirent mieux avec le joug simple fixé aux cornes, et que les bœufs de pays plats hauts sur jambes et dont le cou est long, tirent mieux avec les jougs fixés à la nuque.

M. Rimpau a dépensé 100,000 fr. pour remettre sa distillerie au courant des nouveaux perfectionnements ; il a dû ajouter pour cela un nouveau bâtiment à l'ancien ; son appareil a été fabriqué à Trèves ; il a coûté près de 12,000 fr. La machine à vapeur de la force de 8 chevaux a coûté 2,800 fr., le générateur 8,625 fr., enfin les autres choses nécessaires 8,437 fr. M. Rimpau commence sa distillation le 1er septembre et la termine vers la fin de mai ou le 15 juin ; il fabrique ordinairement de cent cinquante à cent soixante-dix hectol. de pommes de terre par 24 heures ; il faut ajouter de treize à quinze hectolitres d'orge ; cela lui donne le plus habituellement de seize à dix-neuf hectolitres d'alcool à 100 degrés, dont le prix actuel est de 60 fr. l'hectolitre rendu à Brunswick, à seize lieues de Cunraw.

Cette fabrication produit journellement de cent quatre-vingts à deux cents hectolitres de résidus ; on en donne aux bœufs quatre-vingts litres, aux vaches soixante, et aux élèves de quinze à trente litres selon leur âge. On n'en donne que deux litres aux bêtes à laine, qui reçoivent avec cela une livre de foin et une livre de fourrage de lupins non battus.

Les bœufs ont dix livres de foin et autant de paille ; le tout est passé par le hache-paille et arrosé avec les

résidus bouillants, on leur ajoute trois livres de tourteaux de colza lorsqu'ils travaillent. Les vaches reçoivent
la même nourriture diminuée d'un quart, et les élèves
en proportion de leur âge; la litière se compose de
mousse ramassée dans les bois. La laiterie est très-bien
tenue et bien établie, elle est garnie de terrines faites
en verre d'une couleur foncée, elles sont bien plus profondes et bien plus minces que celles en usage dans le
grand-duché de Mecklembourg.

M. Rimpau a fait venir d'Angleterre, il y a deux ans,
12 brebis cotswold. La première année tous leurs
agneaux ont péri, tandis que ceux de cette année ont
tous bien réussi; ceux-ci ne sont pas sortis de la bergerie, tandis que les précédents avaient suivi leurs
mères à la pâture. J'ai remarqué dans le clos où se
trouvaient les brebis costwold, qu'elles avaient brouté
les sapins à feuilles argentées, tandis qu'elles n'avaient
pas touché les pins sylvestres ou d'Écosse qui se trouvaient dans la même pâture.

Les béliers importés arrivés à Hambourg lui sont
revenus en moyenne à 350 et les brebis à 125 fr. Ses
chevaux mangent quatre kilos d'avoine et autant de
seigle, ce dernier est trempé pendant vingt-quatre
heures dans de l'eau.

M. Rimpau achète dans des salines qui existent dans
les environs de Magdebourg, une espèce de sel qui s'attache après les chaudières; il est semblable à celui que
j'ai vu jeter dans l'eau à Salins. L'analyse de ce sel fait
connaître qu'il se compose de 76,91 p. 0/0 de sel de
cuisine, de 10 p. 0/0 de sel de Glauber, de 6,61 p. 0/0
de plâtre; pris à la saline, il lui coûte 8 fr. les cent
kilos. On en met des morceaux attachés aux mangeoires, entre les bœufs et les vaches, on en fixe d'autres
morceaux de distance en distance dans les mangeoires
des bergeries, les bêtes peuvent ainsi les lécher lorsque

cela leur convient. Je l'ai vu faire ainsi avec du sel gemme en Hongrie. Dans la Grande-Bretagne on en met de gros morceaux dans les pâturages.

La culture des pommes de terre est très-soignée à Cunraw; on défonce tous les automnes les quatre-vingt-dix à cent hectares de terre qui leur sont destinées, à seize ou dix-huit pouces de profondeur; on se sert à cet effet d'une charrue particulière dont le versoir est fort long et a 0 m. 40 de hauteur, on ramène ainsi à la surface une partie du sous-sol qui est ferrugineux; cette charrue est attelée de trois forts chevaux danois, ou de quatre bons bœufs. La fouilleuse de Read qui la suit est attelée de deux chevaux ou de trois bœufs. Ces défoncements ont jusqu'à cette heure très-bien réussi, même pendant les deux derniers étés si chauds et si secs. Ces défoncements ramènent de gros cailloux qu'on emploie aux constructions, la pierre manquant absolument dans ces environs. On herse au printemps pour les pommes de terre, on amène le fumier qui est en terre avec les tubercules, ceux-ci sont choisis parmi ceux de moyenne grosseur; les pommes de terre sont plantées en lignes séparées par soixante-six centimètres; dans les lignes, on les met à 0 m. 45, il en faut treize hectolitres pour planter un hectare. On sème deux cent cinquante kilos de seigle, et cent cinquante kilos d'avoine par hectare.

Nous sommes passés, en parcourant les terres de la ferme, à côté d'un grand champ de serradelle que les faucheurs avaient beaucoup de peine à couper tant elle était épaisse; elle avait 0 m. 80 de longueur, était toute verte et fleurissait encore par le haut, quoique la graine fût à peu près mûre. M. Rimpau m'a dit que telle que nous la voyions, elle donnerait au moins quatre mille kilos d'excellent foin; il ajoutait que cette plante si utile pour les pays sablonneux où elle est encore si peu répandue, donne de quatre à six cents kilos de semence par hectare. Il en faut vingt kilos pour semer un hectare. M. Rimpau a vendu une année par hectare pour près de 1,000 fr. de semence de serradelle ; comme elle s'égraine facilement, il ne faut pas attendre qu'elle soit entièrement mûre. Il faudrait rapprocher ces deux parties qui concernent l'époque de la maturité et du fauchage ; il est temps de la faucher lorsque les petites gousses qui contiennent la graine commencent à blanchir, et que les cercles qui séparent les graines les unes des autres, sont bien marqués ; il m'a dit aussi que les bêtes aiment beaucoup ce fourrage, vert ou sec.

Etant arrivés à l'endroit destiné à produire l'année prochaine des pommes de terre, nous y vîmes cinq grandes charrues, à versoir très-long et très-haut, attelées de trois chevaux ou de quatre bœufs, et à la suite cinq fouilleuses traînées par deux chevaux ou par trois bœufs. Les charrues défonçaient ce sable à une profondeur de 0 m. 28 en nettoyant fort bien le sillon ; la fouilleuse qui suivait, le déchirait ensuite à vingt ou vingt-deux centimètres plus avant ; ceci la mesure à la main. Ces attelages font en moyenne les uns comme les autres de quarante à quarante-cinq arcs par jour.

M. Rimpau a aussi défoncé une centaine d'hectares de la partie de ses terres tourbeuses, qui n'ont que dix-huit pouces à deux pieds d'épaisseur sous un sous-sol de sable ; il emploie pour cela deux de ses charrues à grand versoir qui se suivent dans le même sillon, attelées chacune de quatre bonnes bêtes, afin de ramener une bonne épaisseur de sable par-dessus cette terre tourbeuse ; cela lui donne de la consistance et l'améliore infiniment. Là où le sable est trop enfoncé pour que la seconde charrue en ramène une suffisante quantité, il met des ouvriers derrière la seconde charrue ; ceux-ci prennent avec leurs bêches du sable au fond de la raie, et le répandent par-dessus la terre labourée.

Un essai de froment rouge et barbu de printemps a

bien réussi dans ce genre de terre ; les pois et les vesces de la même saison y prospèrent aussi, ainsi que les trèfles rouges et hybrides. Il compte donc semer l'an prochain une bonne étendue de froment de mai qui reste peu en terre, se semant jusqu'à la fin d'avril, et mûrissant même avant les froments d'automne, lorsqu'on en sème parmi ceux qui ont été trop éclaircis par un mauvais hiver. Il donnera au froment de mai deux cents kilos d'os pulvérisés par hectare ; il compte aussi essayer du méteil dans les terres tourbeuses. Il va aussi semer du trèfle hybride plus en grand, car il donne, dans ce genre de terrain, plus de foin que le rouge et les bêtes le mangent aussi bien.

M. Rimpau va faire un essai en donnant à ses prés deux cents kilos de noir animal fin et neuf, qu'on trouve dans une fabrique de noir pour sucrerie existant à Brunswick ; on vend le noir fin qui est peu demandé, 11 fr. les cent kilos. Le superphosphate se paie dans cette ville 20 fr. le même poids. Cent kilos de guano lui coûtent pris à Hambourg 34 fr. Il a acheté cette année pour 3,750 fr. de superphosphate, de guano, ou autres engrais. Toute l'avoine qu'il récolte est consommée par ses chevaux.

Il a récolté quatre mille cinq cent dix hectolitres de seigle, et n'en a vendu que un mille cinq cent soixante ; il en consommera deux mille neuf cent cinquante hectolitres dans sa ferme, tant par les habitants que par le bétail.

Il achète habituellement pour 1,000 thalers ou 3,750 francs de tourteaux, pour 600 thalers ou 2,250 fr. de mélasse employée avec de l'eau à dulcifier la paille hachée pour que les animaux la mangent bien. M. Rimpau achète de onze à douze mille hectolitres de pommes de terre et deux mille six cents hectolitres d'orge pour sa distillerie, ce qui produit beaucoup de nourriture pour le bétail, et par conséquent beaucoup d'excellent fumier ; il paie les pommes de terre 3 fr. 30 à 3 fr. 50 l'hectolitre. Il consomme dans sa ferme comme combustible huit cents voitures à quatre colliers de tourbe, dont le prix d'extraction est de 5,625 fr. ; cette grande masse de cendres sert à la fertilisation de la propriété ; annuellement au moins deux mille chariots, attelés de quatre bœufs, de terre bourbeuse sont mélangés avec le fumier ; ces composts servent au bout de six mois, à fumer les terres.

M. Rimpau m'a fait visiter un vaste marais nommé le Droemling, dont l'étendue est de sept milles allemands en carré. Frédéric le Grand, au moyen de canaux et de grands fossés, l'a débarrassé des eaux de surface, et a cherché à établir des cultivateurs sur les parties les plus élevées. A cet effet, il leur a donné une étendue d'une vingtaine d'hectares, à condition d'y construire une ferme et de s'y fixer ; nous sommes passés à côté d'une de ces petites fermes isolées ; les bâtiments assez bons sont entourés d'arbres fruitiers, abrités eux-mêmes par des plantations de pins sylvestres, qui sont d'une bien grande utilité contre les terribles vents qui parcourent ces froides plaines. Ce brave petit propriétaire cultive de son mieux en suivant les bons exemples que M. Rimpau donne à ses environs qui paraissent en profiter : M. Rimpau possède quelques portions du Droemling. Si cette grande étendue de terres marécageuses et tourbeuses, placées sur un sous-sol de sable ferrugineux, eût fait partie de la Grande-Bretagne, de la Hollande ou de la Belgique, il y a longtemps qu'on l'aurait mise en polders ; des moulins à vent ou des machines à vapeur pomperaient l'eau et l'élèveraient à une hauteur assez grande, pour la déverser dans des canaux qui l'écouleraient à la mer. Ce marais se trouverait transformé en excellentes terres et en prés. La plus grande profondeur de la tourbe ne dépasse guère deux mètres.

Le gouvernement prussien actuel a chargé des ingénieurs de régulariser et de dégager le cours des petites rivières qui ont formé ce vaste marais, déjà un peu assaini ; on cherche à amener ses propriétaires à fournir les fonds nécessaires pour l'assainissement complet de ce désert. Nous avons vu dans les prés de M. Rimpau qui ne sont pas irrigués, les élèves de bêtes bovines qui sont fort bien ; ce sont en partie des bêtes hollandaises, d'autres sont des croisées durham ; on voit facilement que les bêtes croisées sont supérieures à âge égal.

Nous avons vu ensuite deux troupeaux nombreux parcourant les parties saines, mais non encore améliorées du marais. On améliore ces parties en enlevant la tourbe susceptible d'être brûlée ; cette opération les met en état d'être louées 35 fr. l'hectare. M. Rimpau ôte chaque année la tourbe de deux hectares, et les améliore ensuite en les couvrant de sable qui se mélange avec les débris de tourbe, qui ont encore plus de trente-trois centimètres d'épaisseur.

Les deux troupeaux que nous avons examinés, sont composés l'un d'antenais, et l'autre de bêtes de deux ans ; ils vont être engraissés cet hiver ; l'extrême sécheresse de l'été les a empêchés de prendre l'embonpoint qu'ils ont ordinairement à cette époque. Les pâtures du marais avaient perdu toute espèce de verdure, mais les orages qu'on a depuis quelque temps et dont nous avons eu un ce matin, font reverdir le pays.

M. Rimpau est décidé à acheter la machine à battre que Garrett a exposée à Brunswick, elle coûte 2,812 fr. ; sa locomobile revient à 5,812 fr. sans compter les droits d'entrée dans le Zolwerein. Il a, en fait d'instruments perfectionnés, de bons scarificateurs, des râteaux à cheval et un rouleau Croskill, il lui faut maintenant une bonne moissonneuse et une faneuse. Il est probable qu'il achètera une charrue à vapeur Fawler ; elle lui sera d'une très grande utilité dans une si vaste culture, surtout pour opérer ses remarquables défoncements.

Des drilpresser avec leurs semoirs lui seraient très-utiles dans une terre si éminemment sablonneuse, ils serviraient à la tasser; il lui faudrait encore des herses de Norwège perfectionnées par Croskill , qui sont si efficaces pour débarrasser les terres du chiendent et de l'avoine à chapelets ; enfin la fameuse houe à cheval de Garrett et son semoir, ne doivent pas être oubliés ici. Au reste sous le rapport des instruments perfectionnés et chers, les Allemands sont en train de dépasser bientôt les cultivateurs français , chez lesquels je ne connais encore qu'un propriétaire et deux fermiers qui aient le semoir et la houe à cheval de Garrett. Les charrues à versoirs changeants , devront aussi remplacer celles à versoir fixe, dans les terres naturellement saines et dans celles qui ont été drainées.

Le premier régisseur de M. Rimpau avait déjà été, il y a quelques années, son régisseur ; il a voulu ensuite chercher à compléter son instruction en suivant les cours d'une des trois écoles régionales de la Prusse ; il s'est rendu dans celle de Popelsdorf près la ville universitaire de Bonn, sur les bords du Rhin ; son remplaçant allant se marier et se faire fermier, il est venu reprendre son ancien poste. Il est nourri et blanchi et a 750 fr. d'appointements. Le teneur de livres, qui est en même temps garde-magasin et garde de la terre, est logé et nourri avec sa femme et trois enfants, et a les mêmes appointements que le précédent.

Le second régisseur a 375 fr., de même que la dame chargée de la direction du ménage. Le distillateur qui dirige cette très-importante usine depuis quinze ans, a 938 fr. de fixe, et peut encore augmenter cette somme d'environ moitié, par un tant p. 0/0 qu'il peut se faire, en dépassant le produit minimum d'alcool fixé pour chaque wispel, mesure équivalente à treize hectolitres de pommes de terre.

Il a avec lui, comme ouvriers distillateurs, ses fils,

qui gagnent de même que les autres ouvriers attachés à la distillerie, de 150 à 188 fr. par an; ils sont mieux nourris chez le chef distillateur, que ne le sont les domestiques de ferme.

Le chef de la distillerie m'a dit que ses fils, qui ont toujours travaillé sous lui, sont capables de bien diriger une distillerie, et qu'ils seraient fort aises s'ils pouvaient se placer ainsi, en gagnant, par an, 563 fr. avec le logement et la nourriture.

Les domestiques qui sont nourris à la ferme gagnent 30 thalers ou 112 fr. 50; leur nourriture se compose d'une soupe à la graisse ou au lait, pour premier déjeuner; de pain et d'une demi-livre de beurre par semaine, pour second déjeuner; ils ont, à dîner, une soupe à la graisse ou au lard, avec des légumes cinq fois par semaine, deux fois une demi-livre de viande, au lieu de la graisse ou du lard. Tous les soirs, ils ont des pommes de terre, ou des haricots, ou des choux, ou de la choucroute, accommodés au lard, pour souper. A partir de la fenaison, et jusqu'au 1er octobre, ils ont cent vingt-cinq grammes de fromage et du pain pour goûter, plus un litre de bière.

Les chefs des fermes éloignées de celle de Cunraw, ont pour eux et leurs femmes qui dirigent le ménage et nourrissent les domestiques, 57 thalers ou 213 fr. 75; on leur fournit ce qui se nomme dans ce pays le députat : c'est ce qui est alloué pour chacune des personnes qui doivent être nourries dans la ferme. Le députat, pour une personne, se compose de treize hectolitres de seigle par an, ou, en place de seigle, vingt-six livres de pain par semaine; par an, trente-six kilos de sel et vingt litres d'huile de colza, quatre-vingt-douze petits fromages d'une livre chacun; tous les jours, un litre de lait, les pommes de terre et légumes qui sont cultivés dans la ferme, pour le ménage, et une livre de viande par semaine. Les domestiques mariés sont logés; ils reçoivent le même députat. On leur fume vingt-cinq ares pour y cultiver des pommes de terre, trois ares pour semer du lin, et quinze ares de jardin ; on leur fournit et on leur approche trois voitures à quatre bœufs de tourbe. deux cents fagots de pins pour chauffer le four, et cent vingt litres de sarrazin. Les servantes nourries n'ont que 75 fr.

Les maîtres-valets ont 150 fr., l'irrigateur 150 fr. ; le jardinier, sans être nourri, a 187 fr. 50, plus la sixième partie de l'argent que la vente des légumes, fruits ou semences a produit, un cochon de cent kilos, deux moutons en bon état, dont il vend la peau, et treize hectolitres de seigle.

M. Rimpau fait un cadeau aux employés dont il a à se louer particulièrement.

Les maisons des paysans de la commune de Cunraw et de celles que j'ai traversées dans ces environs, sont assez belles lorsqu'elles ne sont pas de trop ancienne construction ; elles sont entourées d'arbres fruitiers qui se trouvent, cette année, chargés de fruits. La plupart des paysans du voisinage suivent assez les bons exemples que leur donne M. Rimpau : ils amènent de la terre tourbeuse sur leurs terres, qui sont toutes sablonneuses ; ils défoncent leurs sables par un labour de charrue suivi d'une fouilleuse. Il y en a même qui, ayant des champs de terre tourbeuse peu profonds sur les bords du marais le Droemling, les défoncent avec deux charrues, de manière à ramener du sous-sol sablonneux par-dessus la tourbe. Ils ont des champs de lupins et de serradelle ; ils font des pommes de terre pour en vendre à M. Rimpau. Ce remarquable cultivateur a été des plus complaisants pour moi, en me faisant voir en détail ses cultures et ses bestiaux ; en m'expliquant tout et me donnant tous les renseignements et les chiffres que je lui ai demandés ; il a encore voulu me conduire, lui-même, à six lieues de chez lui, dans une petite ville de six mille âmes, qui sert de marché à ces environs, car la ville de Brunswick est à seize lieues de chez lui. C'est dans cette dernière que se trouve le chemin de fer le plus rapproché de cette contrée. Les deux charretiers de M. Rimpau, qui y vont deux fois par semaine pour y conduire de l'alcool, couchent deux fois en route pour faire ces trente-deux lieues.

Nous avons traversé une grande terre nouvellement achetée par un M. Schulz, qui l'a payée près d'un million de francs; ce monsieur y fait de grands travaux d'amélioration. Nous avons aperçu bien des charrues occupées à défoncer profondément ces sables, dont on extrayait, avec des leviers, d'énormes pierres granitiques et autres. M. Rimpau ne connaissait pas l'étendue de cette terre.

Je suis parti le 7 septembre de Cunraw; ayant pris une place dans le courrier, d'une petite ville dont j'ai oublié le nom, nous avons fait quinze lieues pour nous rendre à Magdebourg; j'en suis reparti une demi-heure après, pour aller coucher à sept lieues plus loin, à Neuhaltenslebeu. J'ai passé treize heures pour faire vingt-deux lieues, avec ces deux courriers. Les voitures ne sont pas mauvaisses, mais elles ne vont pas vite. Les premières douze lieues m'ont fait voir un pays sablonneux très-maigre, sans prés, dans lequel j'ai aperçu beaucoup de grands et de petits champs de lupins à fleurs jaunes; une grande partie avait été semée après la récolte du seigle et servira de pâture jusqu'en janvier. Nous n'avons traversé que deux malheureux villages, dont le bétail m'a paru très-maigre.

La route traversait une des principales forêts de la Prusse, qu'on m'a dit contenir beaucoup de daims, de chevreuils et de sangliers; le roi y vient souvent chasser la grosse bête. On y voit de belles parties plantées en pins sylvestres, mais ce ne sont le plus souvent que des bouleaux et de vieux chênes couronnés et pas très-nombreux qui la couvrent. Je me trouvais dans le courrier avec un seul voyageur, qui allait vendre, à Magdebourg, le contenu de trois voitures attelées chacune de trois chevaux ; elles transportaient ensemble cent huit hectolitres de pommes de terre ; il avait à les transporter à plus de vingt lieues, et n'espérait pas en tirer plus de 4 fr. l'hectolitre. Il n'en avait récolté que cent vingt-cinq hectolitres par hectare.

Trois lieues avant d'arriver à Magdebourg, et sept lieues que je fis après avoir traversé cette ville, me firent voir d'excellentes terres, couvertes de fort beaux champs de betteraves, de chicorée, de tabac et d'avoines fauchées, mais encore en andains. Le maïs-fourrage est en partie de l'espèce qu'on cultive dans le pays de Bade, sur les bords du Rhin ; mais le plus souvent c'était du grand maïs à dents de cheval ; la graine en est importée chaque année d'Amérique. Ce beau et bon pays est bien peuplé, et les villages annoncent l'aisance. On voit beaucoup de fabriques de sucre, de café-chicorée, de fécule et de dextrine.

Je me rendis le lendemain au château de Hundisburg, dans la fort belle propriété de M. de Nathuzius, que j'avais déjà visitée en 1856, mais en l'absence de la famille.

J'avais fait la connaissance de M. de Nathuzius au congrès de Brunswick ; je savais que lui et ses quatre frères, dont un est son voisin, sont tous de bons cultivateurs et de grands propriétaires. La terre de Hundisburg contient six cent soixante-quinze hectares de terres labourables, vingt-sept de prés, et cent trente-cinq de bois, en grande partie plantés par lui ; en tout, huit cent trente-sept hectares cultivés directement par M. de Nathuzius, qui cultive encore une autre grande ferme en pays très-sablonneux, mais qui ne lui appartient pas. Son cheptel se compose de quarante chevaux de travail, de trois étalons, dont un de pur sang, un cheval anglais

de travail, ayant du sang, et un percheron ; une vingtaine de juments et poulains, dont une partie sont des
percherons ; enfin, six chevaux de luxe. Il a trente-deux
bœufs de la race d'Eger, importés de la Bohême ; ils
ressemblent un peu aux devon. Les derniers achetés
ont coûté 285 fr. la pièce, pesant quatre cent cinquante
kilos poids vif ; ils travaillent très-bien, mais sont difficiles à engraisser à l'âge de onze ou douze ans ; aussi les
vend-on maigres, en perdant 10 p. 0/0 de ce qu'ils ont
coûté. Il a deux taureaux durham qui font la monte, et
trois jeunes qui, dans ce pays, se placent facilement,
âgés de trois mois, au prix de 500 fr. ; il a quatorze
aches ou génisses durham, un taureau et seize vaches
ou génisses ayrshire, auxquelles il va donner des taureaux durham ; il a encore des vaches hollandaises et
leur progéniture croisée durham. Le tout monte à cent
quarante têtes, dont quatre-vingts vaches laitières. Il
vend habituellement ses jeunes bœufs croisés durham,
âgés de trente mois à trois ans ; mais, ce printemps, ils
lui ont été demandés par les bouchers de Berlin qui les
ont pris en pâture, âgés de deux ans seulement. Le
fourrage étant rare, par suite de l'extrême sécheresse
de ces deux dernières années, le prix offert était suffisamment élevé: il les a laissés partir au nombre de
quinze.

Il a, par la même raison, vendu tous ses agneaux
mâles après le sevrage ; aussi, n'a-t-il maintenant que
mille neuf cents bêtes à laine, au lieu de deux mille cinq
cents qu'il tient ordinairement. Il a, dans ce moment,
cent sept béliers anglais, purs ou croisés, de races
southdown, dishley, cotswold, oxfordshire améliorée,
et mérinos, ainsi que leurs produits avec les plus fines
brebis mérinos, qu'on a réformées du troupeau de pure
race mérinos, à cause de l'exiguïté de leur taille. Il a
cent trente brebis de pure race southdown, prises dans
les meilleurs troupeaux d'Angleterre ; une partie est

même venue de chez M. Jonas Webb, le fameux éleveur. Il m'a semblé que les bêtes de cette race, élevées
ici. n'étaient pas moins belles qu'un certain nombre
d'entr'elles nouvellement importées d'Angleterre. M. de
Nathuzius trouve à vendre ses jeunes béliers de pure
race anglaise, de 200 à 300 fr., et les croisés, de 80 à
120 fr. Il a acheté des béliers mérinos de grande taille,
parmi lesquels il y en a un de Rambouillet; celui-ci a
donné ici de si bons produits, qu'il va faire venir d'autres béliers; il les donnera à ses trois cents brebis mérinos, qu'il a conservées pour faire des béliers mérinos,
qui se vendent de 150 à 250 fr., et qui lui sont beaucoup
demandés, car on commence à comprendre en Allemagne, que les grands mérinos, quoique donnant des
toisons moins fines, les donnent bien plus longues et bien
plus lourdes. En même temps, ils produisent beaucoup
de viande, et rapportent ainsi plus d'argent que les fins
mérinos de la race électorale.

M. de Nathuzius dit que, s'il n'avait pas l'avantage de pouvoir vendre beaucoup de béliers à de bons
prix, il ne tiendrait que des animaux d'une sous-race
qu'il a créée, en donnant des béliers dishley ou cotswold à ses plus petites brebis mérinos, et aux brebis
provenues de ce croisement, des béliers southdown;
enfin, aux brebis de ce double croisement, il ne donne
plus que des béliers provenant aussi de ce double croisement; il assure que cette sous-race lui donne plus
d'argent en laine et en viande, que toutes les autres
bêtes. Toutes ses brebis dishley ayant péri les unes
après les autres, il a fait venir, il y a quelques années,
une vingtaine de brebis cotswold, pour voir si cette race
serait plus rustique que les dishley; du reste, on lui demande aussi des béliers cotswold.

M. de Nathuzius vend les moutons provenant de son
triple croisement, âgés de quatorze mois, 9 thalers ou
33 fr. 75; leur toison donne 7 fr. 50 : total : 41 fr. 50.

Cette sous-race donne, en toisons de brebis, une moyenne de quatre livres lavées à dos; les croisées southdown mérinos donnent des toisons de trois livres, les mérinos purs, trois livres et demie.

Les southdown purs ne donnent que deux livres et demie.

Les cent dix livres de laine mérinos, se vendent 300 francs;

Le même poids en laine de la sous-race, vaut 255 fr.

Celui des southdown mérinos et des cotswold mérinos, 206 fr. 25.

La porcherie de Hundisburg contient trois cent quatre-vingt-douze cochons de tout âge; quarante truies produisent des petits, dont moitié sont de races anglaises; les autres proviennent de verrats anglais et de truies de la race du pays. Il lui est arrivé, la veille de l'exposition agricole de Brunswick, un verrat et une truie de l'énorme race du comté de York; le mâle venait de remporter le premier prix du concours de la Société centrale de Yorkshire, qui venait de se tenir à Northallerston. Aussi, a-t-il payé ce verrat 875 fr.; la truie lui a coûté 625 fr., sommes auxquelles il faut ajouter les frais de voyage de ces deux très-grosses bêtes.

Il vend 220 fr. le couple de porcelets de grande race, âgés de deux à trois mois; le prix des espèces moyennes à six semaines ou deux mois, est de 100 fr. On lui en demande en plus grand nombre de la grosse race; cependant, il fait prévenir les acheteurs que les races moyennes sont bien plus profitables. On a vendu, cette année, les cochons gras, âgés de près de dix mois, à 55 cent. la livre.

Il n'engraisse pas les cochons provenant du croisement anglais avec la race du pays. On les garde pendant les beaux temps dans les bois, sur les pâtures et sur les chaumes, sans leur donner d'autre nourriture; ils sont vendus maigres, âgés de neuf à douze mois, de 50 à

60 fr. Un bœuf gras, âgé de trois ans, qui provenait d'un taureau de demi-sang durham, et d'une très-petite vache du pays, a été vendu, lors du concours, à Brunswick, 668 fr. ; son poids vif était de quatre cent quarante-cinq kilos. Trois moutons croisés anglais, venant de très-petites brebis mérinos, et dont l'âge moyen était de huit cent vingt-deux jours chacun, ont été vendus ensemble pour 281 fr. 25 ; leur prix moyen était de 93 fr. 75 c. à l'âge de vingt-sept mois. Le poids vivant du plus lourd, un dishley mérinos, était de cent kilos ; le second, southdown mérinos, pesait quatre-vingt-quatorze kilos; le troisième, dishley mérinos, quatre-vingt-neuf kilos. Deux antenais gras, âgés de seize mois dix-sept jours, ont été vendus 110 fr. ; le plus lourd, southdown mérinos, pesait quatre-vingt-un kilos vivant, et le second, dishley mérinos, soixante-treize kilos. Ils ont été vendus bien moins cher le kilo que les plus vieux. M. de Nathuzins a vendu, depuis le congrès, vingt moutons de dix-sept mois, 35 fr. la pièce, à des bouchers des petites villes des environs.

Il vend ordinairement ses poulains, âgés de trois ans, de 675 à 700 fr., il emploie à la charrue ceux dont il n'a pu se défaire. Il a acheté, il y a deux ans, un étalon et six juments de race percheronne, dont il a de bons poulains. Ses froments lui produisent de trente à trente-deux hectolitres en moyenne, dans son grand assolement établi sur ses bonnes terres; trois cent cinquante hectares sont partagés en sept soles de cinquante hectares chacune. Première sole : betteraves globes jaunes recevant soixante mille kilos de fumier à l'hectare ; elles sont destinées à son bétail ; deuxième sole : orge ; troisième sole : trèfle ; quatrième sole : froment, avec vingt mille kilos de fumier; cinquième sole : betteraves à sucre, avec deux cents kilos de guano ; sixième sole : fèves, avec soixante mille kilos de fumier; septième sole : froment.

Le deuxième assolement sur cent soixante-quinze hectares de terres légères, mais à sous-sol très-imperméable, qu'on a drainé à huit mètres entre les rigoles, qui ont quatre pieds de profondeur, comprend sept soles de vingt-cinq hectares. Première sole ; moitié en pommes de terre et moitié en rutabagas jaunes, avec soixante mille kilos de fumier, auquel on ajoute deux cents kilos de poudre d'os très-fine; on la paie, à Lherté, en Hanovre, 17 fr. 50 les cents kilos; deuxième sole : orge ou avoine; troisième et quatrième sole : fourrage mêlé de trèfle rouge, blanc, hybride, lupuline et ray-grass anglais. Ce fourrage est fauché la première année et pâturé la seconde; cinquième sole : froment; sixième sole : moitié en betteraves à sucre, avec deux cents kilos de guano, et moitié en vesces fumées; septième sole : froment après vesces, et avoine après betteraves.

Un quatrième assolement de cent hectares en sables maigres mêlés de cailloux et très-petites pierres, est divisé en six soles. Première sole : moitié en pommes de terre, et moitié en rutabagas, avec soixante mille kilos de fumier et deux cents kilos d'os pulvérisés ; deuxième sole : avoine; troisième et quatrième sole : herbage mêlé, pareil au précédent; cinquième sole : seigle fumé, à quarante mille kilos; sixième sole : lupins. Ces derniers, après d'aussi fortes fumures, donnent des récoltes énormes, souvent plus de douze mille kilos de fourrage sec par hectare. On sème ici les seigles, à partir du 1ᵉʳ septembre jusqu'au 15 octobre. Dans le commencement, cent kilos de semence suffisent; à la fin, on en met le double. Les froments doivent se semer dans le courant d'octobre.

M. de Nathuzius a commencé à cultiver, il y a vingt-deux ans; et il y a dix ans qu'il s'est procuré ses premières bêtes et instruments anglais.

Il y a dix-sept ans qu'il a commencé à cultiver les lupins ; il en fait dans son autre ferme, cent hectares par année. Il m'a dit qu'il attendait le lendemain le régisseur de cette ferme, pour le fêter de l'avoir si bien servi depuis vingt-cinq ans; il m'a dit que ce brave homme avait été très-contraire à l'adoption de la culture des lupins jaunes, mais il s'y est mis enfin; il en est si content, qu'il en augmente tous les ans la culture, autant que possible. Il lui dit un jour : Oh! monsieur, combien je vous ai fait tort en retardant de deux ans, dans ma ferme, la culture des lupins à fleurs jaunes!

M. de Nathuzius m'avait dit qu'il récoltait habituellement de dix à douze mille kilos de lupins jaunes en fourrage sec; je crus que je n'avais pas bien entendu, et je l'ai prié de me répéter combien il récoltait de ce fourrage sec ; il m'a assuré que le produit en foin de lupins jaunes, était le plus habituellement de six mille livres par morgen, dont quatre font un peu plus d'un hectare; mais il en récolte souvent plus. Il m'a montré le long de son corps, la hauteur où sa plus belle récolte de lupins lui était montée; l'ayant mesurée, il y avait un mètre quarante-sept centimètres. Il m'a dit que le plus grand inconvénient des lupins était de sécher très-difficilement; il lui est arrivé une année, où l'automne avait été excessivement humide, de n'avoir pu rentrer tous ses lupins qui étaient en petits meulons d'un mètre de haut; il a dû les faire manger dans le champ, en les mettant tout moisis dans des rateliers doubles : les moutons les mangeaient bien, même sentant le moisi. Lorsqu'il faisait trop mauvais pour sortir les moutons, il en faisait chercher dans les champs et les leur mettait dans les rateliers de la bergerie.

M. de Nathuzius m'a conduit dans un champ appartenant à son frère, qui habite sa terre qu'il cultive, quoiqu'il soit Land-Rath ; cette place répond à celle de sous-préfet. Ce champ était couvert de superbes lupins à fleurs blanches, dont la semence lui avait été envoyée par un Napolitain, qu'il avait visité il y a un couple

d'années. Cette espèce avait mûri l'année précédente,
mais elle n'avait pas l'air de pouvoir arriver cette année
à maturité, car elle était encore très-verte et en fleurs,
et voilà quelques jours qu'il pleut fréquemment. On
avait dit, à Naples, au land-rath, qu'on semait des lupins
blancs après la récolte du froment, et qu'on nourrissait
les chevaux avec les tiges vertes, coupées avant la floraison.

Les bergeries de Hundisburg sont fort étendues et
bien aérées; il en a fait construire une très-ouverte
pour les béliers et brebis de pure race anglaise. Il fait
mettre dans les murs, à mesure qu'on construit des bâtiments destinés à loger des animaux, des tuyaux de
drainage ayant 0 m. 15 de diamètre, afin de faciliter
l'expulsion du mauvais air.

M. de Nathusius est bien monté en instruments anglais depuis 8 ans. J'ai revu avec plaisir chez lui un
gros rouleau Croskill, deux semoirs et leur houe à
cheval de Garrett, aussi toutes ses céréales sont-elles
semées en lignes et sarclées à la houe à cheval; il possède un semoir fait pour répandre le guano et les autres
engrais pulvérulents. Sa machine à battre de Garrett
allant par la vapeur, bat de quatre-vingts à cent hectolitres de froment en douze heures, et nettoie parfaitement le grain; la machine à vapeur étant à poste fixe,
sert à faire marcher toutes les autres machines nécessaires ou utiles dans une ferme très-bien montée, entr'autres une paire de meules, pour moudre les grains
destinés aux cochons.

Ses bergers reçoivent le députat et de 243 fr. 75 à 281
fr. 25, et le logement. Ses laboureurs ont de 143 fr. 50
à 157 fr. 50; les servantes 75 fr. plus le lin récolté sur
huit ares, pour chaque domestique. Les journaliers
employés toute l'année sont logés à moitié prix; les
journées ne sont que de 1 fr. 15; on leur donne de la
terre fumée pour faire des pommes de terre et du lin

en proportion du nombre des membres de la famille. Les journaliers qu'on n'emploie pas toute l'année, ont 1 fr. 25, les femmes ou garçons 75 centimes.

M. de Nathuzius m'a appris que le gouvernement prussien avait mis dans un haras de ses provinces des bords du Rhin non loin de Cologne, 65 étalons percherons; on importe maintenant une grande quantité de juments de cette excellente race, on comprend qu'il faut améliorer la race des chevaux de travail, qui a été gâtée, afin d'avoir des chevaux de cavalerie.

Il m'a fait voir un champ de ray-grass d'Italie, qu'on n'ose pas cultiver dans ce pays, craignant qu'il ne soit détruit par l'hiver; ce champ a bien passé l'hiver dernier.

MM. de Nathusius les deux frères, ont une sucrerie qui leur vient de leur père; le frère a d'immenses pépinières. Ces messieurs ont adopté ces triangles ou quadrangles, formés de perches faites avec de jeunes pins ou sapins, sur lesquels on suspend les fourrages artificiels et les foins d'une bonne longueur, aussitôt qu'ils sont coupés, afin de les laisser sécher complétement sans plus y toucher, avant leur entière dessiccation. C'est une excellente méthode en usage dans le sud de l'Allemagne et en Bavière, on ferait bien de l'adopter partout où l'on peut se procurer des perches sans les payer trop cher; elle a l'immense avantage de produire, même par les saisons les plus humides, du foin excellent. En retournant à Neuhaltens Leben par un autre chemin pour prendre le courrier, j'ai vu encore une quantité de champs de lupins sur les terres très-sablonneuses que je traversais.

Etant parti de grand matin de Magdebourg pour me rendre à Cœthen, où j'arrivai à sept heures du matin, je fus forcé d'y rester jusqu'à onze heures, pour prendre le convoi d'un autre chemin de fer qui devait me conduire à Wittemberg. Le pays entre les deux premières villes est plat, mais fertile ; il est dans la vallée de l'Elbe dont la culture est renommée, quoique bien inférieure à celle des Flandres et même à celle des bords du Rhin ; il faut cependant en excepter les cultures des grandes sucreries, des fabriques de chicorée, ou des féculeries.

Entre Cœthen et Vittenberg, petite place forte prussienne, voyage de deux heures en chemin de fer qui ne va pas vite, on ne voit que du sable affreux, toutes les fois qu'on n'est pas sur les bords de l'Elbe, qui vous présentent d'excellentes terres et de beaux prés ; ayant pris une voiture à Wittemberg, j'eus encore 5 lieues à faire dans un espèce de désert, pour arriver à un misérable village du nom de Clœde, placé entre deux rivières, l'Elster, dont l'eau noire vient, dit-on, d'un pays boisé et sort de marais tourbeux qui la rendent malfaisante, et l'Elbe dont les débordements améliorent singulièrement ses bords, lorsqu'ils n'arrivent pas dans la belle saison, détruisant alors les plus beaux foins ou regains qu'on puisse désirer.

Je venais visiter M. Bates, un des neveux du fameux éleveur de durham ; M. Edouard Bates ayant cultivé jusqu'à l'âge de trente-cinq ans et sans être marié une ferme du duc de Northumberland, a voulu visiter l'Allemagne ; il y a loué, il y a dix ans, une grande ferme du roi de Prusse pour trente-six ans, à condition de payer pendant les douze premières années 7,000 thalers, ou 26,250 fr. ; ensuite 5 pour 0/0 en sus du montant de son premier bail, pour les douze années suivantes ou 27,562 fr. ; et enfin encore 5 pour 0/0 en sus de son second bail, ou 28,940 fr. pour les douze dernières années ; il doit entretenir tous les bâtiments de ses fermes en bon état, comme cela se fait dans toutes les fermes royales de ce pays, et même reconstruire tous les bâtiments qui s'écroulent, et bâtir ceux dont il a besoin ; aussi M. Bates est-il occupé à élever une immense grange dans la cour de ferme du vieux château de chasse qu'il habite ; il a, en outre, une brasserie, une distillerie, un moulin sur bateau placé sur l'Elbe, un moulin à vent, une tuilerie, un four à chaux, et enfin le bateau avec lequel on passe les voitures, les animaux, et les personnes de l'autre côté de l'Elbe ; il entretient en outre et paie les hommes du bac qui font un service gratuit.

Il cultive trois cents hectares, presque tous d'excellentes terres d'alluvion ; il a cent vingt-cinq hectares des meilleurs prés à regain qu'on puisse voir, lorsqu'ils ne sont pas submergés mal à propos ; enfin cent soixante-quinze hectares de pâtures, dont au moins moitié sont des sables ou des marais.

Son bétail se compose de vingt-cinq chevaux, dont un grand et vieux étalon Cleveland, venu avec lui d'Angleterre ; il ne sort de l'écurie que pour saillir une jument ; ses chevaux ou poulains provenant de cet étalon et de juments importées d'Angleterre, sont très-bons, ainsi que ses bêtes à cornes provenant de taureaux durham, qu'il tire de temps en temps du Yorkshire ; il les paie 1,000 fr. ; ses bêtes bovines se composent de cinquante-trois bœufs élevés sur les lieux, d'autant de vaches, de trois taureaux, de vingt-six génisses de deux ans, de vingt-huit d'un an à dix-huit mois, de dix-huit veaux, de seize jeunes bœufs de trois ans, de vingt de deux ans et de douze d'un an. Il a trois poulains de trois ans commençant à travailler, sept de deux ans, quatre d'un an, et cinq poulains qui têtent encore. Sa porcherie se compose d'un gros verrat anglais, de treize truies mères, vingt-trois jeunes cochons de divers âges, dix petits et cinquante-cinq porcelets.

M. Bates a beaucoup diminué son troupeau par suite des deux dernières années très-sèches, et aussi parce qu'il a perdu la pâture des terres de la commune, depuis qu'on a réuni toutes les parcelles. Il a quatre béliers dishley, deux cent quarante-deux brebis vieilles, cent quarante-quatre en bon âge, deux cent-deux antenaises, cent quatre-vingt-neuf agnelles, quatre-vingt-sept vieux moutons, cent onze jeunes, cent quatre-vingt-cinq antenais et cent quatre-vingt-quatorze agneaux, total mille trois cent cinquante neuf têtes.

D'après ce que j'ai cru voir, M. Bates a pris cette immense ferme avec un capital insuffisant; ce qui l'a empêché d'introduire une bonne culture, un bon assolement, de bons instruments; il ne se sert que des abominables et anciennes charrues du pays; tous ses instruments sont ceux de l'ancienne culture du pays; son bétail est bon, ses moutons dishley ne s'arrangent pas du pacage; il devrait prendre des béliers southdown ou shropshire, qui marchent et parquent bien; ils ont la rusticité qui manque complétement aux dishley. Les cochons sont bons. Ce qui manque, c'est assez de fumier pour bien cultiver autant de terre, on n'achète ni guano, ni os pulvérisés, ni chiffons de laine, c'est-à-dire des engrais d'un faible poids et qu'il est facile de faire venir de loin.

M. Bates m'a laissé entrevoir qu'il ne gagne pas, aussi paie-t-il mal ses gens; le régisseur ne gagne que 450 fr. et la femme de charge que 170 fr.; il y a une trentaine de domestiques à nourrir. Les journaliers ne gagnent en hiver que 62 centimes, en été 87 centimes, les femmes et les garçons de seize ans, 60 centimes.

Les débordements intempestifs des deux grandes rivières, lui sont souvent très-nuisibles.

Il m'a fait voir un champ de colza très-considérable, semé à la volée et non éclairci, au lieu d'être en lignes et d'être sarclé à la houe à cheval. J'ai admiré vingt-cinq hectares de pommes de terre et de betteraves très-propres et promettant une belle récolte.

J'ai été désolé de voir ce fort bel homme, qui m'a paru en même temps être excellent, dans une position

16

embarrassée, et cela parce qu'il a trop entrepris, en proportion de son capital.

Je suis retourné par un autre chemin à Wittemberg ; cette route m'a laissé voir d'excellents prés et des terres pas trop mal cultivées ; je n'ai cependant aperçu que fort peu de trèfles, ou autres prairies artificielles, ce qui annonce qu'on a beaucoup de prés. Il y avait de bons champs de pommes de terre et de betteraves, beaucoup de colzas et de navets, mais semés à la volée et non éclaircis ; il y a loin de cette culture à celle des Flandres.

Je me suis rendu de Wittemberg à Halle, où j'ai pris une voiture pour aller chez MM. Bolzé à Salzmunde, distance de dix kilomètres. J'avais déjà visité en 1856, cet immense établissement agricole et industriel ; j'en ai rendu un compte assez détaillé, dans mon voyage agricole de cette même année.

M. Bolzé, l'aîné, m'a fait parcourir sa sucrerie, dans laquelle il a fait de grandes améliorations depuis ma visite ; il a aussi augmenté de beaucoup son immense fabrication de tuyaux de drainage, de tuiles, de carreaux, de grosses briques, de briques réfractaires, de briques légères, qui se font en ajoutant des débris de lignite ou de charbon de terre à l'argile ; ces débris étant consumés pendant la cuisson des briques, donnent des briques infiniment moins lourdes et dont l'extérieur rugueux, prend bien mieux le mortier ; il fabrique une immense quantité de briques creuses, qu'il ne fait pas payer plus cher que les briques ordinaires ; elles emploient moins de terre et moins de combustible, et sont moins longtemps à sécher ; cette immense tuilerie emploie en été deux cents ouvriers et en hiver cinquante.

Ils ont aussi des fours à chaux non seulement pour leurs très-considérables constructions, mais aussi pour en fournir aux villes qui se trouvent le long des rivières sur lesquelles navigue leur flottille. Son lavoir couvert à kaolin qu'il a établi en 1855, après en avoir vu à Limoges, ville qu'il a voulu visiter après avoir bien examiné notre exposition universelle, lui rend de bons services; les fabriques de porcelaine situées loin des mines, comme celles de Silésie, lui demandent beaucoup de kaolin blanc, afin d'éviter une bonne partie des frais de transport par chemin de fer; mais celles de ces fabriques qui peuvent recevoir leur kaolin brut par eau, n'ont pas encore voulu adopter le kaolin lavé.

Ils ont trente bateaux qui naviguent d'abord sur la rivière la Saale, qui se jette dans l'Elbe à trente lieues de leur habitation. Arrivés là, ils peuvent descendre jusqu'à Hambourg, ou remonter jusqu'à Prague. Ils ne suffisent pas au transport de tous leurs produits.

Ces produits sont considérables, d'abord par suite de leur excellente culture, qui s'étend sur plus de deux mille hectares, en majeure partie très-fertiles, sur terres profondes, à sous-sol perméable et de nature calcaire Plus des deux tiers de ces terres sont leur propriété; près de moitié sont en récoltes sarclées. Ainsi, cinq cents hectares sont en betteraves pour leur sucrerie, quatre cents hectares en pommes de terre, pour leur distillerie qui emploie deux cent soixante hectolitres de pommes de terre par vingt-quatre heures; enfin, cinquante hectares en colza pour leur huilerie.

Leurs grains sont réduits en farine par leur moulin. Il faut ajouter ce qu'ils achètent pour tirer un bon parti de leurs diverses usines.

Leurs mines de lignite emploient soixante ouvriers en été, et davantage en hiver; leurs carrières à terre blanche, servant à fabriquer les gazettes dans lesquelles on cuit la porcelaine, emploient, pendant l'été, trente hommes, qui se réunissent en hiver aux mineurs, afin de travailler à couvert.

Tous ces immenses produits de la culture et des établissements tels que la sucrerie, l'huilerie, la distillerie, la tuilerie, le moulin, et les mines et carrières, emploient, pendant une partie de l'année, jusqu'à deux mille ouvriers et ouvrières, et font vivre environ douze cents personnes, pendant les trois cent soixante-cinq journées de l'année.

Quoique la population soit nombreuse dans la province de Saxe, celle des environs de Salzmundé ne suffit pas pour tout ce qu'il y a à faire dans les immenses travaux entrepris par MM. Bolzé. Aussi ont-ils été forcés de construire une caserne pour loger les hommes, et une autre pour les femmes. Quantité de familles et autres ouvriers arrivent des montagnes de la Thuringe pour y faire les travaux de la belle saison, qui ne cessent qu'après l'arrachage des pommes de terre, celui des betteraves et leur mise en silos : ce sont des travaux considérables qui se font presque tous à la tâche ; même les jeunes enfants y gagnent leur vie en aidant leurs parents. Une chose entr'autres que j'admire et que je n'ai encore vue nulle part ailleurs, c'est que, lorsque ces pauvres gens sont occupés, quoique à leur tâche, de ces deux arrachages, qui se font jusqu'au commencement de novembre, temps où il fait très-souvent de la pluie, et où le froid se fait sentir très-vivement, MM. Bolzé envoient à tout ce monde, des potages gras au riz et aux légumes. Pour ces potages, la viande doit tant bouillir, qu'elle soit tout émiettée. Ces soins réconfortent et réchauffent les ouvriers, sans qu'il leur en coûte rien.

Dans la fabrique de sucre qui emploie cinq cents personnes, la moitié de ces personnes passe la nuit pendant la semaine. MM. Bolzé font donner aux deux cent cinquante ouvriers de nuit, un bol de café au lait sans chicorée : cela, disent-ils, est coûteux, mais réveille les ouvriers et les fait bien travailler.

Ces messieurs ont établi, il y a six ans, une école où ils logent et nourrissent en les instruisant, cinquante garçons pauvres ou orphelins, pris à l'âge de quatorze ans ; ils veulent en faire de bons ouvriers. Sur cent onze garçons qui ont passé par cette école, quatre-vingt-dix sont encore, ou dans l'école, ou bien sont employés par ces messieurs. On leur conserve tout ce qu'ils gagnent, pour le leur remettre à la fin de leur apprentissage. Ces messieurs m'ont dit que deux d'entre ces enfants ont eu, en sortant du collége, une bourse de 600 fr., avec lesquels ils se sont construit chacun une petite maison ; deux autres vont suivre ce bon exemple : on leur donne l'emplacement pour rien, comme encouragement. MM. Bolzé sont si satisfaits des résultats de cette institution, qu'ils construisent, dans ce moment, un grand bâtiment dans le jardin de la pension, afin de pouvoir doubler le nombre des élèves qui doivent y rester jusqu'à l'âge de vingt ans. Tous les enfants prussiens, âgés de six ans, doivent, d'après la loi, suivre les écoles; ces garçons, en arrivant, savent donc lire, écrire et calculer; on continue leur instruction religieuse, et on leur donne les autres enseignements convenables à leur situation. Ils apprennent tous à chanter, et viennent tous les dimanches chanter en chœur près de la salle à manger de ces messieurs, qui réunissent ce jour-là leurs principaux employés à dîner ; les sept chefs de culture des fermes éloignées, assistent à ce dîner. Ils apportent, le matin, leurs livres de comptabilité pour être mis à jour sur le grand livre, et reçoivent leurs instructions.

MM. Bolzé sont décidés à construire une école pour recevoir cent écoliers, afin d'éviter que les enfants de leurs ouvriers soient obligés, comme cela a lieu, d'aller dans l'une des écoles des trois communes les plus rap-prochées de Salzmundé.

Ils vont aussi créer un asile où les familles de la Thuringe pourront mettre, pendant la journée, les enfants trop petits pour les aider dans leurs travaux. Ils m'ont dit qu'ils étaient très-contents de ces ouvriers venant de loin et s'en retournant l'automne. Ceux de ce pays qui ne sont pas logés dans leurs nombreuses maisons, sont très-changeants, et quittent leurs travaux pour aller ailleurs, après avoir travaillé pendant un mois ou six semaines ; ils ont moins à se plaindre sous ce rapport des filles. Ces messieurs me disaient que peu des très-jeunes gens qui sont occupés dans la sucrerie aux travaux les plus faciles, y travaillent plus de deux années de suite. Quant aux ouvriers de la distillerie, ils n'y restent jamais plus d'un mois ou six semaines : l'extrême chaleur qu'il y fait, les force à changer d'ouvrage.

Les chefs et sous-chefs de la distillerie, seuls, persévèrent ; cela tient à leurs salaires plus forts.

Ces messieurs achètent toutes les maisons à vendre dans les communes qui les entourent, à deux ou trois lieues à la ronde, pour y loger les familles des bons ouvriers.

En général, les paysans de ces pays sont trop grandement logés ; ils ont trop à dépenser pour construire ou pour entretenir leurs bâtiments.

Ces messieurs ont pour leur immense culture : quarante bons chevaux danois, quatre cents bœufs et cent quatre-vingts vaches ou génisses venues de Hollande, vers l'âge de six mois. Les troupeaux mérinos contiennent mille brebis ; les antenais et agneaux qui en proviennent pas compris.

Ces messieurs fournissent à leurs ouvriers le seigle à un prix moyen qui reste toujours le même ; ils leur vendent le lait à 12 centimes le litre ; le pain, la viande et les objets nécessaires à leur nourriture leur sont fournis à prix de revient. Les familles qui logent dans leurs très-nombreuses maisons, ont un jardin, un champ de douze ares pour faire des pommes de terre six ares à faucher dans un trèfle, pour nourrir leur chèvre, et un cochon : ces animaux ne doivent jamais sortir de l'étable. Enfin, ils leur donnent suffisante quantité de

lignite pour leur cuisine et le chauffage : tout cela pour
25 francs.

Les prix des journées et des tâches ne sont pas chers
dans ce pays ; il existe cependant de nombreuses usines
de divers genres. Lors de la moisson, les hommes ont
1 fr. 50 et les femmes 1 fr. ; en temps ordinaire, 1 fr. 25
et 78 cent. ; en hiver, les hommes ont 1 fr. et les femmes 60 cent. Les ouvriers des fabriques sont mieux
payés : les hommes ont de 1 fr. 50 à 2 fr. 50, les femmes
1 fr., et les enfants, de 60 à 70 cent. Ils donnent 25 c.
pour arracher cent kilos de pommes de terre ; 35 francs
pour arracher et étêter un hectare de betteraves ; ils font
tout sarcler à la main, au lieu de se servir de houes à
cheval qui diminuent de beaucoup cette main d'œuvre.
Ils économiseraient aussi beaucoup, en arrachant les
betteraves avec une charrue fouilleuse. Toute la culture
d'un hectare, faite à la main, leur revient à 150 fr.

Jusqu'à cette heure, ils ne se sont pas encore occupés
du perfectionnement de leurs instruments d'agriculture, ni d'augmenter la taille de leur troupeau mérinos.

Ces messieurs ont à leur service un habile vétérinaire,
M. Willaret, Français d'origine, qui s'occupait de la
castration des vaches tauréIières ; il en avait déjà castré
avec succès une quarantaine, quand je fis sa connaissance, en 1856, lors de ma première visite à MM. Bolzé.
Je lui parlai alors de l'invention de M. Charlier, méde-
cin-vétérinaire de la Compagnie impériale des voitures
de place de Paris. M. Charlier est arrivé à castrer les
vaches, en opérant six semaines au plus tôt après leur
vêlage. Il ne leur fait pas d'entaille dans la panse ; il
les fait souffrir à peine et sans exposer leur santé, pourvu
que l'opération ne soit pas faite par un temps froid.
Cette invention a le mérite d'augmenter la production
du lait et d'améliorer sa qualité, qui n'est plus altérée
par la disposition de la vache à prendre le mâle. Les

vaches castrées conservent leur lait au moins pendant
un an, ce qui leur permet de prendre de l'embonpoint
pendant la lactation, et de s'engraisser très-prompte-
ment, dès qu'on les tarit ; enfin, la chair et le suif sont
d'une bien meilleure qualité. J'ai donné à M. Willaret
l'adresse de M. Charlier et celle du fabricant des outils
nécessaires pour opérer la castration perfectionnée.
M. Willaret m'apprit, lorsque je le revis, qu'il avait cor-
respondu avec M. Charlier, qu'il avait fait venir les
outils nécessaires à l'opération, et qu'il avait déjà castré
plusieurs vaches arrivées à leur troisième veau, époque
où elles donnent le plus de lait ; enfin que ses opérations
avaient non-seulement bien réussi, mais avaient aussi
produit les avantages annoncés.

M. Willaret a inoculé une immense quantité de bêtes
bovines depuis qu'il a connu l'invention du docteur
Willems, de Hassett. Il inocule toutes les génisses hollandaises que MM. Bolzé font venir chaque année, de
même que les bœufs si nombreux qu'ils engraissent. Il
a imaginé un moyen de conserver la liqueur des poumons, nécessaire pour l'inoculation. Voici comment il
arrive à en avoir toujours à sa disposition : il prend les
deux poumons d'une bête abattue, étant arrivée au second degré de la pleuropneumonie exsudative ; il les
fend du haut en bas dans la partie saine ainsi que dans
la partie malade ; il les suspend de manière à laisser
écouler tout le liquide sanguinolent. Lorsque le liquide
du poumon sort clair, il le met dans des cruchons de
grès qui ont contenu de l'eau-de-vie camphrée, mais
qu'il a laissé sécher pendant un mois, après les avoir
bien lavés ; il les met, après les avoir bien bouchés, dans
une glacière, où cette liqueur se conserve fort bien pendant un couple d'années. On sait maintenant partout
en Prusse ou dans les pays voisins, que M. Willaret a
toujours de cette liqueur à la disposition des personnes
qui en ont besoin, et qu'il la vend 2 thalers le litre, ou

7 fr. 50. On lui en demande beaucoup, ce qui lui fait une assez bonne corde à son arc.

M. Willaret m'a dit qu'il était parvenu, avant de connaître la découverte du docteur Willems, à guérir la pleuropneumonie lorsqu'elle venait de se déclarer, en employant un des trois remèdes suivants :

Le premier moyen curatif contre la pleuropneumonie exsudative, si l'on n'a pas de liqueur de poumons à sa disposition, est un mélange de cali et de carbonicum, dans la proportion de deux loth qui sont, je crois, égales à deux onces, de chacun des deux.

Deuxième remède : *ferrum sulfuricum*, deux loth. Ce remède est plus fort et peut être dangereux.

Troisième remède : *Allumen ustum et cuprum alluminatum*, deux loth.

Il m'a dit, si j'ai bien compris, que si, par suite de l'inoculation, la queue d'une bête venait à enfler, il lui faisait de fortes incisions en commençant au-dessus de l'enflure ; il laissait bien saigner les plaies, et les induisait avec la préparation suivante : *Calcarion florata A-A, cali carbonicum*, par parties égales. Avec ce remède, on ne risque plus de perdre ni la queue, ni même le bout de la queue. Il pense que si l'on conserve longtemps des bêtes à cornes déjà inoculées, on fera bien de les inoculer de nouveau au bout de six ou sept ans.

M. Bolzé l'aîné, ayant une visite à faire à un de ses amis, M. Wengenberg, très-grand cultivateur, me proposa de l'accompagner. Le très-vieux château de Lubourg est une ancienne forteresse composée de huit énormes tours qui dominent une étroite mais jolie vallée, contenant deux charmants lacs. Le paysage serait admirable, si les sommets des montagnes assez élevées qui l'encadrent, étaient garnis de bois.

M. Wengenberg est fermier de deux terres, et propriétaire d'une troisième ; ces terres lui donnent une culture de quinze cents hectares, sur laquelle il nourrit trois cent quatre-vingts vaches laitières et une trentaine de génisses pour remplacer les vaches à réformer ; tout cela est venu de Hollande, car il n'élève pas. M. Wengenberg a en totalité, environ cent chevaux de trait et une cinquantaine de poulains, qui sont élevés dans les deux autres fermes ; il ne conserve dans la ferme qu'il habite que des chevaux entiers tirés du Hanovre, chose que je n'avais jamais vue en Allemagne. Ses troupeaux s'élèvent au chiffre de six mille têtes de bêtes à laine ; il élève et engraisse beaucoup de cochons anglais ou croisés.

Son fermage n'est que de 60 fr. l'hectare, mais son bail tire à sa fin, et il est probable qu'il sera augmenté de moitié, ainsi que le pensent ses voisins. Cette culture a cependant l'inconvénient d'être dans un pays assez montagneux ; anciennement, toutes les pentes bien exposées de ces montagnes, étaient plantées en vignes, mais elles ont disparu peu à peu. Il ne reste plus qu'une des sept constructions qui existaient précédemment sur la terre de Lubourg, et qui contenaient les caves et les pressoirs.

Le peu de vin qui se fait dans ces environs est envoyé à Magdebourg, où il est transformé en vin de Bordeaux.

MM. Bolzé m'ayant fait reconduire à Halle, après avoir été on ne peut plus obligeants pour moi, je repris une place sur le chemin de fer, allant à Francfort.

J'aperçus, en attendant le départ du convoi, deux paysans ayant un costume qui me les fit reconnaître pour être des habitants de la Hongrie. Je leur adressai la parole en allemand ; ils me répondirent en cette langue qui était la leur, qu'ils arrivaient du Banat, sur la frontière de la Turquie. Leur père, qui était de Merzig, près de Trèves, était allé se fixer dans ce pays avant leur naissance ; ils allaient dans le pays de leur père

pour y recevoir ce qui leur revenait de leur grand-père
qui venait de mourir. Dans le même voyage, je rencon-
trai un autre homme ayant le même costume ; il me dit
qu'il était fixé près Szolnoc, sur les bords de la Theis,
et qu'il venait visiter des parents dans les environs
d'Eisenach.

Je me suis trouvé en wagon avec deux messieurs ; la
conversation s'étant établie entre nous, l'un des deux,
qui se nommait M. Serge Pizarof, propriétaire dans la
Russie méridionale, nous dit qu'il faisait valoir une sucrerie travaillant par la macération ; elle produit 7 0/0
de sucre, mais elle ne lui est pas très-profitable à cause
du manque de combustible ; le bois est rare et cher ; le
pays manque de chemin de fer, de canaux et de routes,
ce qui l'empêche de faire venir de loin du charbon de
terre ou du lignite. Il ajouta qu'il voulait changer sa
fabrication, afin d'éviter la très-grande consommation
de combustible exigée pour faire évaporer l'immense
quantité de liquide que la macération amène. Il voya-
geait pour apprendre ce qu'il y avait de mieux à faire
pour bien remonter sa sucrerie ; il venait de visiter pour
cela Magdebourg et ses environs, et allait continuer ses
explorations en Belgique et en France. La troisième
personne du wagon, M. Rasmus, nous dit qu'il était
chef des constructions mécaniques, dans une grande
fabrique de machines à vapeur à poste fixe, d'appareils
de distillerie et de fabrication de sucre à Magdebourg.
Sa conversation a dû être très-utile à M. Pizarof, qui
avait l'air fort intelligent.

Il fut question entre ces messieurs, d'une nouvelle
méthode de fabriquer le sucre, sans employer de presse ;
on l'obtient aussi par macération, d'après M. Rasmus.
Cette nouvelle méthode vient d'être adoptée par un certain nombre de fabricants ; les autres de ces messieurs
qui sont progressifs, mais prudents en même temps, at-
tendent l'expérience des premiers. Il nous a dit que les

centrifuges faites pour cette nouvelle méthode de faire
le sucre avec des betteraves râpées, qu'on délaye dans
25 p. 0/0 d'eau, ont un mètre de diamètre, et font mille
tours par minute; elles prennent la force de deux chevaux vapeur.

M. Rasmus a dit qu'on comptait à Magdebourg, qu'il
fallait autant de fois vingt-sept ares de terre, qu'on
voulait employer de mille livres de betteraves à faire du
sucre, et qu'il fallait une force de quarante chevaux vapeur, pour fabriquer, en vingt-quatre heures, cinquante
mille kilos de betteraves. Il assurait que les betteraves
donnaient dans toute sucrerie bien dirigée, 10 p. 0/0 de
sucre, et jusqu'à 13 p. 0/0 par exception. M. Rasmus
disait encore qu'on avait 80 p. 0/0 de résidus ou pulpe,
dans les fabriques où l'on râpe.

Il nous a dit qu'étant toujours pressé d'ouvrage, par
le grand nombre de commandes que sa fabrique recevait, il avait pris pour habitude, de payer autant à ses
ouvriers pour huit heures de travail fait un dimanche,
que pour douze heures dans les jours ordinaires; pour
obtenir plus d'ouvrage, il paie les tâches terminées le
jour fixé, plus cher que celles en retard. Il n'emploie
que des ouvriers de choix, payés par lui 25 p. 0/0 plus
cher qu'il n'est d'usage de leur donner dans les autres
fabriques. Avec ces gens gagnant jusqu'à 5 fr. 62 c. 1/2
par jour, il obtient presqu'autant d'ouvrage, qu'en font
les autres fabricants avec le double d'ouvriers. Il tient
surtout à ce que tout ce qui sort de la fabrique qu'il
dirige, soit bien fait et solide; cela lui attire plus de
commandes qu'il n'en peut faire: il lui en vient même
de Silésie, malgré la grande distance.

Comme nous sommes restés assez longtemps ensemble, M. Rasmus a fini par nous raconter son histoire.
Fils d'un serrurier de campagne du centre de l'Allemagne, il a appris ce métier sous son père; il l'a quitté
sachant fort peu de chose, pour aller chercher de l'ou-

vrage à Mulhouse, ville remplie de grandes fabriques.
Il y a passé plusieurs années en cherchant le plus possible à devenir un bon ouvrier ; il a acheté les livres
nécessaires pour apprendre la mécanique ; il a tellement
travaillé et mis une telle persévérance pendant bien
des années, qu'il a fini par arriver à son but. Il s'était
marié à Mulhouse, cela ne l'a pas empêché de suivre
avec quelques autres bons ouvriers français, un fabricant fort intelligent de Saxe, qui les a menés à Chem-
nitz non loin de Dresde, où les ouvriers d'une fabrique
de machines étaient des plus arriérés ; on les y avait
amenés pour les former, au bout de quatre ans ; il y a
neuf ans de cela ; ce même fabricant l'emmena avec
plusieurs autres pour monter à Magdebourg une fabrique de machines à vapeur à poste fixe, d'appareils à
distillation et à fabrication de sucre. M. Rasmus nous
dit qu'il ne s'était jamais occupé précédemment de ce
genre de fabrication ; mais ils trouvèrent les autres
fabriques des mêmes objets tellement arriérées alors,
qu'il ne leur fut pas difficile de bientôt les dépasser.

M. Rasmus a deux fils, auxquels il cherche à donner
la meilleure éducation possible ; il se souvient combien
il a eu de peine à s'instruire, arrivé à l'âge d'homme.

Il nous quitta à une bifurcation et le wagon se remplit. Mon nouveau voisin ayant le ruban de la Légion
d'honneur, je lui adressai la parole comme à un com-
patriote ; il l'était doublement, puisqu'il est de Nancy
où je suis né. M. Charlot me dit qu'il est propriétaire
d'une fabrique de toiles de coton près Saint-Dié ; sa
conversation m'a singulièrement intéressé ; il m'a dit
entr'autres choses, qu'il avait fait tout ce qu'il avait pu,
pour amener le plus possible de ses ouvriers à placer
leurs économies à la caisse d'épargne ; dès qu'ils ont
100 francs, il les leur prend et leur en paie 6 p. 0/0 ;
ce gros intérêt les avait pour la plupart décidés à devenir économes et à fuir par conséquent les cabarets ; ils

deviennent ainsi de bons ouvriers et de braves gens. Il emploie encore un autre moyen qui lui réussit aussi fort bien, mais il est plus coûteux. M. Charlot construit des maisons fort simples, mais solides et commodes et il y joint un jardin ; elles lui reviennent à 1,600 francs, et il les cède pour 1,300 francs à ses gens. Il m'a dit en avoir déjà placé douze comme cela ; lorsqu'il en vend une, il en construit de suite une autre.

Arrivés à Francfort, nous nous sommes séparés, mais j'ai le désir d'aller le visiter, ainsi que ses braves ouvriers dont il est fort content. Ayant parlé de M. Charlot à un monsieur de ma connaissance qui habite l'été dans les Vosges, il m'a dit que tout ce que M. Charlot m'avait raconté était parfaitement exact, et qu'il était non seulement le meilleur des propriétaires, mais encore la providence des pauvres ; il a bâti une église dans son village, qui en manquait.

Mon voyage de Halle à Francfort, m'a fait voir un pays plus beau et meilleur que celui que j'avais parcouru depuis les bords du Rhin à Brunswick. Dans le début du voyage, je vis une quantité assez considérable de vignes ; plus loin elles disparaissent lorsque le pays s'élève à une plus grande hauteur au-dessus de la mer ; la culture devient en même temps moins bonne. Les environs de la ville d'Erfurt sont cultivés en jardins maraîchers ou en semenceaux ; ce qui établit dans cette ville un commerce considérable de graines, expédiées en grande quantité et de tous côtés.

Ayant couché à Francfort, j'en repartis le 7 septembre, vers onze heures, par un train express qui m'amena vers cinq heures à Sarbruck, assez jolie ville de vingt mille âmes ; ce pays est riche par ses excellentes houillères.

Le commencement de mon voyage de ce jour, m'a fait traverser une espèce de désert de pauvres sables et de bois de pins. J'ai eu un véritable regret de n'y aper-

cevoir de lupins d'aucune espèce, pas plus que de serradelle, ni de spergule, trois plantes que Dieu a créées
pour venir au secours des habitants de plaines sableuses
et maigres. En approchant de Weinheim, on entre dans
un pays très-bien cultivé et fort joli; il est couvert
d'arbres fruitiers, les côteaux sont garnis de vignes; on
voit des champs de betteraves et de tabac; une partie a
été repiquée après que le seigle, les vesces, le trèfle
incarnat, ont été enlevés; les champs de tabac faits de
bonne heure, ont de superbes feuilles qui sont expédiées à la Havane, pour y être employées à la confection
des fameux cigares de cette île. Ces betteraves et ces
tabacs repiqués comme seconde récolte, ne peuvent
réussir qu'à l'aide d'une excellente culture, avec de
très-fortes fumures et plusieurs arrosements avec du
purin ou à son défaut avec de l'eau et du guano.

En se rapprochant du Necker, on retrouve les pauvres
sables et de mauvais bois de pins sylvestres, sur les points
où le sable s'est amoncelé; une fois le Necker et le Rhin
traversés, on retrouve une bonne culture en terres sablonneuses, mais moins de champs de tabac, dont les
feuilles ne sont pas si grandes; on retrouve des vignes,
même avant de quitter le pays plat. En passant près de
la ville de Neustadt, construite aux pieds de la chaîne
des Vosges, on ne voit que des vignes à toutes les bonnes
expositions, même sur des pentes d'un sable rouge tellement raides, qu'il a fallu y construire des terrasses
pour empêcher le sol de descendre dans la vallée.

Le chemin de fer s'élève peu à peu, en suivant d'é-
troites vallées garnies d'usines que les chutes de petites
rivières ou de ruisseaux, mettent en mouvement. On
atteint le haut de ces montagnes un peu après avoir
dépassé la ville de Hochspeire; le pays redevient assez
plat, mais sablonneux et garni de bruyères souvent
tourbeuses, qu'on écobue pour s'en servir comme combustible, lorsqu'on est à portée d'un village. On voit

qu'il est possible de tirer parti de ces pauvres sables, qui deviennent productifs lorsqu'on peut les fumer ; on le pourrait si l'on y connaissait et pratiquait la culture des lupins, qui y réussiraient sans fumures, car on les cultive avec succès dans l'Eiffel, chaîne de montagnes plus au nord ; le sol n'est pas meilleur que celui des environs de Hombourg. C'est de là que part un embranchement du chemin de fer, rejoignant la ville de Deux-Ponts qui n'en est qu'à dix kilomètres.

J'ai couché à Sarbruck, pour aller le lendemain passer la journée chez un excellent cultivateur, M. Villeroy, au Rittershof. Sa propriété est de 350 hectares dont deux cents sont en beaux bois très-bien soignés, et dont une assez grande partie a été plantée par lui ; il a commencé ce travail il y a quarante ans, époque où il a acheté cette propriété de son père pour 70,000 francs. Elle en vaut maintenant au moins 350,000 ; il y a créé plus de vingt hectares de prés irrigués et bien fumés ; ses terres sableuses naturellement peu fertiles, ont été tellement améliorées par ce bon et persévérant cultivateur, qu'elles lui donnent, suivant les années, de vingt-cinq à trente, et quelquefois jusqu'à trente-six hectolitres de seigle. Ses vingt hectares de pommes de terre, lui donneront, espère-t-il, deux cents quintaux métriques par hectare ; nous en avons arraché dans plusieurs endroits, et elles étaient énormes ; elles sont encore vertes et on n'y voit aucune atteinte de la maladie.

Les récoltes de foin et de regain, ont été toutes deux abondantes par suite des irrigations et des bons soins.

Son beau bétail provient de taureaux durham avec de belles vaches du Glan ; ses trois cent cinquante bêtes à laine, proviennent de béliers southdown, croisement qu'il a commencé il y a dix ans ; M. Villeroy est très-satisfait des deuxième et troisième croisements ; les agneaux mâles se vendent âgés de six mois de 35 à 40 francs la paire ; les brebis stériles qu'on a abattues, pesaient vingt kilos de viande nette.

Son berger qui connaît bien son métier, gagne 600 f. tout compris, et il n'est pas nourri. On peut trouver de bons bergers pour ce prix, en les demandant quelque temps avant la St-Michel, à M. Villeroy. Il a fait venir de Sainte-Marie-aux-Mines, dans les Vosges, un vacher et sa femme dont il est fort content; ils sont logés, mais ils ne sont pas nourris; ils gagnent 700 fr. Ces braves gens m'ont dit qu'on trouverait facilement dans leur pays de bons vachers pour le même prix.

M. Villeroy a semé une couple d'hectares en lupins jaunes qui sont fort beaux et chargés de graine. Il faut espérer que son exemple finira par étendre cette culture si utile dans les pays sablonneux. Il m'a dit qu'il céderait de la graine à 20 fr. l'hectolitre, livré à la station de Hombourg.

Son troupeau parque les terres les plus hautes de sa montagne ; il y a construit une bergerie où on le met, lorsque le temps est mauvais ; on lui donne pour litière des genêts coupés dans les environs : cela forme un excellent fumier, et il évite ainsi le transport très-pénible du fumier sur cette hauteur très-élevée.

En rentrant en France, j'ai vu avec regret que les effets de la sécheresse y duraient encore ; les prés des bords de la Moselle sont d'une couleur brune au lieu d'être couverts de beaux regains, comme ceux que je venais de voir en Allemagne. Les prés bordant la Meuse et l'Ornain avaient meilleure apparence.

J'ai visité la très-petite culture de M. Louis d'Hédouville à Eclaron, près de St-Dizier ; il a acheté il y a cinq ans, un champ de quatre hectares, qu'il a entouré d'une haie d'aubépine taillée avec soin ; il y a formé sur une partie, un verger d'arbres à fruits choisis.

Il a récolté, en 1855, sur un hectare douze ares , quatre cent trente-une gerbes, qui n'ont produit que douze hectolitres cinquante litres de froment, vendus à 29 fr. 68 l'hectolitre ;

En 1856, un hectare vingt-cinq ares ont donné quatre cent vingt gerbes, dix hectolitres cinquante litres, vendus à 23 fr. 50 ;

En 1857, un hectare vingt-sept ares ont produit sept cent soixante-seize gerbes, trente-sept hectolitres vingt litres, vendus 15 fr. 79 ;

En 1858, un hectare vingt-cinq ares en froment, ont produit au moins autant que l'année précédente.

Il est à remarquer que le froment de 1857 n'avait reçu que deux cent vingt-cinq kilos de guano, et ce champ a été le seul qui ait donné, l'année suivante, une belle avoine, dans ces environs. Les terres d'Eclaron sont, en général, argilo-calcaires et naturellement très-fertiles ; mais le sous-sol en est très-imperméable. Les récoltes de froment viennent souvent mal après les hivers humides, comme en 1856 ; elles auraient énormément à gagner par le drainage.

Je me suis rendu, le 27 septembre, au château d'Aumé, chez M. Ponsard, président du Comice agricole de Châlons-sur-Marne. Sa terre est à cinq kilomètres de la station de Vitry-la-Ville. Il cultive une terre de cent cinquante hectares, dont il a hérité de son père ; son habitation est posée sur un coteau qui domine le canal et la belle vallée de la Marne.

Il possède dans cette vallée, une quarantaine d'hectares d'excellents prés, et y a planté dans les parties trop humides, des oseraies qui sont très-productives. Il veut établir une chute d'eau sur la Marne : elle fera mouvoir une double pompe, afin d'élever l'eau de son canal à une certaine élévation. Il pourra ainsi irriguer une vingtaine d'hectares de ses prés.

Il achète des terres crayeuses éloignées de deux ou trois kilomètres du village, lorsqu'il s'en trouve à vendre ; il les paie de 2 à 300 fr. l'hectare ; il leur donne une jachère pour les nettoyer, et leur applique ensuite une fumure de soixante mètres cubes par hectare. Il y met du froment dans lequel il fait semer vingt kilos de graine de luzerne : celle-ci dure de sept à huit ans, et lorsqu'on la défriche, le champ est devenu capable de donner de très-belles récoltes de céréales et de racines.

M. Ponsard a acheté, il y a une couple d'années, quatre cents hectares de terres crayeuses plantées en pins sylvestres depuis une vingtaine d'années; il ne la paie, l'hectare, que 200 fr. ; la raison de ce prix si bas est que cette propriété est située à au moins six kilomètres de tout village. Il y crée une belle ferme et y creuse un puits qui aura une très-grande profondeur avant d'arriver à l'eau. Il y a établi un troupeau de bêtes à laine croisées dishley mérinos, qui pâturent sous les pins, et y trouvent une bonne partie de leur nourriture.

M. Ponsard a ajouté à ces bois de pins, environ deux cents hectares de ces terres crayeuses, que les habitants des villages les moins éloignés de là, viennent labourer le plus superficiellement possible, pour y semer un seigle sans engrais. C'est dans le but de renouveler le pâturage à moutons, qui s'y forme ensuite pour quelques années. Il ne paie ces terres que 150 à 200 fr. l'hectare; il va les cultiver et les fumera avec du guano.

M. Ponsard a dans la ferme près de son habitation, de beaux durham de pur sang, des ayrshire et des bêtes croisées. Son troupeau est croisé dishley mérinos; les cochons sont des yorkshire et des berkshire.

Il a fait insérer, il y a peu de temps, dans le *Journal d'agriculture pratique*, qu'on peut se débarrasser radicalement de la cuscute qui infeste si souvent les prairies artificielles, en arrosant les taches de cuscute, avec une solution de cinq kilos de vitriol vert dans un hectolitre d'eau.

Il m'a fait voir deux barattes coûtant l'une 15 fr. et

l'autre 25 fr. ; elles ont le mérite de baratter, en quinze minutes, jusqu'à six kilos de beurre ; la différence entr'elles, c'est que la moins chère n'a ni volant, ni engrenage ; elles se lavent très-facilement. Lorsque le beurre est battu, pour l'avoir parfaitement débarrassé de son lait, on renouvelle l'eau trois ou quatre fois, en faisant tourner la manivelle ; la troisième ou la quatrième fois, l'eau sort parfaitement claire. Le service de cette baratte se fait d'autant plus facilement, que son fond est percé d'un trou qu'on tient bouché avec une cheville ; il sert d'abord à évacuer le bat beurre, et ensuite les eaux des divers lavages. Lorsque la chaleur de l'été rend le beurre trop mou, on lui donne de la consistance en le lavant avec de l'eau très-fraîche ou même froide. Le fabricant de ces barattes, qui ne coûtent que de 15 à 20 fr. pour faire de douze à quinze livres de beurre, fait beaucoup d'autres excellents instruments de culture ; il se nomme Paul François, et demeure à Vitry-le-Français.

Je suis allé de chez M. Ponsard à Châlons, où j'ai visité la très-belle faisanderie que M. Jacquesson, grand négociant en vin de Champagne, a montée depuis cinq ans. Il l'a mise sous la direction de M. Méret, ancien maître d'hôtel d'une grande maison à Paris.

M. Méret s'occupe depuis vingt-sept ans de l'éducation des volailles ; voici ce qu'il a bien voulu m'apprendre de ses méthodes : il m'a fait voir d'abord ses couveuses artificielles : ce sont de petites armoires de soixante ou quatre-vingts centimètres en carré ; elles contiennent chacune, quatre tiroirs, dont deux sont superposés. Un petit compartiment entre chaque paire de tiroirs, contient une lampe en cuivre jaune, placée sous une petite chaudière de pareil métal ; elle envoie de la vapeur à droite et à gauche entre les tiroirs superposés.

Après avoir examiné les œufs au jour, entre deux

volets presque fermés, afin de voir s'ils contiennent le germe du poulet, on les met dans les deux tiroirs du fond ; on allume la lampe, en veillant à ce que la chaleur interne des tiroirs se maintienne entre trente-deux et trente-cinq degrés centigrades, pendant les sept premiers jours de l'incubation ; durant les sept jours suivants, elle doit rester entre trente et trente-deux degrés ; pendant la troisième série de sept jours, la chaleur ne doit être que de vingt-huit à trente degrés.

Les poulets éclosent au bout de vingt-et-un jours ; on les laisse sortir de la coque, et puis se sécher dans ces tiroirs ; on les remonte ensuite dans les tiroirs au-dessus, qui contiennent chacun une plaque en tôle d'une forme courbe. Elle est garnie intérieurement de peau de mouton avec sa laine ; les poulets s'y fourrent lorsqu'ils n'ont pas assez chaud. Le dessus des tiroirs supérieurs est couvert de verre, afin que les poussains puissent manger ; au bout d'un couple de jours, on les met dans des compartiments formés de carreaux en verre ; la température doit en être à dix degrés pendant cinq à sept jours, suivant la saison ; elle est abaissée graduellement à moitié, pendant les cinq ou sept jours qui suivent.

On loge ensuite les poulets dans une cage non chauffée, mais qui doit se couvrir la nuit pour éviter le froid ; ils y resteront dix ou quinze jours, suivant la température de la saison . Ils passeront de là dans une cage plus spacieuse et couverte seulement d'une toiture, afin qu'ils ne soient pas mouillés ; enfin, on peut les laisser se mêler aux autres volailles de la basse-cour, vers l'âge d'un mois à six semaines, suivant le temps plus ou moins chaud du dehors.

Sur l'énorme quantité de poules qu'on tient ici, il y en a toujours beaucoup qui demandent à couver. La longue expérience de M. Méret lui a indiqué que la meilleure manière de les remettre en état de pondre, était de leur faire couver, pendant une semaine, des œufs ayant passé sept jours dans la couveuse artificielle à laquelle on les rend ensuite ; il enferme alors les poules couveuses dans une grande cage, et au bout de huit à dix jours, elles recommencent à pondre, ce qui leur procure leur liberté.

Voici la manière de nourrir les volailles de tout âge. On prend du sang de boucherie frais ; on y ajoute un tiers de son volume d'eau ; on évapore au bain-marie. Le sang se forme en caillots qu'on laisse sécher pour les réduire en poudre ; on en met un tiers mêlé à autant de petit riz bouilli et à autant de salade hachée : c'est la nourriture des petits. Si cette nourriture se trouve un peu trop humide, on la saupoudre de son.

Le reste des habitants de la faisanderie se compose d'environ trois mille individus : dindons, oies de Toulouse, pintades, canards barbotiers, du Japon, ou mandarins, poules de bien des variétés, faisans dorés, argentés ou ordinaires, et perdrix. Leur nourriture est préparée avec le sang desséché, pour un tiers, un tiers de pommes de terre cuites, et un tiers de salade ou de feuilles de choux hachées bien menu, au moyen d'une petite machine fabriquée pour cela. Dans ce pays de vignobles où l'on distille des marcs de raisin, on ajoute à cette pâtée des résidus de cette distillation.

M. Méret assure que les poulets âgés de trois mois et gras, c'est-à-dire prêts à mettre à la broche, n'ont coûté qu'environ un franc ; c'est un centime pour chaque jour de leur existence.

Il n'estime les cochinchinoises que pour leur disposition à couver ; cette espèce donne beaucoup d'œufs, mais sa chair n'est pas estimée ; les poulets en sont difficiles à élever. Il fait grand cas des crèvecœur, des dorking et des brahma poutra.

M. Méret prétend que des établissements dans le genre de celui qu'il dirige, mais montés plus simplement, et

pouvant exiger une mise de fonds de 50,000 fr. par pou-
lerie, placés à la porte de Paris, fourniraient avec avantage une bonne partie des volailles qui se consomment
dans la capitale.

Je suis sorti enchanté de la faisanderie de M. Jaques-
son, et fort reconnaissant à M. Méret de ce qu'il m'a
appris.

Je me suis rendu de Châlons à Reims, d'où je suis
reparti avec M. Charpentier, fils d'un excellent cultivateur, pour la station de Bazancourt; c'est la deuxième
à partir de Reims sur le chemin de fer des Ardennes.

M. Charpentier eut la complaisance de quitter ses
occupations, pour me faire faire la connaissance de
MM. Saint-Denys frères, grands sylviculteurs dont il
m'avait parlé quelques années auparavant. Ces messieurs
ne s'étant pas mariés, ont vécu fort longtemps avec
leurs deux sœurs, qui dirigeaient leur ménage; les
ayant perdues, ils sont restés seuls à la tête d'un nombreux domestique, malgré leur âge avancé, le cadet
ayant soixante-quatorze ans.

En 1819, au moment où les armées étrangères re-
tournaient chez elles, leur fortune se composait d'une
vingtaine d'hectares de terre; les meilleures qui bor-
daient la Suippe, valaient alors 1,600 fr. l'hectare; elles
se vendraient le double aujourd'hui. Les deux frères
avaient à peu près 20,000 francs de dettes, pour s'être
fait remplacer, et aussi à la suite de pertes éprouvées
par le fait de l'occupation étrangère. L'activité et l'économie sans pareille de cette famille très-intelligente,
l'ont mise en peu d'années en position de payer ses
dettes d'abord, et ensuite d'augmenter sa fortune d'une
manière bien extraordinaire.

MM. Saint-Denys attribuent la première cause du
changement de leur fortune, à l'achat du fumier d'une
caserne de cavalerie étrangère, qui se trouvait à douze
kilomètres de chez eux; ils l'attribuent ensuite aux

immenses plantations qu'ils ont faites dans des terres crayeuses de faible valeur. M. Quentin Saint-Denys, l'aîné des deux, a employé quarante années de sa vie, à aller deux fois chaque jour, chercher une énorme voiture de fumier qu'il chargeait et déchargeait tout seul. Le chargement et le déchargement employaient chaque fois un certain nombre d'heures, durant lesquelles ses quatre gros chevaux avaient le temps de manger et de se reposer. Lui seul les nourrissait et les pansait; il n'avait que le temps de manger, et il ne dormait que sur sa voiture lorsqu'elle retournait à vide, les chevaux connaissant fort bien leur chemin.

Depuis que M. Quentin a renoncé à faire ce fatigant métier, deux charretiers et six chevaux avec des aides, ne font plus qu'un seul voyage par vingt-quatre heures, et ne ramènent guère que la moitié de ce que leur maître voiturait dans le même temps.

M. Quentin, ne s'en rapportant à personne, se lève encore à minuit, pour faire boire et donner à manger à ses chevaux. Lorsque cela est fait, il se recouche pour se relever à l'heure où l'on attelle.

La masse de fumier qu'ils ajoutent depuis si long-temps à celui qui se fait chez eux, a permis à MM. St-Denys d'adopter un assolement extraordinaire, qui a été imité par les bons cultivateurs du voisinage dans leurs meilleures terres; ces terres ont souvent été améliorées par le défoncement, même de celles qui étaient crayeuses.

Voici leur assolement : première sole, orge sur jachère avec quarante-cinq mètres de fumier, coûtant d'achat, de transport, rendu sur le champ et répandu, 8 fr. le mètre, c'est 360 fr. pour la fumure d'un hectare; deuxième sole, trèfle; troisième sole, froment avec une nouvelle fumure de soixante-quinze mètres; quatrième et cinquième soles, seigle; sixième sole, avoine; ils assurent que le second seigle est meilleur que le premier.

Ils cultivent soixante hectares près de leur habitation ; mais ils ont des terres éloignées, d'une bonne qualité, qu'ils cultivent sans jamais les fumer. Voici leur autre assolement ; première sole, jachère complète ; deuxième sole, seigle dans lequel on sème du sainfoin qui dure trois ou quatre ans ; puis ils recommencent. Ils donnent à leurs prairies artificielles, trèfles, sainfoins, ou luzernes, des cendres pyriteuses, ou mille kilos de plâtre par hectare.

Sur environ six cents hectares de terre qu'ils possèdent, ils en cultivent à peu près cent cinquante et ils en louent autant ; le reste se compose de terrains crayeux et en côteaux destinés aux plantations ; leurs bonnes terres sont louées 60 fr., et les médiocres, de 20 à 30 fr. l'hectare.

Ces messieurs n'ont point de troupeau, mais seulement quelques vaches laitières pour le service du ménage, et onze chevaux ; tout ce qui n'est pas consommé à la ferme, est vendu ; j'ai vu livrer cent bottes de paille pour 26 francs. M. Quentin Saint-Denys dirige les affaires du dehors ; son frère s'est chargé de l'intérieur ; il reçoit l'argent qui rentre, et paie les achats ; depuis que les sœurs sont mortes, il ne s'en rapporte pas à la servante, qui est la seule femme de la maison, pour faire les parts de nourriture destinées à chacun des onze domestiques ; il les fait lui-même et les gens les tirent au sort ; sans cette précaution, dit-il, il y aurait des réclamations.

M. Saint-Denys, le cadet, est encore très-actif, quoiqu'il ne puisse plus changer de place, sans se servir de deux cannes ; cela ne l'empêche pas de soigner seul ses nombreuses planches de semis de pins laricios et de pins noirs d'Autriche. Ces planches sont creusées comme des couches ; on les remplit de terre de bruyère, apportée de six lieues. Anciennement le second des deux frères, creusait à lui tout seul ces nombreuses couches à semis; il sème, sarcle et déplante encore les jeunes plants d'un ou deux ans; il les repiquait autrefois dans les terres crayeuses labourées profondément, où ils restent deux ou trois ans; il les arrachait, les mettait en bottes, ensuite en jauge, ce qui se faisait souvent sur les champs de propriétaires voisins. Pour mettre en jauge, il fallait creuser à trente ou quarante centimètres, et dans cette plaine crayeuse, on ramenait de la craie à la surface. Dans le principe, les voisins se plaignirent; M. Saint-Denys leur répondit, que si le froment fait sur la partie défoncée n'était pas plus beau que sur le reste du champ, il les indemniserait; il m'a assuré que personne n'était venu demander l'indemnité, tant les labours profonds, même dans les sols crayeux, améliorent la végétation des plantes. On est d'un avis complétement opposé dans les parties de la Champagne qui ne se rapprochent pas des cultures de ces messieurs; j'ai visité souvent, encore cette année, de bons cultivateurs champenois, soutenant que dans les terres crayeuses, il ne faut labourer qu'en effleurant la superficie.

Les pépinières de MM. Saint-Denys sont fort considérables; elles ont servi depuis une trentaine d'années, à planter plus de quatre mille hectares de mauvaises terres crayeuses, situées principalement sur les éminences éloignées des villages; ces derniers sont presque tous placés dans les vallées, à portée des cours d'eau. Ces terres vagues, en grande partie communales, se vendaient il y a une trentaine d'années, 25 fr. l'hectare; maintenant on les paie de 100 à 200 fr. C'est l'aîné de ces trois messieurs dont nous n'avons pas encore parlé, qui a commencé à planter des pins sylvestres. Plus tard, il a appris en visitant les pépinières du château et de la forêt de Compiègne, à connaître et à apprécier les pins laricios et les pins noirs d'Autriche, ces messieurs regrettent maintenant beaucoup de n'avoir pas connu plus tôt l'immense avantage que ces deux espèces de pins ont sur les pins sylvestres et d'Ecosse, pour les fonds de craie.

Les pins sylvestres plantés il y a 30 ans, sont tous tortus, aucun d'eux ne pourra fournir une pièce de charpente ; ils ne feront que du bois de chauffage ; il faut quatre ou cinq de ces pins âgés de trente ans, pour former un stère de bois, qui se vend de 8 à 9 francs, dans ce pays où le bois est très-rare ; les fagots de branches de pins, paient les frais d'exploitation.

Ces messieurs blâment l'élagage des pins ; ils assurent d'après une longue expérience, que les pins élagués perdent dans leur croissance, plus que la valeur des branches qu'on leur a enlevées.

Les deux frères Saint-Denys n'ont pas eu d'enfants à élever dans des collèges ou des pensions ; ils ont pu entasser annuellement leurs grandes économies ; depuis une quinzaine d'années, elles s'élèvent, dit-on, à une somme de 30 à 40 mille fr. par an. Pour les employer, ils ont acheté des terres vagues, ou bien de celles qu'on ne laboure que tous les six ans, pour y renouveler de tristes pâtures à moutons, en y semant un seigle rendant rarement deux fois la semence ; ils sont arrivés à planter plus de quatre mille hectares, dont environ moitié leur appartient ; le reste est à des propriétaires champenois, parmi lesquels figure M. Charpentier-Courtin, le père de mon compagnon de voyage, qui en possède sept à huit cents hectares.

MM. Saint-Denys, en plantant cette grande étendue de bois, en grande partie sur les plateaux les plus élevés de la Champagne, ont rendu à ce pays un double service ; ils l'ont enrichi et en même temps ils ont abrité ces plaines au moyen de ces arbres à haute tige, qui conservent toujours leur verdure.

Voici la manière de planter, adoptée dans le principe

par ces messieurs. Ils plantaient les pins sylvestres ou d'Écosse en lignes distantes de dix à douze pieds ; cela se faisait sur un labour profond, donné l'année précédente, autant que possible ; on plantait entre les lignes des arbres résineux , des lignes de marsaults, aulnes et bouleaux ; ils ne furent pas longtemps sans s'apercevoir que ces derniers ne prospéraient pas à côté des pins. En effet , ceux-ci arrivés à l'âge de dix à douze ans, étouffent les bois feuillus qui coûtent beaucoup à planter et sont détruits vers l'âge de quinze à seize ans ; les deux coupes qu'ils produisent ne donnent pas beaucoup plus que la dépense de plantation, intérêts compris. Ces bois feuillus ont en outre le grave inconvénient d'empêcher les cultures à la charrue, que ces messieurs font donner pendant trois ou quatre ans, après la plantation. Ils conseillent donc de ne rien mettre entre les lignes de pins, et de ne planter dorénavant sur les craies, que des pins laricios, ou à leur défaut des pins noirs d'Autriche ; ces deux essences y viennent infiniment mieux que celles citées précédemment.

Les pins laricios surtout, viennent plus vite, ils ont comme les pins noirs d'Autriche, le grand mérite de s'élever très-droits, quoiqu'isolés de leurs voisins ; par conséquent ils donnent des bois de charpente.

Ces messieurs sèment entre leurs lignes de pins de la gaude, plante tinctoriale, venant bien dans les terres crayeuses ; le produit paie habituellement les labours et les hersages donnés les premières années, à leurs jeunes bois.

J'ai remarqué dans leurs bois anciennement plantés, beaucoup de grandes places garnies de lotier corniculé ; je pense d'après cela, qu'on ferait bien de semer sur la dernière façon de labour donnée aux jeunes plantations , du lotier corniculé ainsi que d'autres plantes de ce genre ; elles se conservent naturellement en pareille position, et peuvent former des pâtures à moutons, une fois que les pins seront assez grands pour n'avoir plus à craindre la dent des animaux.

M. Quentin Saint-Denys, en nous reconduisant à la station du chemin de fer, qui n'est qu'à deux kilomètres du village de Boult où il demeure, s'est détourné pour nous conduire dans un bois de pins, planté il y a une vingtaine d'années par un propriétaire de ce pays; il voulait nous faire voir l'avantage qu'il y a à planter des pins laricios, au lieu de pins sylvestres ou de pins d'Écosse. Ce bois avait été planté avec ces deux dernières espèces; le propriétaire remplaça ceux qui étaient morts, par des pins laricios; nous trouvâmes ceux-ci beaucoup plus gros et beaucoup plus hauts que les autres; nous en mesurâmes un des plus beaux; il avait près de terre 84 centimètres de tour; sa circonférence à 2 mètres du sol, était de 0^m 60; sa hauteur me parut être de 10 mètres. M. Quentin nous dit qu'il faudrait bien huit de ces pins sylvestres, pour fournir autant de bois de chauffage que le laricio que nous venions de mesurer.

MM. Saint-Denys, ont rendu d'éminents service aux habitants de la Champagne; ils leur ont montré que les labours profonds, avec de bonnes fumures, sont des plus profitables, même en terres crayeuses; que les pins laricios et les pins noirs d'Autriche, viennent infiniment mieux dans les craies, que les pins sylvestres et ceux d'Écosse; enfin, ils leur ont prouvé que pour obtenir une bonne réussite dans les plantations d'arbres résineux, il est essentiel de labourer pendant trois ou quatre ans, l'intervalle des lignes d'arbres.

- Arrivé le 1er octobre 1858 à St-Quentin, j'allai de suite chez M. Gomart, secrétaire du comice agricole de cette ville. Il était sorti, mais on m'indiqua l'endroit où probablement je devais le trouver, c'était dans la maison de la société alimentaire. M'y étant rendu, j'y trouvai effectivement cet excellent homme, qui a consacré depuis quatre ans la plus grande partie de son temps à faire prospérer un établissement qui est de la plus grande utilité pour les pauvres habitants et les pauvres ouvriers de St-Quentin, grande ville industrielle.

M. Gomart voulut bien me faire visiter l'établissement en détail, et m'en fit ensuite l'historique. En 1854 une société s'est formée dans cette ville, pour tâcher d'être utile aux habitants nécessiteux. Cette société s'étant adressée au gouvernement pour le prier de l'aider dans ce but, en obtint un prêt de 25 mille francs. M. Gomart voulut bien se charger d'organiser cette bonne œuvre ; il chercha et finit par trouver une maison convenable à son projet. Elle est située dans une petite rue, circonstance qui a permis de l'avoir à meilleur marché ; des fourneaux économiques y ont été construits ; un homme, sa femme et deux fortes servantes font la cuisine ; un ancien maréchal-des-logis de gendarmerie retraité en est devenu le comptable ; il est placé dans une petite loge vitrée vis-à-vis la porte d'entrée. Pendant les deux heures fixées pour le dîner et le souper, les personnes qui viennent prendre leurs repas sur place, s'adressent au comptable et lui disent ce qu'elles désirent ; elles lui remettent l'argent et reçoivent des cartes de plusieurs couleurs, pour les différents plats du dîner. Voilà le dîner complet : un très bon bouillon gras contenant du riz ou du pain , le prix en est de 10 centimes ; un morceau de bœuf désossé et pesant 150 grammes avec carottes et choux, pour 10 centimes ; une assiette de pommes de terre ou de haricots pour 5 centimes ; 250 grammes de pain pour 5 centimes ; enfin, un 1/3 de litre de bière coûte 5 centimes ; la dépense entière du dîner est de 35 centimes ; si l'on a encore faim, on peut ajouter, moyennant finance, le plat qu'on désire.

Le souper ne coûte que 25 centimes ; il n'y a pas de potage. Les jours maigres, on ne fournit pas de gras.

Les personnes qui viennent prendre leur repas sur place portent leurs cartes au guichet du comptoir occupé par deux sœurs de charité, qui assistent chaque jour pendant une heure, à chacun des deux repas. Elles reçoivent les cartes et les passent au cuisinier ou à sa femme ; ceux-ci mettent les plats demandés sur une planchette qu'ils déposent sur une table à portée des sœurs ; celles-ci les remettent aux dîneurs, qui se rendent dans une des deux pièces garnies de tables et de bancs, servant de réfectoire. Les personnes qui veulent prendre leur repas en famille et chez elles, apportent un panier garni de plats et d'écuelles pour emporter leurs portions. Tout se passe sans embarras et sans bruit ; si, par extraordinaire, quelqu'un se comportait mal, les autres dîneurs, après l'avoir averti, le mettraient à la porte, s'il persistait à se mal conduire.

Les divers plats sont servis fort proprement et ont fort bonne mine.

M. Gomart surveille de très-près son œuvre qui a commencé à fonctionner, il y a trois ans et demi ; le plus difficile est fait, la Société ayant pu rembourser au gouvernement son prêt de 25 mille francs ; elle a pu même économiser une quinzaine de mille francs, qui l'aideront à surmonter les temps de cherté qui pourront survenir. La Société fait chaque année un cadeau de 400 francs à la communauté des Sœurs.

Le comptable gagne 600 francs. Lorsque les repas sont terminés, il paye au cuisinier le prix des mets consommés et reprend ses cartes pour le repas suivant.

M. Gomart a eu bien de la peine à mettre cet établissement sur un bon pied ; mais il est très heureux d'avoir pu aider la Société à rendre un aussi éminent service aux pauvres gens.

Je suis rentré à Paris, et j'ai visité le lendemain l'exposition horticole de la Société Impériale d'horticulture ; j'ai pu y admirer réunis de beaux fruits, des légumes et des fleurs très remarquables.

Je me suis rendu le lendemain au château de Thieux, près Juilly ; pendant le court séjour que j'y ai fait, je fus visiter les cultures de M. Gilles, jeune fermier très progressif qui cultive 265 hectares de fort bonnes terres ; il y met en pratique les meilleures méthodes de culture, et emploie les instruments les plus perfectionnés, tant français qu'anglais.

M. Gilles est logé dans une des fermes de France les plus grandement et les mieux bâties ; il y tient une nombreuse et belle vacherie hollandaise, qui lui a fait gagner déjà bien des primes ; il a d'excellents chevaux de culture et emploie aussi des bœufs à la charrue ; les premiers labourent ordinairement 45 ares par jour et les seconds 5 ares de moins. Son nombreux troupeau est composé de métis mérinos ; à la grande quantité de fumier qu'il obtient de toutes ses bêtes, M. Gilles ajoute une assez forte somme de guano du Pérou ; il tient à ce que ses terres soient fumées suffisamment, pour donner de pleines récoltes, autant du moins que cela dépend de lui. Il a été le premier de ses environs à semer ou planter une grande étendue de colzas en lignes ; il en fait 50 hectares ; il fait 10 hectares de betteraves, carottes ou pommes de terre ; le tout est bien sarclé à la houe à cheval et à la main. Il est occupé dans ce moment à semer pour la seconde fois toutes ses céréales ainsi que ses vesces d'hiver, avec le semoir de Garrett, qu'il a fait venir d'Angleterre, avec trois de ses fameuses hones à cheval. Celles-ci lui ont coûté ensemble 2,100 francs et le semoir 800 ; il n'a encore osé économiser qu'un hectolitre de froment par hectare ; il en sème encore 180 litres, tandis que M. Decrombecque, à Lens, Pas-de-Calais, c'est-à-dire fixé dans un pays plus au

nord, n'en sème pas plus d'un hectolitre en bonne saison ; et cependant il obtient le meilleur succès, depuis
plusieurs années. M. Gilles fait annuellement 100 hectares de froment ; il économise donc en moyenne sur
cette semaille au moins 2,000 francs ; et sur les 50
hectares d'avoine, il a donc économisé 500 francs, sur
les semailles d'une première année ; si on y ajoute
l'économie faite sur les vesces, de quoi solder à peu près
l'achat de ses quatre machines. M. Gilles fait sarcler à
la houe à cheval tout ce qu'il sème en lignes ; aussi ses
chaumes sont-ils fort nets d'herbes, tandis que ceux
des fermes voisines sont comme une prairie ; il en résulte, que ses épis sont bien plus longs que ceux de ses
voisins, et que ses récoltes ne sont pas sujettes à
verser.

J'ai suivi à deux fois différentes son semoir, une fois
avec lui et l'autre fois seul. Ce semoir sème 10 lignes à
la fois, et emblave 5 hectares par jour ; on l'attelle de
trois chevaux conduits par un garçon de 17 ans. Un
des laboureurs marche entre l'avant-train et le semoir ;
il tient une espèce de gouvernail, qui le met à même
de maintenir une des roues sur l'ornière du dernier passage du semoir ; un gamin de 14 ans marche derrière
le semoir, afin d'éviter qu'aucune des dix boîtes du
semoir ne s'engorge ; il désengraine aussi le semoir,
lorsqu'il tourne au bout du champ.

M. Gilles possède un scarificateur Colman, qui lui
sert à peler les chaumes après la moisson ; il en a deux
autres du pays ; il a deux rateaux à cheval, qui lui ont
déjà gagné plus qu'il ne lui ont coûté ; ils lui ont permis de rentrer ses regains de luzerne avant les dernières pluies, qui ont fait bien du tort chez ses voisins.
Son semoir à engrais pulvérulents est occupé maintenant à semer du guano ; cela se fait mieux qu'à la main,
tout en évitant aux ouvriers d'avaler cette poussière, et
d'abîmer leurs vêtements.

On ne se sert chez lui que de doubles charrues en fer, nommées ici brabants : l'une est en l'air pendant que l'autre est en terre. Il en a fait construire chez les quatre maréchaux les plus renommés pour cette charrue, afin de connaître la meilleure; il trouve celles du sieur Couttelet, serrurier-forgeron à Etrepilly, près Meaux, supérieures aux autres; elles coûtent, en général, de 180 à 200 fr.

M. Gilles trouve que ces quatre charrues ont chacune leur mérite ainsi que leurs défauts; il va chercher à réunir, autant que possible, sur une seule charrue, ce que les autres ont d'avantageux, tout en s'efforçant d'éviter ce qu'elle sont de défectueux.

Je l'ai engagé à faire venir de chez M. Dervaud, fabricant de grande ferronnerie, et en même temps fabricant de sucre, qui cultive plus de trois cents hectares, près de Valenciennes, et demeure à Condé, une des meilleures herses que je connaisse : elle est toute en fer ; les dents, par dessous, sont longues; celles de dessus sont courtes ; elles sont fixées par des boulons. Tout est bien fait, et le prix n'est que de 46 fr.

M. Gilles m'a dit que son scarificateur Colman avait été fabriqué à Lieusaint, une des stations du chemin de fer de Paris à Melun; il a coûté 400 fr., et il en est fort content.

Il a drainé les parties de sa ferme les plus humides; il a défriché et drainé une saussaie pleine de sources, près de sa ferme, et en a fait une excellente terre.

M. Gilles sarcle ses froments ainsi que ses vesces d'hiver, une fois en automne, et une fois au printemps.

M. Gilles m'a dit que M. Fournier, propriétaire et excellent cultivateur près Meaux, avait aussi fait venir un semoir et des houes à cheval de Garrett.

Ces deux messieurs, le comte de Kergorlay et M. Manuel, sont les seules personnes qui, à ma connaissance, aient des instruments de culture de grand prix ; il est temps que ces bons exemples viennent stimuler nos grands cultivateurs français. S'ils n'y prennent garde, l'Allemagne qui, à part le duché de Mecklembourg, avait encore, il y a dix ans, les plus mauvais instruments et les plus défectueuses machines agricoles, nous dépassera bientôt. On y adopte les grands semoirs, les houes à cheval et les scarificateurs anglais ; ils ont des moissonneuses depuis plus longtemps que nous ; ils commencent aussi à acheter des faneuses, des rateaux à cheval et des machines à battre, avec leurs locomobiles à vapeur.

J'oubliais de dire que j'ai vu chez M. Gilles fumer un champ d'une très-grande étendue, qui allait être repiqué en colza, avec trois cents kilos de guano et six cents kilos de tourteaux par hectare. Le guano coûtait 97 fr. 50 non compris le port, et le tourteau 112 fr.

Ce jeune fermier est passionné pour son état : c'est lui qui a été le premier à employer du guano, dans ses environs immédiats ; il a été aussi le premier à cultiver du colza et des racines en grand.

En retournant à Paris, je suis passé par le Ver-Galant pour faire une visite à M. Moll, professeur d'agriculture et de mécanique agricole au Conservatoire des Arts et Métiers, à Paris.

M. Moll a loué, il y a deux ans, la ferme qu'il occupe ; l'étendue en est de quatre-vingt-dix hectares ; elle est séparée en deux grandes pièces par le canal de l'Ourcq ; il n'est qu'à deux lieues du grand dépôt de vidanges de Bondy, qui lui cède pour 1 fr. 10 c. le mètre cube de cet engrais, rendu au milieu de ses terres. Il emploie ces vidanges à arroser ses terres, qu'il transforme en prés ; il a construit pour cela, sur la berge du canal qui est très-élevée en ce lieu, un petit bâtiment au fond duquel il a fait creuser un puits, qui ne manque jamais d'eau par suite des infiltrations du canal. La pompe monte l'eau du puits, ou bien élève les vidanges contenues dans le bateau sur le canal; elle les fait arriver dans une énorme tonne, posée sur un échafaudage qui s'élève à quatre mètres au dessus des terres qu'on irrigue. C'est une locomobile à vapeur de la force de sept chevaux que M. Moll a payée 5,000 fr., qui met en mouvement la pompe. On ajoute aux matières fécales une quantité d'eau suffisante, pour qu'elles ne soient ni trop épaisses, ni trop mordantes pour les plantes qu'on arrose.

On a établi, plus tard, une ligne principale de tuyaux en fonte, qui a treize cents mètres de longueur, avec deux rigoles transversales, dont une a six cents mètres, et l'autre deux cent soixante-cinq. Ces trois lignes de tuyaux ont, de distance en distance, des regards auxquels on adapte de longues lignes de tuyaux en tôle; ces derniers tuyaux sont formés de morceaux ayant huit mètres de longueur. On les réunit les uns aux autres par des manchons en caoutchouc d'un mètre de long; cette réunion de tuyaux qu'on peut allonger à volonté, s'adapte aux regards qui sont à portée du terrain à arroser. Lorsque le terrain est suffisamment arrosé, on passe à un autre regard : deux hommes, et un gamin qui reste auprès du regard afin d'ouvrir ou fermer le robinet, peuvent répandre cent mètres cubes d'engrais liquide par jour sur un hectare. M. Moll en fait mettre parfois jusqu'à deux cents mètres cubes par hectare.

Il ne pouvait arroser que quarante ares par jour avec deux tonneaux montés sur roues, avant que ses tuyaux ne fussent posés.

Les bateaux lui amènent de trente à cinquante mètres cubes, suivant que les vidanges sont plus ou moins liquides. M. Moll ne compte cultiver qu'une vingtaine d'hectares et mettre tout le reste en luzerne ou autres fourrages. Le ray-grass d'Italie est la plante qui a l'air de s'accommoder le mieux de cet engrais; cette graminée donne un des meilleurs et des plus abondants fourrages, mais comme il n'est pas connu à Paris, on veut le payer moins cher que les autres.

Une partie du ray-grass d'Italie semé dans le courant d'août dernier, était d'une épaisseur extrême dans les premiers jours d'octobre : il avait soixante-six centimètres de long avant de montrer ses tiges. Ses luzernes donnaient une belle quatrième coupe ; ses millets-fourrage étaient superbes.

M. Moll a déjà drainé une assez grande étendue de ses terres ; il continue cette immense amélioration pour les terres à sous-sol imperméable.

Je ne fis que traverser Paris, et m'étant arrêté à Orléans, j'allai voir M. Nouel Lecomte, neveu et élève de feu M. Malingié. Il a loué la jolie ferme de L'Ile, située sur les bords de la Loire, et faisant partie de la commune de Saint-Denys-en-Val, à six kilomètres d'Orléans. M. Nouel Lecomte était malheureusement absent ainsi que madame.

Le fourrage étant très-peu abondant ici comme partout ailleurs, il n'a maintenant que cinquante fortes vaches à l'engrais ; la moitié de leur nourriture se compose de sorgho de Chine, l'autre moitié de môha : tout est passé par le hache-paille. On y ajoute deux kilos de tourteau de colza. Leur unique litière est, comme je l'ai déjà vu dans cette ferme, du sable gras pris sur les bords de la Loire. Malgré cela, la peau des animaux n'est pas sale.

On arrachait des pommes de terre placées dans un champ de vrai sable de Sologne ; aussi n'étaient-elles pas grosses. Les carottes, au contraire, étaient énormes ; une partie des topinambours était en pleine fleur et avait des tiges très-hautes ; l'autre partie n'avait pas fleuri et n'était pas longue : la sécheresse avait été plus nuisible sur cette portion du champ.

La plus grande partie de la pièce semée en maïs

fourrage et en sorgho, ayant été consommée, avait été labourée ; ce qui restait de sorgho avait de huit à dix pieds de long ; il était venu dans un sable très-bien fumé. J'ai compté jusqu'à seize tiges grandes et petites, sur un seul pied.

J'ai vu battre du froment avec une machine faite pour deux chevaux, mais attelée d'un seul, ce qui m'étonnait. Le chef de culture m'a assuré que lui et quatre ouvriers battaient vingt hectolitres par jour, avec cette seule bête.

M. Nouel m'avait déjà fait l'éloge du manége que lui avait fourni M. Julien, fabricant d'instruments aratoires à Orléans. Il a fourni aussi à cette ferme un aplatisseur d'avoine, il y a une couple d'années ; depuis lors, M. Nouel ne donne plus que huit litres d'avoine à ses chevaux, au lieu de dix qu'il donnait avant d'avoir acquis cette machine. Ses onze chevaux sont toujours en fort bon état.

Je suis reparti d'Orléans sur le chemin de fer du Centre. Ayant trouvé à Vierzon M. Calemard de Lafayette, il m'engagea instamment à l'accompagner dans la visite, qu'il allait faire à trois fermes qu'il possède depuis peu dans les environs de Buzançay ; j'y consentis. Arrivés vers minuit à Chateauroux, nous montâmes dans une diligence qui se rend à Tours, et que nous quittâmes à petite distance de sa plus grande propriété composée de deux fermes : elles contiennent cent trente hectares de bonnes terres usées par une très-mauvaise culture, et trente hectares de prés ayant besoin d'être drainés. Ils peuvent en grande partie être irrigués.

M. de Lafayette qui est propriétaire et cultivateur près du Puy en Velay, a mis cette belle et bonne ferme entre les mains d'un régisseur de la Beauce, mais qui a cultivé une ferme près de Landrecy, dans le département du Nord ; il paraît qu'il s'y est très-perfectionné en culture. Au reste, il a bien employé son temps depuis un an qu'il est à la tête de cette propriété : il a défriché une très-longue haie garnie d'énormes têtaux d'ormes, plantés sur un terrain fort élevé, dont la hauteur est due, je pense, à l'accumulation, pendant de longues années, de la terre apportée sur la tournaille, par les charrues.

Le régisseur fait enlever ces terres que la présence de la haie a améliorées depuis un temps infini, et s'en sert pour bonifier et niveler les champs. Il fait mettre, autant que possible, les terres fortes sur les terres légères et calcaires, et les terres d'une nature légère sur les champs un peu argileux.

Il a aussi formé des composts de terre et chaux, pour les terres qui manquent de calcaire; il sème beaucoup de vesces d'hiver. J'ai vu un essai de maïs-fourrage et de sorgho de Chine; il a un beau champ de betteraves et de pommes de terre. On voit que cet homme est entendu et actif.

J'ai engagé M. de Lafayette à lui donner du guano, pour l'aider à faire de bonnes récoltes de fourrages et de racines; il pourra alors bien nourrir son bétail et fumer abondamment ses champs. Avec le temps, ces deux fermes deviendront une belle et bonne propriété pour un des enfants de M. de Lafayette. Cent trente hectares de bonnes terres d'un seul morceau, entourés en grande partie d'une prairie, ne sont pas une propriété à dédaigner.

Nous avons visité, le lendemain, M. de Lafayette et moi, la troisième de ses fermes qui ne contient que quarante hectares; les terres en sont fort bonnes, calcaires et profondes, mais sans prés. Cette petite ferme d'un seul tenant est louée 2,000 fr. à un fermier belge; elle est bordée par la route allant à Buzançay, distance de dix kilomètres. Le fermier était absent, et nous n'y sommes restés que peu de temps.

J'ai conduit ensuite M. de Lafayette chez M. Lejeune,

excellent cultivateur des environs de Paris, qui est venu se fixer dans ce pays. Il y a acheté un château et six cents hectares ; il en cultive les 2/3 depuis une dizaine d'années. Les terres étant de nature calcaire, il s'est occupé de suite, en arrivant, à créer un troupeau de brebis berrichonnes ; il leur a donné des béliers southdown ; il a maintenant près d'un millier de bêtes. Il vend les moutons croisés, âgés de deux ans, entre 68 et 74 fr. la paire ; ses antenaises produisent leur premier agneau à deux ans, mais pour cela il donne du grain à ses agneaux jusqu'à l'âge de six mois.

Nous nous rendîmes de là à Châteauroux où je couchai. Le lendemain de bonne heure, j'allai à Levroux, où je louai un cabriolet pour visiter la terre d'Entraigne. Cette terre est devenue, depuis quelques années, la propriété d'un habitant de Lille : M. Lestienne. Il était absent, ainsi que son régisseur, un Lorrain, qui a cultivé plusieurs années dans le département du Nord ; je n'ai pu avoir que les renseignements suivants par la femme du régisseur, madame Seurette, qui est aussi de la Lorraine.

La terre d'Entraigne s'étend sur à peu près 520 hectares : 80 en prés, 340 en terres labourables, et 100 en bois. Moitié des terres et des prés sont entre les mains de métayers ; le reste est cultivé par M. Seurette. On a monté une distillerie d'après le système Leplaix ; une chute d'eau donne la force motrice nécessaire et fait aussi marcher la machine à battre, faite à Lille ; le hache-paille, et les autres machines qu'on doit avoir dans une ferme bien montée, viennent aussi de cette ville. M. Lestienne possède de plus un assez grand moulin.

Les prés m'ont paru de bonne qualité, et sont en partie irrigués.

Le troupeau de bêtes à laine est croisé southdown. J'ai vu de belles vaches, parmi lesquelles il y avait des bêtes de race schwitz, des charollaises et des bêtes de pays.

M. Seurette vient de monter une forge. J'ai vu une belle collection d'instruments ; j'ai remarqué des charrues de Grignon, des américaines faites chez M. Hamoir, des Dombasle, une charrue américaine à versoirs changeants, un rouleau Croskill, un rouleau squelette ; une houe à cheval pour les froments de chez M. Hamoir, un semoir de Jaquet Robillard d'Arras, des scarificateurs, et de bonnes herses belges ; les terres m'ont paru bien cultivées ; enfin je me suis en allé ayant fort bonne idée de la direction de cette culture. Quelque temps après cette visite, j'ai reçu une lettre fort bien écrite de M. Seurette qui me donnait les détails suivants.

La culture de M. Lestienne est partagée en trois domaines. M. Seurette demeure dans celui de la Basse-Cour ; il a mis à la tête des autres domaines, deux de ses domestiques de culture les plus intelligents, mariés ; leurs femmes conduisent les ménages ; ils viennent tous les dimanches dîner à la Basse-Cour, pour causer avec M. Seurette de ce qu'ils ont fait et ont à faire.

Le régisseur suit un assolement alterne ; il a en récoltes sarclées d'abord pour la distillerie, en betteraves . . . . 25 hect.

En pommes de terre 3
En carottes. 2
Topinambours 10
Froment ou seigle 40
Trèfle 20
Vesces et gesses 15
Trèfle incarnat, récolte dérobée. 5
Avoine d'hiver. 25
   —   de printemps. 5
Orge. 10
Luzernes en dehors de l'assolement 10

En tout 170

Il a cinq charrues attelées de deux chevaux et cinq autres attelées de quatre bœufs.

Ses laboureurs ont de 150 à 220 fr. par an, et sont nourris ; les chefs de ferme ont 400 francs.

La récolte de 1857 lui a donné en grains froment et seigle 25 hectolitres ; en avoine d'hiver, 55 hectolitres ; en avoine de printemps, 12 hectolitres ; betteraves, par hectare 32,000 kilos ; pommes de terre et carottes, 10,000 kilos ; topinambours 20,000 kilos.

Récolte présumée de 1858 : en grains d'hiver, 22 hectolitres par hectare ; en avoine d'hiver, 48 hectolitres par hectare.

M. Seurette a 800 bêtes à laine croisées southdown, les agneaux compris.

Il a en bêtes à cornes 80 têtes, dont en race flamande 25 ; en charollaise 8 ; en bêtes schwitz 8 ; et en bêtes du pays 39 têtes.

Il a en bêtes de trait ; chevaux 14 ; bœufs 30.

L'ensemble de ce bétail, en tenant compte des jeunes bêtes, veaux et agneaux, peut approcher du chiffre de 170 têtes ; c'est une tête par hectare de la culture de la réserve.

M. Seurette dit que d'après ses comptes, il peut livrer sa betterave à la distillerie, à 12 fr. les mille kilos. Je regrette beaucoup de n'avoir pu faire la connaissance de M. Seurette, qui paraît être un homme capable et un bon cultivateur.

Etant retourné à Levroux et ayant dîné à l'auberge de cette petite ville, j'ai été étonné qu'on me servît de fort bon vin d'ordinaire ; j'en fis mon compliment à la maîtresse de l'auberge. Elle me dit qu'elle le récoltait dans ses vignes. Je profitai de cette occasion pour la questionner sur la grande culture de vignes de M. de Saint-Larys, dont j'avais entendu parler comme habitant ces environs ; elle me dit que ce monsieur qui est du Midi, avait acheté il y a une douzaine d'années une grande ferme dans cette partie du Berry connue sous le nom de Champagne ; il avait depuis lors planté en vignes les plus mauvaises terres de sa ferme, qui sont de nature calcaire ; il devait avoir maintenant plus de 100 hectares de vignes ; dans le début, il avait été fort longtemps sans récolter beaucoup ; mais on assurait qu'il avait fait l'année précédente de 15 à 1800 pièces de vin qui s'était fort bien vendu. Elle ajouta qu'il cultivait ses vignes en grande partie, avec une petite charrue attelée de deux très petits bœufs ; et enfin, qu'il demeurait sur la route de Levroux à Issoudun, à peu près à deux lieues de la première de ces deux villes.

Je voulus aller faire une visite à M. de Saint-Larys ; mais il me fut impossible de trouver un cabriolet ; le cheval qui m'avait conduit le matin était trop fatigué pour faire cette seconde course. Je fus donc obligé de reprendre la diligence de Châteauroux ; j'y rejoignis le chemin de fer d'Issoudun ; et ensuite à deux heures du matin je montai dans le courrier de St-Amand-sur-Cher. J'arrivai de bonne heure chez mon ami M. Durand. Sa terre de Bois d'Habert est cultivée par ses trois fils, car lui habite depuis quelques années, près de Lignières, une jolie maison de campagne, entourée d'une trentaine d'hectares, dont un tiers en prés. Il s'occupe toujours d'améliorations agricoles ; il a déjà beaucoup drainé, mais cela n'est pas fini ; il a planté des vignes à la manière du sieur Lussandeau de Bône près Montrichard ; il les cultive à la charrue et sème du froment et des prairies artificielles dans les intervalles de ses rangs simples de ceps qui sont à 10 ou 12 mètres les uns des autres.

Il cultive quoiqu'en petit, les lupins blancs et les lupins jaunes, afin de les faire connaître dans un pays où ils pourront, par la suite, rendre d'immenses services, soit en fournissant de la nourriture au bétail, soit en produisant la meilleure fumure verte connue. Ces plantes ont le grand mérite de venir dans les plus pauvres terres, et de produire énormément malgré cela.

Ces messieurs sont fort contents de leurs récoltes de l'an dernier. Ils espèrent d'après ce qu'ils ont déjà battu avoir une moyenne de 28 hectolitres en froment; celle de colza a dépassé 24 hectolitres; leurs betteraves sont énormes; les pommes de terre et les carottes sont fort belles; la préparation des colzas, des trèfles et du ray-grass d'Italie est très belle; celle des avoines d'hiver, de même.

Ils sèment toujours dans leurs trèfles ordinaires, un peu de ray-grass d'Italie, et lorsque la sécheresse de l'été nuit à leurs trèfles et qu'ils sont trop clairs, ils en sèment par dessus aux premières pluies d'automne. Le ray-grass d'Italie remplace parfaitement les plantes de trèfle qui ont manqué.

Ils sèment toujours un peu de navets dans leurs trèfles incarnats; ils les arrachent à mesure qu'ils sont assez gros, comme cela se fait dans les Flandres.

Ils ont un fort beau bétail provenant de croisements suisses et charollais. Aux vaches de ce croisement, ils donnent depuis quelques années un taureau Durham, qui leur fait de très beaux élèves et de bons bœufs de trait. Ils ont des moutons de pays et n'élèvent pas; mais en revanche, leur porcherie est belle et bonne.

Ils sont montés en bons instruments belges et Dombasle : hache-paille, deux machines à battre à quatre chevaux, dont une locomobile de Garrett, scarificateurs, etc., etc.

Ces messieurs m'ont conduit chez un de leurs voisins, le baron Augier, qui cultive d'excellentes terres calcaires, mais nous ne l'avons pas trouvé chez lui. Nous avons vu de très belles betteraves et un superbe champ de sorgho de Chine; ses vaches charollaises et ses bêtes à laine, le mangent avec avidité après qu'il a passé au hache-paille.

M. Augier fait travailler ses vaches à la charrue, en les attelant au moyen de jougs simples fixés aux cornes. Nous avons regretté de ne pas voir son troupeau, qu'on dit très-beau ; il provient de brebis berrichonnes et de béliers Dishley.

J'ai quitté mes bons amis pour me rendre au château de Loroy, à sept lieues de Bourges, sur la route de Gien. M. Lupin n'a pas encore commencé sa distillation de betteraves, ses deux distilleries sont en réparation. Il aura une assez belle récolte de betteraves après lesquelles on distillera des topinambours, dont il a planté une très grande étendue.

Les troupeaux sont croisés southdown, depuis bien des années ; ils sont beaux et très-nombreux.

M. Lupin cultive six grandes fermes, qu'il améliore chaque année par le drainage, le chaulage et le marnage, ainsi que par des achats considérables de tourteaux pour le bétail, sans compter le noir animal, le guano, les os pulvérisés et les chiffons pour ses terres. Il a fait extraire une énorme quantité de marne qui sera charroyée cet hiver ; ses deux fours à chaux vont se rallumer, pour chauler les terres qui sont éloignées des marnières.

Son bétail est composé de très-belles vaches croisées durham ; les cochons qu'on élève dans ses fermes sont de diverses races anglaises.

Il a les meilleurs instruments anglais et français.

Il a commencé en 1846 à drainer en grand.

Il a fait construire beaucoup de bâtiments de fermes et des hangars couverts de papier goudronné ; ces toitures sont peu chères et cependant durables, mais à condition qu'on les enduira au moins tous les deux ans de goudron de gaz. Il faut donner le moins de pente possible aux toitures, et on doit avoir grand soin que les côtés exposés aux grands vents, ne soient pas dégarnis de gerbes, de foin ou de paille, avant le moment où les tourmentes ne sont plus guères à craindre. Lorsqu'on construit un hangar, il faut éviter d'exposer un de ses pignons au mauvais vent, à moins d'y construire un mur allant jusqu'à la toiture ; on pourrait le remplacer par un pignon composé avec des fagots de bruyères bien serrées et à deux liens ; on les pose alternativement en long et en large, c'est-à-dire en croix, et on les soutient de distance en distance avec de longues perches enfoncées en terre, et fixées par le haut à la toiture, afin d'éviter que les vents violents ne s'engouffrent dans le hangar, dont ils arracheraient le papier. J'ai vu employer cet expédient, pour éviter la dépense d'un mur au pignon, à Grand-Jouan en 1860.

M. Lupin fait de beaux et bons élèves de chevaux avec un étalon de pur-sang très-bien choisi ; lorsqu'on a besoin de chevaux de voiture ou de selle, on peut en trouver chez lui.

Son vétérinaire qui habite Bourges, M. Perraut, est très-habile dans sa profession ; il applique avec grand succès le feu aux chevaux ; il nous en a montré un à qui il avait appliqué le feu il y a six ans, et puis une seconde fois il y a deux ans : on n'en voyait pas de traces.

Il connaît, au dire des meilleurs cultivateurs des environs de Bourges, un remède pour arrêter le sang de rate, lorsqu'il commence à se montrer dans un troupeau. C'est un accident qui se produit fréquemment dans ce pays très-calcaire et très-sec ; il saigne le troupeau et lui fait avaler une médecine qui est son secret ; la maladie s'arrête aussitôt ; on lui paie pour cela 50 centimes par bête.

M. Perraut m'a assuré qu'il avait aussi un très-bon remède pour prévenir le claveau, remède qu'il prétend être bien plus sûr que l'inoculation, qui peut devenir quelquefois dangereuse.

Je suis ensuite allé visiter une propriété de deux cent

cinquante hectares, ayant une bonne habitation pour un cultivateur à son aise, et de bons bâtiments de culture. Avec cela il y a deux autres fermes et une tuilerie. Deux habitants de la Belgique l'ont achetée pour 100,000 francs ; ils ont l'intention d'améliorer cette propriété sans s'y fixer, et de la revendre plus tard. Ils y ont mis un petit propriétaire des environs de Ciney comme régisseur ; il n'a que 800 fr. d'appointements et sa nourriture ; il n'est pas marié. Cette personne a eu la complaisance de me faire visiter tous ses travaux. Ce régisseur m'a dit, que la première chose qu'il avait faite, après avoir examiné la qualité des terres, avait été de commander une machine à faire des tuyaux de drainage chez M. Julien, mécanicien à Henrichemont, département du Cher ; elle lui a coûté 750 fr., et a été remise à son tuilier. Cette machine fait des tuyaux dont les plus petits ont vingt-cinq millimètres de diamètre intérieur et coûtent 15 fr. le mille ; ceux de trente millimètres coûtent 20 fr. Le régisseur en question a ensuite commencé à drainer les parties de la terre les plus humides : entr'autres un mauvais pré tourbeux, rempli de sources s'élevant d'une assez grande profondeur ; il avait été obligé là, de rapprocher beaucoup les rigoles, et de leur donner quatre pieds de profondeur ; dans les autres terres, les rigoles sont à quinze mètres les unes des autres. Il a défriché les bruyères en leur donnant quatre cent cinquante litres de noir animal ; il a chaulé quatre-vingts hectares de terres cultivées en leur appliquant cent quarante hectolitres de chaux par hectare ; il a semé du seigle et de l'avoine d'hiver sur les bruyères, et du froment ou des vesces dans les vieilles terres après les avoir chaulées ; il leur a appliqué trois cents kilos de guano, après leur avoir donné une jachère complète. Il a planté deux hectares et demi de vignes ; il a défriché la partie tourbeuse de ses prés, et leur a appliqué des composts formés de terre, de fumier et de chaux ; tous ces soins avaient quadruplé la quantité de foin récolté précédemment.

Ce régisseur nous a dit qu'il tirait un bon parti des ouvriers du pays ; il a amené avec lui un maréchal de son pays, qui lui fait d'excellentes charrues et de bonnes herses.

Il nous a fait goûter du vin de la vigne qu'il a plantée, il y a trois ans, et qui en a déjà donné une pièce par hectare l'an dernier. Il paraissait enchanté de ce genre de produit, qui ne se récolte pas dans son pays, le Coudroz belge.

J'ai été très-content de ce que j'ai vu et de ce que j'ai entendu dire par ce brave cultivateur ; il m'a paru fort actif et très-instruit pour un homme qui n'a pas été dans des écoles d'agriculture ; mais il aime beaucoup la lecture et achète des ouvrages instructifs.

Dans cette course d'une dizaine de lieues, j'ai traversé sept propriétés où l'on voit des améliorations agricoles en train de s'exécuter ; il faut espérer que ce goût naissant pour l'agriculture, qui amène dans le Berri des habitants de grandes villes et de pays mieux cultivés, sortira cette contrée de l'état arriéré où elle est pour la culture ; les terres s'y vendent encore à plus bas prix que partout ailleurs en France.

On voit dans cette partie du département du Cher, beaucoup de petits fours à chaux ; chacun y fait de la chaux pour ses terres ; elle se vend à un fr. l'hectolitre, tandis que les tuiliers la vendent encore 2 et même 3 fr. l'hectolitre le long des bords du Cher qui cependant amène de Montluçon, le charbon et l'anthracite.

J'ai vu de pauvres petits cultivateurs des environs de Lignières, qui font pour eux de la chaux dans des trous en terre ; ils m'ont assuré qu'elle ne leur coûtait pas un fr. l'hectolitre, et l'on peut dire que la chaux est un des plus grands moyens, et un des moins dispendieux, d'améliorer les terres en général, surtout celles qui ne

contiennent point de calcaire. Ces dernières, après avoir
été chaulées ou marnées, produisent des plantes légumineuses et du froment, qu'elles n'eussent pas pu produire avant l'application du calcaire. Pendant que je
déjeunais à l'hôtel de Vierzon, le comte Roger est venu
avec son régisseur pour causer avec moi ; il m'a dit
qu'il se rendait dans une terre de plus de trois mille
hectares, qu'il avait achetée à quelques lieues de Vierzon ; il s'y occupe d'améliorations.

En descendant du convoi à la station de Salbris, je
fus accosté par le comte de Romanet qui voulait absolument m'emmener dans sa terre des Aubiers, à quatre
kilomètres de Salbris, où il cultive. Il a huit chevaux,
douze bœufs, et une belle vacherie de race mancelle ; il
m'a dit cultiver beaucoup de navette et de moutarde
blanche pour fourrage.

J'ai traversé ou longé entre Salbris et Romorantin,
route de vingt-quatre kilomètres, bien des propriétés
dans lesquelles on s'occupe sérieusement d'améliorations agricoles.

La terre de la Ferté-Imbault appartenait depuis 20
et des années à un Anglais qui en mourant l'a laissée à
deux neveux, qui cultivent aussi. Cette propriété était
de plus de cinq mille hectares.

M. Julien, ancien habitant de Paris, fait d'immenses
améliorations sur sa terre des Anges, qui contient huit
cents hectares. M. de Beauchêne, ancien président du
tribunal de première instance et maire de la ville de
Romorantin, cultive depuis longues années et a transformé de pauvres métayers en bons cultivateurs qui
sont maintenant à leur aise.

M. Mariotte, ancien négociant et fabricant, qui habite
Paris, a singulièrement amélioré ses quatre cents hectares ; il a trois belles fermes, dont une est louée à un
bon fermier belge ; il a créé de beaux bois de pins dans
des sables affreux ; il a un beau et grand troupeau de

moutons à longue laine ; il engraisse des bœufs, il achète du guano ; enfin il cultive fort bien.

M. Normand, propriétaire d'une immense fabrique de draps près Romorantin, vient de construire une très-belle ferme, aussi pour faire des améliorations agricoles.

M. le comte d'Épinay Saint-Luc, au château de Montgiron non loin de Romorantin, et deux de messieurs ses fils, font aussi de grandes améliorations ; beaucoup d'autres propriétaires qu'il serait trop long de citer, marchent dans la même voie. Chez ma belle-sœur au château de la Bâsme, on m'a dit qu'on avait eu une bonne récolte de froment, et une mauvaise récolte d'avoine de printemps ; les vendanges ont été fort belles et fort bonnes, les betteraves ont éprouvé une maladie qui brûle les feuilles du cœur. On a semé du sorgho de Chine avec succès. Les divers fermiers de la propriété ont de beau replant de colza ; ils sont occupés à le repiquer ; ils ont de bons navets, mais pas autant qu'ils auraient pu en faire.

Je suis allé avec un de mes neveux visiter M. Fevet, au château du Roger, commune de Thenay, près Pont-Levoy ; il est de Lille et cultive une propriété de cent hectares. Il a établi une grande distillerie de betteraves et topinambours, pendant le temps où il n'était pas permis de distiller du grain ; maintenant il ne fait plus de betteraves ni de topinambours ; ses terres sont trop calcaires et ont trop peu de profondeur, pour que ces plantes y réussissent bien, dans les années où la sécheresse sévit, et cela arrive assez souvent dans le centre de la France. Il distille fort en grand du seigle, et a une étable qui contient cent bêtes à cornes ; elle devrait être visitée par tous les distillateurs, qui opèrent en grand, car elle est établie de manière que deux hommes suffisent parfaitement aux soins à donner à ces cent têtes de bétail. Une assez forte partie de ces bêtes appartient à des bouchers ; ils les mettent en pension chez M. Fevet, qui prend 1 fr. 25 pour les fortes bêtes, et 1 fr. pour celles moindres de taille ; elles n'ont que de la paille et des résidus de distillerie ; les bouchers leur font donner des tourteaux à leur compte, s'ils le jugent à propos.

M. Fevet nous a fait voir de magnifiques carottes dans un champ de quelques hectares, qui avait été arrosé pendant plusieurs années avec les vinasses de sa distillerie. Ce champ a été singulièrement amélioré ; j'y ai vu des betteraves monstrueuses, il y a une couple d'années. M. Fevet a semé beaucoup de froment et d'escourgeon ; il a une vingtaine d'hectares en luzerne.

Il a planté en vignes une grande étendue de ses côteaux bien exposés ; il continue maintenant à en faire de nouvelles, mais en adoptant à peu près la méthode de Lussandeau, afin de les cultiver à la charrue.

On lui a envoyé du Médoc beaucoup de boutures de ceps, parmi lesquelles il s'en trouvait une assez grande quantité de l'espèce très-estimée dans le Centre, le Côt, et une autre espèce qui lui ressemble et qui est connue en Médoc sous le nom de Cabernet Sauvignon. Ce dernier cépage a le grand mérite de donner abondamment du raisin de très-bonne qualité, et d'être bien moins exposé que le Côt aux gelées d'hiver et surtout à celles de printemps, car il fleurit quinze jours plus tard.

M. Fevet a beaucoup d'enfants. Ses deux fils aînés, après avoir fait d'excellentes études sans avoir appris de grec ni de latin, ont été envoyés en Allemagne pour y apprendre l'allemand ; ils iront ensuite en Angleterre pour apprendre l'anglais. M. Fevet a un de ses frères à Paris, un autre à Manchester et le troisième à New-York ; ils forment à eux trois une maison de commission, où ses fils pourront être employés d'une manière avantageuse.

Nous nous sommes rendus de là à la Charmoise, ferme école dont M. Paul Malingié est directeur : il était malheureusement absent, ainsi que Madame. Un des élèves de quatrième année, dont le temps d'étude va expirer dans deux mois, nous a fait voir la vacherie composée de petites bretonnes, et la porcherie contenant des middlessex venus de chez M. Pavy. Ensuite nous sommes allés voir les béliers de la fameuse race de la Charmoise, dont on n'a conservé en bêtes adultes que le nombre nécessaire aux brebis ; les autres ont tous été vendus. Il y avait 40 agneaux béliers, qui étaient très-beaux.

Toutes les bêtes que nous avons vues, mangeaient du sorgho de Chine passé au hache-paille ; nous avions admiré le champ de cette magnifique et excellente plante, les tiges avaient de 8 à 10 pieds de haut.

Nous avons été rejoints par le chef de pratique, qui est un des anciens élèves de la ferme-école ; il reçoit mille fr. du gouvernement ; il en laisse 400 pour la nourriture, le logement et le blanchissage. Je pense qu'il fera un bon régisseur, ayant passé six ans dans une ferme aussi bien conduite.

Pendant mon court séjour au château de Chissay, j'ai cherché à me procurer le plus de renseignements possible, sur le produit et la culture de la vigne, sur les bords du Cher. Voici ce que j'ai pu apprendre : la vendange de 1857 a été plus abondante dans ce pays, que celle de cette année 58 ; mais on pense que le vin de celle-ci aura plus de qualité.

Les bons vignerons qui soignent bien et surtout fument fortement leurs vignes, ont récolté en 1857 par arpent de 65 ares, de 18 à 24 pièces, contenant 240 litres. La vendange qui vient de se faire, ne leur a produit que de 14 à 18 pièces. Le vin de 1857, s'est vendu de 90 à 100 fr. la pièce. Cette année, on a vendu de suite après la vendange 70 fr. ; maintenant on ne trouve plus que 60. Les grands celliers vendent habituellement à peu près 10 fr. de plus la pièce.

Un grand propriétaire de vignes de ces environs, qui a seize arpents en pleine production, a récolté en 1857, 130 pièces, et cette année-ci 120 ; il a vendu l'an dernier 110 fr. et n'a pas encore trouvé le prix qu'il demande, de sa récolte de 1858. L'année dernière, il n'avait que 8 pièces à l'arpent et celle-ci 7 1/2. Ce n'est guère que la moitié des produits obtenus par les vignerons qui fument beaucoup leurs vignes. En me promenant, je vis un journalier qui travaillait à merveille sa petite vigne et qui en fumait fortement une partie ; il me dit qu'il avait acheté cette année pour 900 francs cette vigne de 11 ares, à une vente publique ; que c'était cher, mais il savait que le précédent propriétaire soignait très bien sa vigne.

Je suis allé chez un bonhomme que je visite chaque année, parce qu'il cultive fort bien sa petite propriété. Le père Maigny, de la commune de St-Georges, me dit qu'il avait récolté en 1857, 18 pièces à l'arpent de 65 ares. Cette année, il a eu seulement 14 pièces à l'arpent, il a deux arpents et demi de vignes. Sa fille unique a épousé un tonnelier ; les deux ménages habitent la même maison partagée en deux, ainsi que la cour. Ces braves gens ont un petit cheval en commun ; ils s'en servent alternativement, et le nourrissent chacun pendant un mois de suite ; ils vont chercher des bruyères au loin, afin de les payer moins cher ; il leur faut deux nuits et un jour pour ramener la charge d'une voiture avec leur petit cheval. La litière de bruyère est très estimée, dans les vignobles des bords du Cher ; les vignerons qui ne sont pas si actifs que le père Maigny, paient cette litière à trois ou quatre lieues de chez eux, jusqu'à 12 fr. la petite voiture ; elle ne lui coûte à lui que moitié, car ces gens ne comptent pour rien leur temps et leur peine ; c'est comme cela qu'ils arrivent de rien à se faire une fortune de 15 à 20 mille francs et plus. Le gendre de ce brave homme a trois arpents de vignes et y a récolté 45 pièces de vin ; il n'a qu'un fils, celui-là n'aura pas autant de peine à faire sa fortune.

Je suis allé plusieurs fois chez le père Denys, au village de Bône, près Montrichard, sans le trouver. J'ai été enfin plus heureux et j'ai pu causer avec cet homme, qui a imaginé, il y a 25 ans, une nouvelle manière de planter et de cultiver les vignes ; j'en ai déjà parlé. On la désigne ici, sous le nom de vignes plantées en chintre.

Cette méthode consiste à planter des boutures d'un cépage nommé Côt, à 2 mètres les unes des autres, en lignes séparées par 10 ou 12 mètres. On ensemence les intervalles alternativement en froment et en prairies artificielles ; celles-ci doivent être fauchées, labourées, hersées et roulées pour la fin de juin, afin de pouvoir y allonger les verges, des ceps des deux lignes qui bordent ce petit champ, traité ainsi en demi-jachère. Ces verges qui ont de 8 à 12 pieds de longueur, sont supportées par de petites fourchettes en bois piquées en terre, qui élèvent les sarments à un pied au-dessus du sol. Chaque cep de Côt porte de deux à trois verges, suivant qu'il est plus ou moins vigoureux ; on en supprime une tous les ans, lorsqu'elle a porté du fruit pendant trois ans, et on en ménage chaque année une nouvelle, pour remplacer celle qu'on supprimera en automne.

Le père Denys m'a dit qu'il avait récolté l'année dernière 107 pièces sur cinq arpents, dont trois seulement sont plantés en chintre ; cette année, il en a eu 86. Il ajouta que si les arpents plantés à l'ancienne manière, parce qu'ils sont mêlés par petits morceaux dans les vignes de ses voisins, avaient été plantés aussi en lignes de ceps espacés, il eût assurément récolté 20 pièces de plus, pendant ces deux années. Un hectare de bonne vigne se vend dans ce pays de 6 à 7 mille fr. On fume les vignes tous les 8 ou 10 ans, lorsqu'elles sont en bonne terre, et tous les 4 ou 5 ans, lorsqu'elles sont sur de pauvres sables, ou sur des terres pierreuses et sans fond. Les bons vignerons qui en ont le moyen, mettent jusqu'à 150 mètres cubes de bon fumier sur un hectare de vignes, et le mètre coûte 10 fr.

Lorsqu'on plante une nouvelle vigne à l'ancienne manière, on met un cep par mètre carré ; on paye la culture d'un hectare de vigne de 100 à 120 fr. ; il faut ajouter à cette dépense les provins à faire et les échalats à remplacer ; on est quatre années au moins sans récolter de vin, et on paye les façons comme si on récoltait. Lorsqu'on plante des vignes en chintre, on récolte du froment et du foin ; on a tout au plus un quart de l'hectare à faire façonner à la main ; on n'a pas besoin d'échalats, et, en fin de compte, on récolte plus de vin. Comme on fume pour le froment et que les racines de la vigne s'étendent au loin pour chercher leur nourriture, on ne fume pas les vignes en chintre pour elles-mêmes, c'est encore une immense économie.

Etant rentré à Paris, j'ai visité le 10 décembre en compagnie de M. Minaugoin, directeur de la culture à la colonie de Mettray, et de M. Ganneron, fabricant d'instruments et de machines aratoires perfectionnés, la belle ferme impériale de Fouilleuse, près St-Cloud. M. de Corbigny, directeur de cette ferme, avait eu la bonté de nous y donner rendez-vous ; il nous conduisit dans la belle vacherie, qu'il a fait construire d'après le dessin qu'il a pris dans les fermes du prince Albert, à Windsor. J'y ai revu avec plaisir, les 28 fort belles vaches et 2 taureaux Durham, que j'avais déjà vus ce printemps, au moment de leur arrivée d'Angleterre.

La vacherie se compose de deux boxes contenant chacune un taureau en liberté, et de six compartiments assez étendus pour loger 6 vaches, ou 8 à 10 élèves. Les bêtes n'y sont pas attachées ; elles peuvent se tenir dans la vacherie ou aller dans leur cour.

Il y a en outre de petites boxes pour tenir les veaux

en liberté, mais séparés les uns des autres ; on les laisse téter au moins pendant six mois ; cela leur réussit fort bien, car ils sont très-beaux et bien venants.

Les vaches sont en fort bon état. Elles mangent 12 kilos de betteraves mêlés avec 10 kilos de foin et de la paille ; on ne donne de tourteaux aux vaches que lorsqu'elles viennent à maigrir. Les veaux ont du foin et des tourteaux. Ces bêtes ont une litière abondante ; il n'y a pas de greniers à foin au-dessus de la vacherie ; à une de ses extrémités, est une pièce où l'on prépare les rations des animaux ; tout le long de ce bâtiment règne un corridor garni de rails, sur lesquels on pousse le tombereau contenant la nourriture, qu'on verse dans les auges ; chaque compartiment contient une couple d'abreuvoirs.

On lâche les vaches dans une terre semée en prairie artificielle, qu'on a entourée d'une haie morte, pour abriter une haie d'aubépines, nouvellement plantée ; celle-ci est encore défendue par un fossé du côté extérieur.

Au-dessus de la pièce où se préparent les rations, il y a une chambre pour les trois vachers suisses.

Le petit troupeau southdown se compose de béliers, de 25 brebis et de leurs agneaux, venus en partie de chez le fameux éleveur Jonas Webb, et les autres de chez le duc de Richemond à Good Wood.

Il n'y a que 5 chevaux pour une ferme de 75 hectares. Les volailles ont été choisies parmi les espèces Cochinchinoises, Bramapoutra, Crèvecœur et Espagnoles ; j'y ai vu des oies de Toulouse et d'Egypte, enfin, de gros canards barbotiers, et d'autres de Barbarie.

La grange contient une machine à vapeur locomobile de Tuxford, de la force de 6 chevaux ; elle a coûté 7,000 fr., et deux machines à battre de Hornsby et de Clayton.

Nous avons vu deux moissonneuses, l'une de Burgess et Key, l'autre de Manny, deux machines à faner, deux rateaux à cheval américains, qui m'ont paru bien moins bons que les rateaux anglais, mais ils sont moins chers; ils ne coûtent que 50 ou 60 fr.; un petit rouleau Croskill, deux grands semoirs, l'un de Hornsby, l'autre de Garrett, ce dernier semoir est accompagné de sa houe à cheval; un semoir à engrais liquides et un autre à engrais pulvérulents, mais qui ne sème point de grains en même temps que les engrais. J'ai compté deux charrues venues d'Amérique, deux de Ransome, deux de Howard et deux de Grignon; enfin, une excellente charrue écossaise pour les terres fortes et pierreuses. Les machines à battre battent avec 15 personnes, de 9 à 10 hectolitres par heure. La locomobile fait marcher un aplatisseur d'avoine, une paire de meules pour moudre les déchets de grains, le hache-paille et un crible pour les balles. On emploie le coupe-racines de Gardner. J'ai regretté de ne pas voir parmi ces excellents instruments, une fouilleuse de Grey d'Udingston près de Glasgow, c'est la meilleure de toutes celles que je connais; celle de lord James Hay, qui se trouve chez le fabricant Laurent, rue du Château-d'Eau, est aussi fort bonne, ainsi que celle de M. Bodin, de Rennes.

M. de Corbigny nous a dit qu'on avait nourri pendant six semaines tout le bétail de la ferme avec le produit de cent cinquante ares de sorgho de Chine; toutes ces bêtes le mangeaient avec avidité; les bêtes bovines comptaient quarante-sept têtes, dont un tiers de l'année.

Je suis allé le 6 janvier 1859, en compagnie de M. de Lavergne et de quelques autres messieurs, déjeuner chez M. Decauville à Petit-Bourg. Cet excellent cultivateur et grand distillateur, nous a dit qu'il continuerait à distiller des betteraves, lors même que l'alcool tomberait à 50 fr. l'hectolitre. Sa très-grande culture exigeant beaucoup de fumier, il ne peut se le procurer qu'en engraissant un grand nombre de bêtes bovines et ovines.

Cette année que les fourrages sont très-chers et les grains bon marché, il achète chez M. Darblay à Corbeil, des farines de troisième qualité, avec lesquelles il fait faire chez lui du pain, dont le kilo lui revient, tout bien compté, à 11 centimes; chaque vache de grande taille en reçoit deux kilos, avec des résidus de distillation mélangés de paille hachée. Ces vaches, presque toutes de race cotentine, sont lorsqu'elles arrivent, excessivement maigres; mais, vu la cherté du fourrage, elles ne lui coûtent que de 120 à 130 fr. Ses chevaux recevaient, l'été dernier, cinq kilos de foin de prairies artificielles, sept kilos de grains, moitié orge et moitié seigle, pesés avant d'être bouillis.

Ses bœufs de travail recevaient alors quarante kilos de résidus de distillation, mêlés de paille hachée, et trois kilos et demi d'orge bouillie.

Il préfère de beaucoup pour le travail, les chevaux aux bœufs. La litière de ce nombreux bétail et des moutons à l'engrais, se compose de paille de colza, dont il a récolté cet été cent dix hectares. Son beau-père, M. Rabourdin de Villacoublay près Meudon, fait consommer la paille de colza par ses bêtes à l'engrais, l'arrosant ensuite, après l'avoir fait passer par le hache-paille, avec des résidus bouillants.

M. Decauville a déjà drainé plus de cent cinquante hectares, quoique fermier; il nous a dit que la meilleure de ses pièces de terre qui compte vingt-sept hectares, en était la plus mauvaise, avant d'avoir été drainée.

MM. Decauville et ses trois frères, tous trois fermiers à petite distance de chez lui, ont drainé plus de trois cents hectares.

M. Decauville achète beaucoup de mélasse chez les raffineurs de Paris; il la distille en les mêlant avec ses betteraves.

Il a construit d'immenses hangars, appuyés sur un grand mur de parc; il a acheté des peupliers sur pied et les a fait exploiter pour établir lesdits hangars, qui sont couverts en papier goudronné; le mètre carré de ce genre de construction, lui est revenu à 5 francs.

Il rentre toutes ses céréales et ses foins sous ces hangars, qui logent aussi environ deux mille moutons; son plus ancien hangar date de six ans et ne lui a occasionné d'autres dépenses, depuis lors, qu'une couche de goudron qu'on lui donne tous les deux ans. Sa machine à vapeur placée à poste fixe, est de la force de dix chevaux, elle fait marcher à la fois ses deux machines à battre, dont une est de Duvoir et l'autre de Lauriot; il préfère la seconde. Cette machine à vapeur dessert aussi le coupe-racines de la distillerie, le hache-paille, le laveur de betteraves, les pompes, le concasseur de tourteaux etc., etc.

J'ai reçu, dans ce même mois, la visite d'un excellent cultivateur berrichon, dont j'ai été admirer la culture; M. Mauduit, habitant de la Châtre, s'est mis à améliorer et à défricher, il y a trois ans, une ferme de plus de cent hectares achetée à huit kilomètres de son habitation. Il a défriché ses bruyères et les a chaulées à raison de cent hectol. par hectare, avec de la chaux qui lui revient à 1 fr.; elle est faite dans un four à chaux qu'il a construit pour 400 fr.; il est obligé d'amener la pierre calcaire d'une distance de douze kilomètres; comme il a fini de chauler toutes ses terres, il va recommencer à leur donner une seconde dose.

M. Mauduit m'a dit que ses froments avaient donné une bonne récolte, mais que l'avoine de printemps était mal venue. Il avait rentré plus de quatre cent mille kilos de betteraves, avec lesquelles il pouvait bien nourrir ses deux chevaux, deux bœufs et douze vaches de pays, qui font ses travaux de culture; il a aussi un taureau durham venu d'Angleterre; il le fait travailler

assez pour l'empêcher d'engraisser et de devenir mé-
chant; il assure qu'il travaille mieux que ses bœufs
limousins; il a une vache durham et ses trois élèves.

Le troupeau de M. Mauduit est croisé southdown; il
compte vendre ses antenais gras, âgés de quinze à seize
mois; toutes ses bêtes n'ont encore consommé que des
pailles de colza et de grain, passées au hache-paille et
mélangées avec des racines coupées.

M. Mauduit a créé une quarantaine d'hectares de
prés, qui seront en grande partie irrigués, au moyen
de deux ruisseaux qu'il a détournés au loin de leur lit
naturel pour les amener sur ses prés.

Il engraisse trois jeunes bœufs croisés durham, qui
seront livrés à la boucherie avant l'expiration de leur
troisième année.

Il a fait venir de chez M. Bodin, des Trois-Croix à
Rennes, un aplatisseur d'avoine pour 230 fr. et un de
ces petits semoirs anglais, dont on peut rapprocher ou
éloigner à volonté les lignes, et qui ne coûte que 120 fr.

Il a récolté de la semence de lupins jaunes et de lupins
blancs.

M. Mauduit a planté des vignes à la mode du père
Denis. Il a aussi établi un grand verger garni de bons
arbres fruitiers; il a de magnifiques châtaigniers, qui
donnent d'excellentes châtaignes. Il a entouré toute sa
propriété qui contient plus de deux cents hectares, d'un
fossé sur les bords duquel il a planté des arbres à haute
tige. Il a enfin construit une maison de campagne dans
cette belle et bonne propriété, qui avant lui n'était, à
part ses bois, qu'une espèce de désert. Il serait à désirer
qu'un grand nombre de propriétaires du centre de la
France, voulussent suivre de si excellents exemples.

NOTES AGRICOLES

TIRÉES DES JOURNAUX D'AGRICULTURE ANGLAIS.

Labour à la vapeur.

La Société d'agriculture des hautes terres d'Écosse est la société centrale de ce pays des plus avancés en culture; elle avait donné rendez-vous à Stirling, aux inventeurs de charrues à vapeur, pour y concourir. Un prix de 5,000 fr. était destiné au vainqueur.

Diverses circonstances ayant empêché d'autres inventeurs de se présenter à ce concours, M. Fawler précédemment inventeur d'une charrue à drainer, mue par la vapeur, qui place les tuyaux à un mètre et plus de profondeur, sans ouvrir de rigoles, avait amené sa quadruple charrue; une locomobile à vapeur de la force de douze chevaux la fit fonctionner. La terre à labourer était une argile très-forte et sèche, couverte d'un vieux trèfle; une excellente charrue ne put y pénétrer, que lorsqu'on y eut attelé un troisième cheval de la très-forte race de la vallée de la Clyde.

La locomobile de Fawler suit une des tournailles du champ; elle se remorque au moyen d'un câble en fils d'acier, dont l'autre bout est fixé à une ancre placée à l'autre extrémité de la tournaille ; sur l'autre tournaille vis à vis de la locomobile, est posé un petit chariot-ancre, dont les quatre roues sont des coutres circulaires ; le chariot-ancre en se remorquant comme la locomobile, chaque fois que la charrue a fait un tour, avance de la largeur qui a été labourée par ce tour de charrue ; ses quatre roues tranchantes sont toujours enfouies en terre jusqu'aux moyeux ; c'est ce qui fixe le chariot en terre comme une ancre.

La charrue va de la locomobile au chariot-ancre, au moyen d'un câble sans fin, en fils d'acier, qui passe dans une grande poulie attachée au chariot-ancre. Lorsque celui-ci doit avancer de la largeur de la terre labourée par le dernier tour de charrue, un garçon de quatorze ou quinze ans qui suit toujours le laboureur, qui lui-même est à cheval sur sa charrue, va toucher un ressort du chariot-ancre, ce qui le fait avancer suffisamment. Quant à la locomobile, le chauffeur en touchant aussi un ressort, la fait avancer après chaque tour ; un second jeune garçon conduit un cheval attelé à une tonne à eau, montée sur une paire de roues, et approche l'eau nécessaire à la locomobile ; ainsi un chauffeur et un laboureur choisis parmi les domestiques les plus intelligents de la ferme, et deux jeunes garçons alertes et adroits, forment tout l'équipage de la quadruple charrue, aussi bien que celui de la triple ou de la double charrue à vapeur de Fawler. Les autres inventeurs de charrues à vapeur connues jusqu'à cette heure, sont forcés d'employer un plus grand nombre d'ouvriers ; ils ne peuvent pas se servir du chariot-ancre, à cause du brevet d'invention, cela les force aussi à employer un câble en fils d'acier, le double plus long que celui de Fawler, et c'est un objet fort coûteux. Ce jeune et très-intelligent inventeur, a jusqu'à la fin de l'année 1861 remporté tous les premiers prix des con-

cours de charrues marchant par la vapeur. Je donne
ces explications après avoir vu labourer cinq charrues
à vapeur de divers auteurs au concours de Warwick,
et en avoir vu labourer dans plusieurs fermes; revenons
au concours de Stirling où je n'étais pas.

La charrue Fawler a quatre charrues versant à droite
et quatre versant à gauche; ces deux séries de charrues
travaillent alternativement; celles qui ne sont pas à
l'œuvre, se trouvent en l'air. Cette excellente charrue
a très-bien labouré à quinze centimètres de profondeur, ce vieux trèfle en terre argileuse, durcie par la
sécheresse l'ouvrage qu'elle a fait en trois heures, eut
produit en dix heures deux hectares et quatre-vingts
ares de terrain bien retourné; la longueur du champ
était de deux cent soixante-quatre mètres, entre la locomobile et son ancre. La commission, après avoir bien
compté toutes les dépenses, décida que ce labour coûtait 22 fr. 60 l'hectare, et que s'il avait été fait avec des
charrues attelées de chevaux, il serait revenu à 37 fr.
60; c'était donc une économie de 15 fr. par hectare.

On laboura le lendemain un chaume de froment,
qu'on venait de recouvrir de fumier; cette terre était
moins difficile, mais la longueur du champ n'était que de
cent quatre-vingt-quinze mètres; on eût fait là quatre
hectares en dix heures, avec un labour de dix-huit
centimètres de profondeur; cette partié du travail était
évaluée à 19 fr. 70 l'hectare; ce labour fait avec des
chevaux, eût coûté 30 fr. l'hectare; c'est 10 fr. d'économie. On laboura ensuite à trente-cinq centimètres de
profondeur; pendant une heure, on retourna dix-huit
ares, ou un hectare quatre-vingts en dix heures.

Le rapport de la commission fut si favorable, que la
Société se décida à donner à M. Fawler la prime de
5,000 fr., quoiqu'il n'eût pas eu de concurrents.

Un grand fermier du comté de Kent qui était présent, M. Aveling, a dit à la commission, que M. Fawler

avait labouré pour lui quarante hectares de terres très-
fortes, à vingt-deux centimètres de profondeur ; le travail avait été de trois hectares vingt ares en moyenne
par jour ; il avait payé 16 fr. par hectare. Aussi, ajou-
tait-il, tous les fermiers des environs de ma ferme, qui
ont été témoins de ce travail, attendent-ils avec une
grande impatience, qu'une charrue à vapeur de Fawler
soit mise à leur disposition.

Nitrate de soude comme engrais.

On recommande dans les journaux agricoles anglais,
l'emploi du nitrate de soude en place du guano, toutes
les fois qu'il s'agit d'appliquer un engrais pulvérulent,
sur une récolte dont la présence empêche de l'enterrer
à la charrue. Le nitrate de soude n'a pas l'inconvénient,
comme le guano, de s'évaporer quand il n'est pas bien
recouvert. La dose de nitrate ne doit être que de moitié
du poids de celle du guano, et ne coûtera donc pas autant : cent kilos de nitrate de soude coûtent 50 fr., et
deux cents kilos de guano 70 fr. ; il faut ajouter à celui-
ci le double du poids à transporter.

On en sème cent vingt-cinq kilos entre le 10 mars et
le 20 avril, par hectare, au moment où l'on herse le
froment ; cela augmente ordinairement le produit de
cinq à six hectolitres.

On recommande d'enterrer le guano à dix centimètres, afin d'éviter son évaporation. Liébig assure qu'en
humectant le guano avec de l'eau, à laquelle on a ajouté
assez d'acide sulfurique, pour que l'eau acidulée soit
sensible à la langue, cela l'amène à un état qui lui permet de produire son effet, lors même qu'il ne pleuvrait
pas après son application.

La meilleure manière de l'employer est de le liquéfier
en mettant quatre kilos par hectolitre d'eau, et d'employer ce liquide en arrosage.

*Mélange d'un tiers de nitrate de soude à deux tiers
de guano.*

Ce mélange forme un excellent engrais, qui produirait encore un bien meilleur effet, si on pouvait en doubler le poids en y ajoutant autant de sel.

*Semoir à engrais liquides, fabriqué par MM. Recves,
Bratton, Westebury, Wilts. Le prix est de 550 fr.*

On fait depuis une quinzaine d'années, en Angleterre, le plus grand cas des semoirs à engrais liquides, pour récoltes sarclées. Avec cet instrument, on est assuré d'une bonne levée, malgré un temps très-sec ; mais pour pouvoir se servir de ce semoir, il faut que l'eau ne manque pas à proximité. Lorsqu'elle se trouve à deux kilomètres du champ à ensemencer, ce qui est déjà loin, on a besoin de trois tonnes montées sur roues et attelées chacune d'un cheval, pour approcher cinquante hectolitres d'engrais liquides, ou d'eau nécessaire pour semer un hectare en lignes.

Ce genre de semailles est embarrassant et coûteux, mais il assure une bonne récolte de racines. Si du reste la terre a été bien préparée et fumée, ces racines fournissent une abondante nourriture au bétail; celui-ci produit de l'argent et beaucoup de fumier qui, à son tour, assure de bonnes et productives récoltes de céréales ou de plantes commerciales.

M. Rushton, grand fermier anglais, a rendu compte au club des fermiers de toute la Grande-Bretagne, qui se réunit une fois par mois à Londres, d'expériences faites par lui en 1855 : elles font voir à quel point ce semoir est une machine utile. Tout bon cultivateur devrait se la procurer.

Il a semé, dans une terre sablonneuse et sèche, fumée à raison de trente-deux mille kilos de fumier à l'hec-

tare, des betteraves globes jaunes, avec un semoir à engrais liquides, en faisant passer la semence en même
temps que cent hectolitres d'eau, dans laquelle il avait
fait dissoudre deux cents kilos de superphosphate de
chaux par hectare. Les betteraves ont donné quarante-
cinq mille kilos à l'hectare.

Un autre champ, tout prés, préparé de même, semé
le même jour avec la même semence, mais qui reçut les
deux cents kilos de superphosphate dans un état pulvérulent, au lieu d'être à l'état liquide, n'a produit en
betteraves que vingt-et-un mille kilos.

M. Rushton ayant semé dans une meilleure terre des
betteraves avec l'engrais liquide en question, récolta
soixante-huit mille kilos,

L'hectare voisin, semé avec deux cents kilos de superphosphate pulvérulent, n'a produit que quarante-un
mille kilos.

Dans un troisième champ, l'engrais liquide a donné
soixante-quinze mille kilos.

Et l'engrais pulvérulent en a cinquante-un mille.

M. Rushton sème maintenant toutes ses avoines au
semoir à engrais liquides, et emploie cinquante hectolitres d'eau, dans laquelle il a fait dissoudre deux cents
kilos de guano. Les lignes d'avoine sont à huit pouces :
cela augmente le produit de la récolte de douze à quinze
hectolitres.

M. Rushton avait encore semé un quatrième champ
avec même fumure et avec l'engrais en question. Il y
avait mis alternativement une ligne de betteraves et une
ligne de carottes ; cette récolte a donné cent un mille kilos en racines, et prouve que le mélange de racines dans
la même terre, est bien plus productif.

Fumure de betteraves.

M. Caird, un des fermiers d'Ecosse les plus capables,
qui a beaucoup voyagé et qui est l'auteur de plusieurs

ouvrages très-estimés sur l'agriculture, conseille comme fumure pour betteraves, trente-six mille kilos de fumier, deux cent cinquante kilos de guano, autant de superphosphate, même quantité de nitrophosphate, et cinq cents kilos de sel. En France, où le sel est cher, on peut faire venir des ports de mer, du sel ayant servi aux salaisons.

M. Caird a rendu compte à la Société royale d'agriculture dont il est membre, ainsi que de la Chambre des communes, du résultat de bien des expériences agricoles : elles prouvent que le mélange des engrais est un grand moyen d'obtenir de bonnes récoltes.

M. Sherrif, aussi un des plus remarquables fermiers écossais, a dit, à une réunion du Club des fermiers de la Grande-Bretagne, qu'il fume pour les racines avec trente mille kilos de fumier, auquel il ajoute de trois à cinq cents kilos de guano. Il a dit encore que lorsqu'il n'a pas assez de fumier, il le remplace par quatre cents kilos de guano, mêlé à huit cents kilos d'os pulvérisés.

Il donne à ses froments qui ne sont pas assez beaux au printemps, cent cinquante kilos de nitrate de soude, enterré à la herse.

On cite dans le Farmer's magazine, une culture maraichère des environs de Londres, qui fait, chaque année, une dépense de cent mille fr. en main-d'œuvre, et qui achète pour soixante-quinze mille fr. d'engrais.

Durham.

Ayant très-souvent entendu dire en France, que les vaches durham sont mauvaises laitières, je désire faire connaître à mes lecteurs ce qui me fait penser que c'est une injustice qu'on fait à cette admirable race. Elle ne saurait trop être recommandée aux cultivateurs, qui peuvent bien nourrir leur bétail.

J'ai vu dans mes voyages une quantité très-considé-

rable de vaches durham ou croisées durham, qui m'ont
été citées par leurs propriétaires ou par les personnes
qui les soignaient, comme donnant à nouveau lait, de
douze à vingt, et même trente litres ; M. Rieffel, directeur de la ferme régionale de Grand-Jouan, m'en a fait
voir une de pur sang, qui donnait plus de quatre mille
litres de lait dans les trois cent soixante-cinq jours
d'une année ; il m'a montré plusieurs vaches croisées
durham-breton, donnant plus de trois mille litres dans
le même espace de temps.

A la ferme-école de Puilboreau, près la Rochelle,
M. Bouscasse, propriétaire et directeur de la ferme, m'a
montré quinze vaches croisées durham et une pure durham, dont la moins abondante en lait, donnait à nouveau lait douze litres ; la meilleure en donnait trente.

Un fermier des environs d'Avranches, que j'ai visité
deux fois, m'a assuré qu'il avait une vache croisée durham, qui donnait, après avoir vêlé, trente-six litres, et
une autre vingt-deux litres.

M. Moll d'Annaberg, près Bonn, sur les bords du
Rhin, avait des vaches durham qui donnaient de dix-
huit à vingt-deux litres.

Une autre preuve que les vaches croisées durham ne
sont pas de mauvaises laitières, c'est que les nourrisseurs dans la Grande-Bretagne, n'ont presque que des
vaches croisées durham dans leurs étables.

Bœufs croisés durham, prétendus mauvais travailleurs.

Je puis encore dire que j'ai visité plusieurs fois des
cultivateurs français, belges et anglais, faisant travailler
des bœufs croisés durham avec beaucoup de succès.
J'ajouterai cependant, que je pense qu'il vaille mieux
vendre les bœufs croisés durham gras, à l'âge de trois
ans, et acheter des bœufs français, âgés de quatre ans,
pour les faire travailler ; on aura ainsi plus de profit.

J'ai vu plusieurs fois, chez M. Auclerc, propriétaire,

cultivant à merveille en Berry. près St-Amand-sur-
Cher, des bœufs croisés durham liés à des bœufs salers,
limousins, ou à des charrolais; ils étaient en meilleur
état que leurs camarades non croisés.

Moutons shropshire.

Une race de bêtes à laine, formée il y a une quarantaine d'années, en donnant des béliers southdown à des
brebis de montagne, s'est trouvée avoir tant de mérite,
et elle a acquis une si bonne réputation, que la Société
royale d'agriculture d'Angleterre a cru devoir établir
un prix spécial pour elle.

Cette race porte le nom de shropshire, du comté où
elle a pris naissance. Elle s'est tellement répandue dans
ce comté et dans ceux qui l'avoisinent, qu'elle a fait
disparaître dans cette partie de l'Angleterre, les autres
races de bêtes à laine qui s'y trouvaient.

On cite M. Adney, fermier à Harley, Shropshire,
comme le cultivateur qui l'a fait connaître. Il a chaque
année une vente à l'enchère, où les amateurs affluent.
Il y en avait plus de huit cents dans l'année 1860. Cette
belle et bonne espèce est maintenant préférée aux southdown, par une grande quantité de bons cultivateurs ;
elle est plus forte et a de meilleures toisons.

A la dernière vente de M. Adney, un grand nombre
de béliers ont été adjugés, les moins chers à 400 francs.
Celui qui a eu le prix le plus élevé, à 2,500 fr.

Le 13 septembre 1860, à une foire du Shropshire, il
a été vendu cent trente béliers de cette race, dont le prix
moyen s'est élevé à 342 fr. On y a aussi vendu huit
cents brebis shropshire, au prix moyen de 78 francs
75 centimes.

Manière de s'assurer si le nitrate de soude n'est pas mélangé de sel.

En mettant du nitrate de soude sur une pelle rougie

au feu, si on y a mélangé du sel, le sel craquera sur la pelle.

Façon de grosses briques pour la bâtisse.

Lorsqu'un propriétaire de l'intérieur de la France a l'intention de construire, et qu'il n'a pas de bonnes pierres à sa portée, il ferait bien de s'adresser à quelqu'un de confiance à Charleroy, ou à Lille, ou à Valenciennes. Il se procurerait l'adresse d'un bon briquetier, qui pût venir avec quatre ou cinq ouvriers, lui faire une fournée de briques.

Voici l'arrangement qu'une personne de ma connaissance, habitant le centre, a fait avec un briquetier des environs de Valenciennes.

Ce maître briquetier doit venir avec six ouvriers; on lui assignera une pièce pour faire sa cuisine et coucher sur de la paille.

On doit lui fournir deux hectolitres de charbon par mille briques, dont voici la dimension : 0m,25 centimètres de longueur ; moitié en largeur, et un quart en épaisseur.

Cet homme ne vient qu'à condition de faire au moins deux cent mille briques.

On doit lui donner le terrain qu'il fouillera pour en tirer la terre à brique; il faut qu'il puisse se procurer l'eau nécessaire, en creusant un puits peu profond. Il moulera les briques, les fera sécher et cuire.

On devra lui fournir le sable nécessaire à côté de sa fabrication, lui donner la paille nécessaire et convenable pour faire des paillassons; des gaules doivent aussi lui être fournies.

Le maître briquetier doit venir voir s'il peut trouver la terre convenable, l'eau à portée, et le sable; il retourne ensuite chez lui, et ramène ses six ouvriers. Il les remmène lorsque les briques sont faites. On lui doit ses frais de voyage et 7 fr. par mille briques.

Destruction des fougères.

Les cultivateurs qui défrichent des bruyères, sont souvent gênés par la fougère qui survit à la bruyère. Pour la détruire, il faut labourer avec une forte charrue attelée de quatre bêtes, et faire suivre une forte fouilleuse attelée de même.

Veaux femelles, des races schwitz, cotentines et flamandes, vendues, âgées de six semaines, au prix qu'en donnent les bouchers.

M. Nanquette, régisseur de la ferme impériale de Vincennes, m'a dit qu'il vendait les veaux femelles au prix que les bouchers en offrent. Il a une très-belle vacherie composée de vaches schwitz, cotentines et flamandes; on pourrait ainsi se monter facilement une excellente vacherie. On achèterait en même temps un veau mâle d'une très-belle et bonne vache durham de pur sang, qu'on élèverait pour lesdites génisses.

Manière économique d'élever les veaux.

Pendant les premiers quinze jours, il faut qu'ils boivent du lait avec la crème; on leur donne ensuite du lait doux encore, mais écrémé, auquel on ajoute, pendant quinze jours, de la farine de froment séparée du son. Après cela, on leur donne du lait écrémé avec des farines d'avoine et de graine de lin: la première échauffe et la seconde rafraîchit.

Quand les veaux ont deux mois, on remplace peu à peu le lait écrémé par du thé de foin, qui se fait en versant de l'eau bouillante sur une poignée du meilleur foin qu'on puisse se procurer. On met dans ce thé la farine d'avoine, celle de graine de lin qu'on peut remplacer alors par celle de tourteau de lin; on augmente la quantité de ces farines à mesure que le veau grandit; on pèle des pommes de terre bouillies qu'on écrase soigneusement pour les mélanger à cette boisson; on donne au jeune veau du bon foin, des betteraves et des carottes bouillies.

Rations de nourriture données au bétail de M. Decrombecque, fabricant de sucre à Lens, Pas-de-Calais.

On donne aux chevaux poussifs six kilog. d'avoine aplatie et dix kilos de fourrage passé au hache-paille; il se compose d'un tiers en foin des prés, un tiers de trèfle, un tiers de paille : on le saupoudre avec une livre de farine de graine de lin ou, à son défaut, de tourteaux de lin; on arrose ce mélange avec de l'eau bouillante, dans laquelle on a fait dissoudre un kilo de mélasse et cent vingt grammes de sel.

Chevaux poussifs.

M. Decrombecque a toujours une vingtaine de chevaux poussifs, sur trente et quelques qui garnissent ses écuries. Ces chevaux poussifs nourris ainsi, travaillent fort bien et ont de l'embonpoint; ceux qu'il met à sa calèche trottent pendant les neuf lieues qui séparent la ville de Lens de celle de Lille, et reviennent de même le soir, sans avoir le flanc altéré. Ces derniers sont des chevaux de carrosse achetés 100 ou 150 fr. la pièce, parce qu'ils étaient poussifs.

Vaches à l'engrais.

On leur donne un kilo de tourteau de lin, deux kilos de tourteau d'œillette et deux kilos de tourteau de colza; vingt ou vingt-cinq kilos de pulpe, trois kilos de coupage, moitié foin, moitié paille, arrosé d'eau bouillante contenant un kilo de mélasse et soixante gr. de sel.

Moutons à l'engrais.

Un kilo de coupage, moitié foin, moitié paille, avec cinq quarts de livre de tourteaux mélangés. Le tout est arrosé avec de l'eau bouillante contenant trente gr. de sel ; et enfin de la pulpe.

Expériences d'engrais pour betteraves, la dépense étant de 280 fr. par hectare, en engrais.

En guano, le produit a été de 69,000 kilos ; en tourteaux, 60,000 ; en sang desséché, 58,000 ; en os avec acide, 52,000.

On assure que ce qu'il y a de mieux, est d'employer un tiers de l'engrais en guano du Pérou, deux tiers de superphosphate, et six cents kilos de sel par hectare.

Pulvérisation des os.

Il faut les faire bouillir pour en extraire la graisse, et les faire sécher ; on les met ensuite dans une touraille chauffée à cent quatre-vingts degrés centigrades. A défaut de touraille, si l'on a une machine à vapeur comme moteur, on se procure une espèce de générateur, qui peut s'ouvrir et se fermer hermétiquement. On le remplit d'os ; on y applique six atmosphères de vapeur, et au bout de quatre heures, les os sont attendris de manière à pouvoir être écrasés avec le pied.

A défaut de ces deux moyens, on fait scier un ou deux des fûts quelconques, qui peuvent tenir l'eau ; on y met de l'eau contenant une certaine dose d'acide hydrochlorique, et on remplit d'os ces cuvelles. L'acide détache le phosphate de chaux de la gélatine, et se précipite au fond du vase ; on enlève la gélatine dont on peut faire de la colle, ou bien on la met dans la citerne à purin.

Urine humaine comme engrais.

Si on peut se procurer de la sciure de bois, et qu'on la trempe pendant six semaines dans l'urine, cela forme un excellent engrais. Une bonne poignée mise entre chaque deux betteraves, en la recouvrant de terre au moment du sarclage, a produit quarante mille kilos de racines, tandis que trente-cinq mille kilos de fumier dans un hectare de la même terre, n'en ont fait produire que trente-deux mille kilos.

Terre lasse de trèfle.

On assure que de semer des féverolles en lignes dans une terre fatiguée d'avoir produit trop souvent du trèfle, lui permettra de donner une bonne récolte de trèfle, si les féverolles ont été bien fumées et bien sarclées.

Valeur des eaux ammoniacales.

On les estime assez en Angleterre, pour les acheter 10 fr. l'hectolitre; on les mélange avec cinq fois autant d'eau, pour en arroser les prés; et cela fait produire beaucoup de foin.

Il faut de huit à neuf mille kilos de charbon de terre pour produire dix hectolitres d'eau ammoniacale de gazomètre; cette quantité fournit une bonne fumure par hectare de pré.

Valeur du sang comme engrais.

Le chimiste de la Société d'agriculture centrale d'Écosse, lui a dit qu'il estimait le sang de boucherie, à 50 fr. les mille kilos.

Soufrage des vignes contre l'oïdium.

Il doit se faire au moins trois fois : la première fois lorsque la feuille a atteint la longueur du doigt; la seconde fois au moment où la fleur forme ses grains; enfin, lorsque ceux-ci sont gros comme du plomb à lièvre; si on s'apercevait que l'oïdium reparût après ces opérations, on recommencerait.

Effet du guano comparé à celui du fumier.

On assure en Allemagne comme en Angleterre, que cent kilogrammes de guano, fumeront aussi bien un morceau de terre de trente-trois ares, que dix mille kilos de bon fumier.

Le grand ajonc comme excellente et très-abondante nourriture verte, pendant l'hiver.

On sème l'ajonc avec une céréale de printemps; on fera bien de tremper la graine pendant quatre jours, l'étendre sur un plancher sur une épaisseur de quinze centimètres et la remuer pour éviter qu'elle ne s'échauffe; après huit ou dix jours elle germera; on la sèmera alors en la couvrant légèrement.

Elle pourra se faucher le second hiver, un homme peut en faucher en une heure de quoi nourrir trente grosses bêtes, à raison de vingt à vingt-cinq kilos par tête, si elles ne devaient manger que cela; mais ce fourrage étant très-échauffant, il vaut mieux ne donner que deux tiers de cette ration.

Huit hectares d'ajoncs bien réussis, peuvent nourrir pendant vingt hivers, cent grosses bêtes, en leur donnant un tiers de leur nourriture en racines et fourrage sec; en semant en lignes à seize centimètres, on peut sarcler à la houe à cheval, ce qui conserve plus longtemps ce fourrage et le rend plus productif.

Un hectare d'ajoncs fait sur bonne terre, donne neuf cents à mille bottes d'ajoncs, dont une suffit à la nourriture de deux chevaux pendant vingt-quatre heures. Il faut éviter de le faire passer au hache-paille plus de vingt-quatre heures d'avance, car il s'échauffe en tas. La meilleure manière d'obtenir un champ d'ajoncs très-beau et très-productif, est d'en semer en mars sur une très-bonne terre; cinq kilos de semence semés à la volée, fourniront bien les quatre cent trente-cinq mille six cents plants nécessaires, pour repiquer un hectare en lignes à seize centimètres en tous sens; on les mettra en terre en octobre, le repiquage emploiera trente journées, mais cette dépense est faite pour vingt ans.

Betteraves pour nourrir les chevaux.

On commence en Angleterre à employer beaucoup de betteraves, comme partie de la nourriture des chevaux.

M. Slatter, fermier à Weston Colville, Cambridgeshire, dit dans le Farmer's magazine, que sa machine à pulper les racines, lui rend les plus grands services; il s'en sert pour préparer les betteraves, dont chacun de ses chevaux consomme trente-six litres par 24 heures; cela pendant dix et même onze mois de l'année. Cette ration leur fait grand défaut, pendant le peu de temps qu'elle leur manque; il leur en donne de nouvelles en septembre, mais n'ose leur en donner d'abord que le quart de la ration, qu'il augmente peu à peu jusqu'à la compléter; il trouve que les jeunes betteraves ne leur réussissent pas aussi bien que celles arrivées à maturité.

Engraissement de cochons avec betteraves et farine.

M. Blundel, fermier près Southampton, engraisse un très-grand nombre de cochons, en leur donnant dans le début, des betteraves pulpées saupoudrées avec un peu de farine; il augmente par degrés la quantité de farine, et finit par ne plus donner de racines, dans les derniers quinze jours.

M. Corner, fermier près Bridgewater, ne cultive que quatre-vingts hectares, ce qui ne l'empêche pas d'avoir monté une machine à vapeur au moyen de laquelle il coupe deux fois par semaine, du foin et de la paille par moitié, pour réduire les racines au moyen du pulpeur et engraisser des bœufs. A la pulpe grosse comme des pois, il ajoute, à mesure qu'elle sort du pulpeur pour tomber dans un caveau, de la farine mêlée et composée de féverolles, d'orge et de maïs, à raison de huit à dix livres de farine par bête, cela suivant la taille. Ses chevaux, ses vaches et ses élèves en consomment aussi, et ces dernières n'ont avec cela que de la paille hachée; les bœufs à l'engrais ont moitié foin.

Le fermier que M. Corner avait remplacé, fauchait quarante hectares de prairies naturelles ou artificielles, ses bêtes ne consommaient point de paille hachée; il n'engraissait pas de bêtes à cornes et ne tenait qu'un troupeau peu considérable; M. Corner a de deux cent cinquante à trois cents grosses brebis, et engraisse de vingt à vingt-cinq bœufs, arrivant à donner quatre cents kilos de viande nette.

M. Corner dit qu'avant d'avoir acheté son pulpeur il y a cinq ans, il ne parvenait pas à engraisser des cochons avec profit, au lieu que maintenant cet engrais lui réussit bien.

Autre manière de préparer la nourriture du bétail.

M. Woodfield, fermier écossais, près Kilmarnock, fait fermenter cette nourriture pendant trois ou quatre jours, suivant les degrés de la température; il met couche par couche la paille hachée et les racines pulpées, et saupoudrées de tourteaux et farines; on arrose le tout avec de l'eau bouillante salée; on fait tous les jours une masse de cette excellente nourriture très-appréciée par son nombreux bétail.

Culture du maïs en Amérique.

Il faut labourer très-profond, en mettant quatre fortes bêtes à la charrue, après la récolte du froment; fumer aussi fortement que possible au printemps et enterrer ce fumier par un bon labour; tremper la graine la veille au soir du jour où l'on plante. Les lignes doivent être séparées par un mètre. On met trois ou au plus quatre grains dans un rond, en les séparant les uns des autres par quatre pouces; on doit les enfoncer en terre avec le pouce; lorsque les plantes sont sorties de terre, leur donner, par rond, la valeur d'une forte cuillerée à bouche de plâtre pulvérisé; passer la houe à cheval et bien sarcler lorsque les plantes seront très-visibles, et donner alors une seconde cuillerée de plâtre; les tocquées doivent être à soixante-six centimètres les unes des autres.

On donne une seconde culture à la houe à cheval, et puis on butte fortement; plus tard si la terre est bonne et la fumure considérable, on récolte jusqu'à cent quatre-vingts hectolitres d'épis de maïs; on sème le froment en ne lui donnant qu'un bon plâtrage.

M. Mac Lagan, grand fermier écossais, a dit au club central des fermiers de la Grande-Bretagne, que le pulpeur de Bental et l'excellent hache-paille de Richemond et Chandler, lui avaient enfin permis d'apporter une grande perfection à la manière de nourrir ses différentes espèces de bêtes, en rendant possible de régler leurs rations convenablement.

Ses vaches à lait consomment les balles de froment et d'avoine, auxquelles on ajoute cinquante livres de pulpe de racines mélangée avec trois livres de farines et tourteaux.

Les jeunes bœufs d'espèce du Westhigland, âgés de deux ans, qui ne doivent être engraissés que l'année suivante, pour être tués à trois ans et six mois, reçoivent cinquante livres de pulpe mêlée à de la paille hachée, qu'on mesure de manière à former deux fois le volume de la pulpe; les vaches taries ont la même nourriture ainsi que les élèves et les poulains.

Les brebis qui sont le produit de béliers newleicester et de brebis cheviot, ont dix livres de pulpe, dont on augmente la quantité qui est portée jusqu'à quinze livres avant l'agnelage; elles en reçoivent ensuite autant qu'elles en veulent, ce qui dépasse quelquefois vingt livres par tête. Trois semaines avant l'agnelage, on remplace une partie de la paille par du foin, et on ajoute à la pulpe de la drèche ou des germes d'orge, ou enfin des mélanges de tourteaux et de farine. Lorsqu'on dispose de résidus de distillation, on arrose avec eux le fourrage mêlé à la pulpe; cela augmente le lait des mères, et on continue cette nourriture jusqu'à l'époque où elles trouvent de l'herbe en abondance.

M. Mac Glashan tient à ce que les vieilles brebis achetées pour faire encore un agneau, soient très-bien nourries, afin de pouvoir vendre ceux-ci de bonne heure gras pour être tués, et pour pouvoir engraisser promptement les mères.

Il dit que les cochons et volailles font grand cas de la pulpe, saupoudrée avec un mélange de farine et tourteaux. La paille coupée mêlée à la pulpe, reste agglomérée jusqu'à ce qu'elle entre en fermentation; celle-ci se produit bien plus vite, lorsqu'on a ajouté du sel au mélange de tourteaux et farine pour les vaches à lait, ou les bêtes à l'engrais.

Son pulpeur expédie sa besogne plus vite que le hache-paille; ils sont mus tous deux par une chute d'eau; deux femmes passent une tonne de racines en vingt minutes. La dépense pour pulper, couper la paille, ajouter deux cent cinquante-deux livres de farine et tourteaux, pour deux mille cinq cents kilos de racines et bien mélanger le tout, lui revient à 1 fr.

Le colza semé pour être pâturé en automne, forme une excellente nourriture pour engraisser les bêtes à laine; elle dispose les brebis à recevoir le bélier et à bien retenir.

Dans un article du Farmer's magazine, il est dit qu'il est généralement reconnu par les nourrisseurs, que ce sont les vaches durham ou croisées durham bien choisies, qui leur sont le plus profitables; elles donnent beaucoup de lait, et le conservent longtemps si elles sont bien nourries ; elles fournissent des veaux vendus plus cher aux éleveurs ; enfin elles s'engraissent facilement après avoir produit pendant cinq et six ans beaucoup de lait.

Cepage estimé dans le Médoc.

Un cepage très-estimé dans le Médoc, le Cabernet Sauvignon, ressemble à celui qui est connu dans le Centre sous les noms de Côt, Cor, ou Cahors ; il a un mérite de plus que ce dernier qui est très-bon, c'est de fleurir quinze jours plus tard. M. Fevet, propriétaire au Roger, près Pont-Levoi, le propage le plus qu'il peut, et peut en fournir des boutures.

Engraissement ou élevage.

Lorsque le bétail maigre est bon marché, il fait bon de se livrer à l'engraissement ; lorsqu'il est cher, ce qui arrive quelquefois au point que le poids net d'un animal maigre est aussi et même plus cher, que la bonne viande de boucherie, alors il faut élever, et choisir pour cela des races précoces.

Étendue nécessaire d'une ferme pour y établir une machine à vapeur.

On pense en Angleterre, qu'il faut qu'une ferme ait au moins quatre-vingts hectares d'étendue, pour qu'il soit avantageux d'y établir une machine à vapeur à poste fixe. On doit y faire soixante-quinze kilos de viande par hectare, dit-on, si le fermier cultive d'une manière intensive ; pour cela, il faut que les terres à sous-sol imperméable aient été drainées, qu'elles aient été toutes bien chaulées, bien fumées et qu'on les laboure profondément.

La machine à vapeur y sera occupée à pomper l'eau, à moudre, à battre et nettoyer les céréales, à aplatir l'avoine, à pulper les racines, à broyer les tourteaux, à couper au moins deux cents tonnes de fourrage et paille. La vapeur superflue sera employée à faire cuire la nourriture des porcs, et à faire bouillir l'eau dans laquelle sera fondu du tourteau ; cette espèce de bouillon servira à arroser les fourrages hachés, qu'on laissera fermenter dans des citernes ; on pourra de plus avec la machine à vapeur faire marcher une scie rotative, pour faire des planches, scier le bois de chauffage, etc., etc.

Enorme économie de main-d'œuvre résultant de l'emploi d'une machine à vapeur.

On verra par les chiffres suivants, l'énorme économie de main-d'œuvre qu'elle apportera dans la ferme; voici le temps employé à exécuter diverses besognes ; on a mis trois minutes :

A couper,　128 livres de foin ou paille.
　Id.　　　314　id.　de racines menues.
　Id.　　　620　id.　　id.　　pour bœufs.
Pulper,　　490　id.　de racines.
Concasser, 161　id.　de gros tourteaux.
Vanner,　　761　id.　de froment.
Trier,　　　400　id.　　　id.
Battre,　　200 gerbes et les vanner en treize minutes.

Labour à vapeur.

Maintenant, avec une machine à vapeur locomobile et la quadruple charrue de Fawler, on a labouré, en dix heures, quatre hectares à six pouces de profondeur. Chaque soc prend neuf pouces de largeur ; on peut approfondir cette culture jusqu'à 0^m,40

Machine locomobile sur route.

Sur les chemins de fer, une locomotive traînera deux cent quarante tonnes en huit minutes, sur quatre kilomètres, en ne prenant que 25 cent. par tonne, ou mille kilogrammes; tandis qu'on paye 1 fr. 75 pour le port du même poids et à même distance sur une route.

Mombre des chevaux vapeur en Grande-Bretagne.

L'ingénieur consultant de la Société royale d'agriculture d'Angleterre, M. Amos, construit des pompes pour les Antilles; ces pompes élèvent jusqu'à cent trente-cinq mille litres par minutes.

On dit que les manufactures anglaises emploient cent cinquante mille machines à vapeur, d'une force moyenne de vingt chevaux, ce qui formerait le nombre de chevaux de vapeur de. 3,000,000

Les chemins de fer occupent 7,550 locomobiles, à 100 chevaux. 755,000

Les vapeurs de commerce 2,000 machines à 100 chevaux. 200,000

La marine militaire 450 machines à 100 chevaux 100,000

L'agriculture 6,000 machines à 8 chevaux . . . . , . . . 48,000

Total du nombre des chevaux vapeur. 4,103,600

Ce nombre augmente chaque jour, et les charrues à vapeur vont beaucoup contribuer à cette augmentation.

Travail possible à un cheval.

On a calculé en Angleterre, qu'un bon cheval qui emploierait tous ses moyens sans aucun repos, ne pourrait continuer que pendant quatre heures et demie sur vingt-quatre, et qu'il dépenserait 2 fr. 50 par jour de travail, ou 750 fr. par an.

Une machine à vapeur à poste fixe, existant déjà depuis dix ans, sans être au courant des perfectionnements, nous servira de point de comparaison.

En prenant, d'après ce qui est admis. la force d'un cheval vapeur qui évapore six gallons ou vingt-sept litres d'eau dans une heure, cette machine évaporant, par heure, deux cent quarante-trois litres, est donc d'une force de neuf chevaux; elle consomme, pendant son travail de dix heures, cinq cents kilos de charbon de terre menu, coûtant la tonne 9 shellings,

Ou les 500 kilos.	5 fr. 60
Dont le port coûte.	1 85
Total.	7 fr. 45
Un journalier payé . . . . , ...	2 fr. 50
Cela fait.	9 fr. 95

Cette machine opère comme dix-huit chevaux travaillant pendant cinq heures.

Il faudrait ajouter une somme assez forte à cette dépense pour les dix-huit chevaux, pour les loger et les soigner ou les conduire.

Machines à vapeur consommant le moins de charbon.

Dans les grandes machines à vapeur occupées dans la Cornouaille à pomper l'eau des mines, on est arrivé à de tels perfectionnements, qu'elles ne consomment que trois livres de charbon par heure et par cheval; mais dans la majorité des essais faits par la Société royale d'agriculture d'Angleterre, on a trouvé qu'il faut cinq livres par heure et par cheval.

Un grand meunier nous a assuré, qu'ayant fait un pari, il était parvenu à convertir en farine, avec sa machine à vapeur faisant marcher trois paires de meules, deux cent cinquante-six hectolitres de froment, avec une dépense de 17 fr. 50 cent. en charbon, ou 3 cent. par hectolitre.

Manière de faire employer volontiers les moissonneuses ou faucheuses par les ouvriers.

Voici un exemple qui pourra être utile à des cultivateurs embarrassés, pour employer leur moissonneuse nouvellement acquise :

M. Pike, de Stevenington, un des fermiers les plus capables de sa contrée, a imaginé la manière suivante, de faire adopter sa moissonneuse par les ouvriers qui faisaient habituellement sa moisson à la tâche.

Ces gens recevaient par hectare 25 fr., pour fauciller près de terre, lier, charger, décharger, faire les meules et les couvrir; ils recevaient en sus quatre litres et demi de bierre par homme et par jour. M. Pike fournissait les charrettes à un cheval, conduites par des jeunes garçons habitués à cela (lorsque les laboureurs chargent et déchargent le fumier). M. Pike fournissait encore les jeunes garçons, conduisant les rateaux à cheval.

Cet habile fermier et excellent homme, ne voulant désobliger ses tâcherons habituels : dix-sept en nombre, les fit venir et leur dit qu'ils allaient prendre sa moissonneuse, qu'ils feraient avec elle sa moisson, qu'il les payerait comme d'habitude, seulement qu'ils lui payeraient 10 fr. par hectare pour le loyer de ses chevaux et de sa moissonneuse; et comme ces gens ont gagné de meilleures journées depuis lors, la moissonneuse est très-appréciée par eux.

Expériences comparatives d'engrais.

Expériences comparatives de divers engrais pulvérulents, faites par le docteur Vœlker, professeur de chimie à l'Ecole d'agriculture de Cirencester, et chimiste de la Société royale d'agriculture d'Angleterre.

	Prix.	Grains.	Paille.	Froment.	Profit après déduction de l'engrais
	Kil.	Kil.		Hectol.	
Guano du Pérou. 212		3000	2875	36 30	112f 75
Nitrate de soude. 212		2850	3010	34 20	78 85
Nitrate et sel. {175 {194	100 fr.	3045	3022	36 60	122 55
Engrais Proctor. 500		2962	2950	36 00	102 85
id. id. 750	150f	3275	3385	39 77	132 25

La valeur de la paille n'a pas été estimée.

C'est l'engrais Proctor (dont un dépôt existe à Rouen, m'a-t-il été dit), qui a donné le plus grand produit et le plus de bénéfice net, après avoir été employé à forte dose.

Conseil pour l'engraissement des moutons et des porcs.

Un des meilleurs cultivateurs anglais disait qu'il est bon d'engraisser les cochons en été, et de les remplacer en hiver par des moutons. Ceux-ci, couverts d'une bonne toison, ne souffrent point du froid, mais en été la chaleur leur nuit. Cette personne engraisse environ trois cents cochons en été ; elle en a toujours eu beaucoup de malades en leur donnant de la paille pour litière ; mais depuis qu'ils couchent sur des planchers à claires-voies, ils se portent toujours bien ; les moutons qui les remplacent durant l'hiver, n'ont jamais de piétin, car ils ne reçoivent aucune litière. Lorsqu'on donne des fèves aux porcs, il faut les tremper dans l'eau froide pendant vingt-quatre heures ; cela leur évite les crampes d'estomac.

Mérites du ray-grass d'Italie.

Le ray-grass d'Italie est la plante la plus hâtive et la plus productive, à condition d'être bien fertilisée avec des engrais liquides. On fait au moins cinq pleines coupes, si on leur donne au printemps, au moment où la végétation part, et ensuite après chaque coupe, deux cent cinquante hectolitres de purin ou d'eau dans laquelle on a fait dissoudre cinq cents kilos de guano. On en sème un peu avec le trèfle et autres prairies artificielles, qui ne doivent pas durer plus de deux ans ; si la sécheresse a laissé un trèfle trop clair ou plein de lacunes, on y sème, en septembre, par un temps pluvieux, du ray-grass d'Italie sans herser, et on a une très-belle prairie artificielle l'année suivante.

Mérite du défoncement de la terre.

On voit facilement combien les défoncements sont utiles à la terre, lorsqu'on passe dans un champ drainé depuis une couple d'années. La récolte y est infiniment plus belle sur les rigoles que dans le reste du champ.

Fumure des terres.

M. Méchy dit qu'un cultivateur qui veut gagner de l'argent par la culture doit, avant tout, fortement fumer. S'il le fait seulement avec le fumier produit sur la ferme, il faut pour cela qu'il produise trois cent cinquante kilos de viande par chaque hectare de sa culture. Pour arriver à ce point, il faut que son capital d'exploitation s'élève à mille fr. par hectare, et il doit soigner parfaitement sa culture.

Il connaît un fermier cultivant fort bien deux cent quarante hectares, qui dit que s'il n'achetait pas, chaque année, pour 62 fr. d'engrais pour chaque hectare de sa ferme, il perdrait de l'argent au lieu d'en gagner.

M. Méchy en connaît un autre qui dépense 125 fr. pour chaque hectare de sa culture. Lui-même n'achète que pour 30 fr. par hectare, mais cela tient à ce qu'il engraisse énormément de bétail.

Excellente poire.

Un excellent agriculteur et horticulteur de Belgique, le comte F. Vizard, me recommande la poire dite Beurré de Jodoigne et Delfosse, comme excellente.

Bergerie modèle. — Bonne tenue d'une bergerie où l'on engraisse.

On accorde un mètre carré par tête, et assez de place au ratelier; le bâtiment doit être bien ventilé; chaque bête reçoit, par vingt-quatre heures, cinq kilos de racines pulpées, mêlées de trois quarts de livre de tourteau de colza, d'un peu de sel, et d'une livre et demie de paille hachée très-court, le tout humecté et fermenté.

On renouvelle tous les jours la litière avec de la paille coupée de trente-trois centimètres de long; il ne faut pas en mettre plus qu'il n'en faut pour abreuver l'urine, car sans cela le fumier fermente, ce qui perd l'ammoniaque et nuit aux bêtes.

Nourriture d'un cheval.

Composition de la nourriture d'un cheval de travail pour une semaine, chez M. Méchy :

Huit cent soixante-quatre litres de paille hachée, très-courte (trois millimètres), ou cent vingt-six litres par vingt-quatre heures; quatre cent trente-deux litres de vesces en vert, coupées, ou soixante-trois litres par vingt-quatre heures; quarante litres de fèves concassées ou à peu près six par jour, et pour 1 fr. 25 de son; enfin, de la paille longue de $0^m,33$ pour litière.

Le seigle, comme nourriture de chevaux, bouilli jusqu'à ce qu'il crève, leur convient à merveille. Si on n'avait pas d'avoine à leur donner, la ration devrait être de dix à douze litres, mesurés avant d'être cuits. Pour de forts chevaux, le seigle donné cru pourrait les rendre fourbus; il leur donne trop d'ardeur.

Coliques des chevaux.

Remède contre les coliques des chevaux : on prend un huitième de litre d'eau-de-vie, une cuillerée à café de poivre et un quart de litre de lait, et, à son défaut, d'eau chaude; on mélange bien, et on administre en trois fois, de vingt en vingt minutes.

Remède contre la météorisation.

Si l'on n'avait pas d'ammoniaque lorsqu'un cas de météorisation se présente, on peut la remplacer par une cuillerée de chaux fusée, qu'on mettra dans un demi-litre d'eau, et on fait avaler ce liquide à la bête à corne malade. Si, après un quart d'heure elle ne désenflait pas, on renouvellerait la dose en ne mettant qu'un quart de litre d'eau.

Remède contre la cachexie.

M. Vellada assure qu'en faisant avaler, le matin, à un mouton atteint de cachexie, une pilule de trois gr. d'assa fœtida, puis, à midi et au soir, chaque fois quatre grammes de gousses d'ail, la bête sera guérie.

Lupins jaunes pour bêtes à cornes.

M. de Posson, propriétaire à Capellen, non loin d'Anvers, a mandé à la Société centrale de Belgique dont il est membre, qu'il avait nourri cinquante têtes de bêtes bovines, pendant trente-six jours, avec des lupins jaunes en vert, et que ses bêtes s'en trouvaient bien.

Culture du lupin jaune.

M. Gand, ingénieur agricole, a publié, dans le *Journal d'agriculture progressive*, qu'il cultive, depuis l'année 1858, les lupins jaunes avec succès; qu'ils réussissent d'autant mieux que le sable a plus de profondeur. Un hectare de sable ferrugineux lui a donné douze mille kilos de fourrage sec; un second hectare qu'il a enterré en vert, lui a donné une belle récolte de seigle.

Il sème dans le courant d'avril pour se procurer de la semence, soixante kilog. par hectare; il en sème pour fourrage jusqu'au 15 juin, 100 kilog., et il emploie 130 kilog. de semence, lorsqu'il veut l'enterrer comme fumure ; il en sème pour être pâturé, même après la récolte du seiglé.

Celui qu'on sèmera, au 15 avril, sera en pleine fleur à une époque convenable pour l'enterrer et pour semer du sarrazin, ou des navets, de la spergule, ou de la moutarde blanche.

On doit le faucher pour fourrage lorsqu'il est défleuri; le laisser pendant huit ou dix jours en andins; le réunir en suite en petits tas d'un mètre de diamètre et de $0^m,33$ de hauteur. Au bout de huit jours, on réunit cinq de ces tas pour en former un meulon haut d'un mètre ; il ne faut pas le tasser, pour que l'air le pénètre et puisse aider à sa dessiccation qui est difficile.

Pour graine, on ne le fauche que lorsque ses premiers siliques sont d'une couleur brune et commencent à éclater ; on les met en petits meulons en cachant autant que possible les siliques que le soleil fait éclater, ce qui fait perdre la graine.

Pour rentrer celui destiné à donner de la graine, il faut le charger dans des chariots garnis de toile.

Labourer avant l'hiver en défonçant le sol, semer au printemps en enterrant très-légèrement.

Profondeur convenable à laquelle on doit enterrer le froment.

Dans une expérience faite pour savoir à quelle profondeur il vaut mieux enterrer le froment, on a constaté qu'en le couvrant de $0^m,01$ 1/2, il a été onze jours à lever, et un huitième de la semence n'a pas levé. La semence enterrée à $0^m,02$ 1/2 a levé entièrement au bout de douze jours ; couvert de $0^m,05$ de terre, les sept huitièmes ont levé en dix-huit jours ; enterré à $0^m,07$ 1/2, les 6/8 ont levé en vingt jours.

Couvert de dix centimètres, moitié n'a pas levé, l'autre moitié n'est sortie qu'en vingt-et-un jours ; enterré à $0^m,12$ 1/2, trois huitièmes de la semence ont levé en vingt-deux jours ; couvert de $0^m,15$, il a fallu vingt-trois jours pour faire lever un huitième de la semence.

Expériences de divers engrais pour froment.

Expérience comparative de divers engrais :

	Hectol.	Paille, kil.
100 f. 250 k. guano par hect., a produit	27-00	4,600
75 fr. 190 k. nitrate de soude et 250 k. sel	28-00	5,000
75 fr. 190 k. de sulfate d'ammoniaque et 250 k. de sel.	30-00	5,300
55 fr. 375 k. de superphosphate de chaux.	22-75	3,000
75 fr. 500 k. de tourteaux de colza	25-00	3,000
fr. 500 k. de salpêtre	27-00	3,800
210 fr. 35,000 k. de fumier.	30-25	3,258

Expérience d'engrais pour turneps.

Autre expérience d'engrais pour turneps : elle est due au docteur Voelker, chimiste-consultant de la Société royale d'Angleterre.

	Tonnes.	Quintaux.
Sans engrais, la terre de la ferme de Cirencester a donné	36	15
37 tonnes de fumier ont donné sur un hectare.	46	05
750 k. de superphosphate de chaux.	52	14
375 k. de guano.	47	02 1/2
750 k. d'os pulvérisés.	46	00
125 k. de nitrate de soude.	46	00
375 k. de cendres d'os venant de Buénos-Ayres et acide.	51	17 1/2

Inoculation des bêtes à cornes en Hollande.

Beaucoup d'éleveurs de bêtes bovines de la Hollande se mettent à inoculer leurs veaux âgés de six mois, afin

d'abord de les préserver de la pleuropneumonie exsudative ; ensuite aussi pour garantir les acheteurs qu'ils
n'importeront pas cette terrible maladie chez eux

Production du lait de vaches suivant leur âge.

On a cherché en Allemagne à se rendre compte du
produit du lait, suivant l'âge des vaches, et voici le résultat de cette expérience. Vache âgée :

De 3 à 4 ans, 14 mesures de lait, la mesure pèse
2 livres et demie. . . . .   35 livres.

De 4 à 5 ans, 17 mesures de lait. . . .   42-5
De 5 à 6 ans, 19-5 mesures de lait. . .   48-75
De 6 à 7 ans, 20-5 mesures de lait. . .   51-25
De 7 à 8 ans, 22-5 mesures de lait. . .   56-25
De 8 à 9 ans, 18 mesures de lait. . . .   45-00
De 9 à 10 ans, 15-5 mesures de lait . .   38-75
De 10 à 11 ans, 13-5 mesures de lait. .   33-75
De 11 à 12 ans, 11-5 mesures de lait. .   28-75
De 12 à 13 ans, 10 mesures de lait. .   25-00

Age auquel il faut se défaire des poules.

D'autres expériences ont appris qu'il ne faut pas conserver les poules passé l'âge de quatre ans. La première année, elles ne donnent que quinze à vingt œufs ;
la seconde, de cent à cent-vingt, si on les nourrit bien ;
la troisième, de cent-vingt à cent trente-cinq ; la quatrième, de cent à cent quinze, et la cinquième, de
soixante à quatre-vingts.

Manière de reconnaître l'âge des poules.

Pour pouvoir distinguer leur âge, on les marquera
âgées d'un an, d'abord en leur supprimant, au moyen
d'un ciseau de menuisier, la première plume de l'aile
gauche ; en enlevant le bout de l'aile contenant cette
première plume, on applique un fer rouge pour arrêter

le sang ; l'année suivante, on supprime à toutes les poules d'un et de deux ans, le bout de l'aile droite ; les poules âgées de trois ans ont ainsi les deux bouts de leurs ailes supprimées, et après la mue de la troisième année, on leur coupe le bout de la queue, ce qui les marque comme devant être sacrifiées à la fin de la quatrième année.

Manière d'employer le guano.

Il a été fait en Allemagne de nombreuses expériences sur la manière d'employer le guano avec les meilleurs résultats, et voici à quoi on est arrivé : on a renoncé autant que possible à le semer sur une terre qui ne peut être labourée, à cause de la présence d'une plante à conserver. Ce qui est conseillé, c'est de l'enterrer à dix ou quinze centimètres de profondeur, par le dernier labour avant la semaille ; on prétend même que cet engrais pulvérulent ayant été enterré à $0^m,30$ de profondeur, avait produit plus de trois fois autant que celui qui n'avait été enterré qu'à la herse.

Lorsqu'on veut venir au secours d'une céréale qui a souffert en hiver, ou bien fertiliser une prairie, on lui donne de cent à cent cinquante kilos de nitrate de soude.

On ne doit pas mêler le guano avec de la cendre de bois, mais avec du plâtre, de la cendre de houille, ou des os pulvérisés.

Manière de transformer une mauvaise terre en pré ou en luzernière.

M. le comte de Pinto cultive en partie de détestables terres schisteuses auprès de Spa, et il les transforme en prés et en bonnes luzernières. Après leur avoir donné une jachère complète très-soignée, il y sème six cents kilos d'os pulvérisés, herse vigoureusement, et sème les graines.

Analyse de la paille.

D'après les analyses les plus exactes du docteur Vœlker et de M. Morton, le rédacteur de l'*Encyclopédie d'agriculture d'Angleterre*, la paille contient 72 p. 0/0 de matières grasses, dont vingt-sept sont solubles.

Manière de guérir de suite une bête météorisée.

Météorisation. Le meilleur remède pour guérir une bête enflée, est le foie de soufre, qu'on trouve dans toutes les pharmacies. Une demi once, ou au plus trois quarts d'once de ce sel, délayé dans un litre d'eau tiède, désenfle la bête et elle est guérie en une demi-heure, tandis que l'ammoniaque lui laisse un malaise prolongé.

Semaille d'orge.

M. Dalziel-Holm, fermier près Drumlanrieg, Écosse, a, deux années de suite, rendu compte à la Société des Highlands, qu'en trempant pendant six heures la semence d'orge dans de l'eau, à laquelle on avait ajouté une quarantième partie de sa quantité, d'acide sulfurique, chaque hectare lui avait donné six hectolitres de plus que la même étendue semée sans cette préparation.

M. Finzman, cultivateur en Silésie, a fait part au Congrès des agriculteurs de toute l'Allemagne, se tenant cette année à Munich, qu'ayant mélangé à l'eau nécessaire pour tremper la semence d'un hectare en orge, eau qui contenait une quarantième partie en acide sulfurique, la récolte fut supérieure d'un quart à celle du champ voisin, dont la semence n'avait pas reçu cette préparation.

Expériences d'engrais pour betteraves.

A la suite des expériences faites à l'Ecole d'agriculture, fondée par le prince de Salm Dick, par le professeur de chimie, celui-ci a dit que les betteraves qui ont reçu par hectare, pour 112 fr. de guano et pour même somme de nitrate de soude, ont donné le plus. Le nitrate de soude employé seul et coûtant 225 fr., est venu après. Les tourteaux employés pour même somme, ont donné douze cents kilos de betteraves en moins que le nitrate seul. Le superphosphate pour même somme, a donné moitié moins.

Le docteur Karmroth, qui s'occupe depuis longtemps et avec beaucoup de suite, d'expériences agricoles à cette école, dont le nom est St-Nicolas, et qui n'est pas très-loin de Cologne, en descendant le Rhin, dit que le mélange des engrais est généralement favorable ; il conseille d'ajouter du nitrate de soude au fumier venant de bêtes à cornes qui est froid ; il dit aussi que le nitrate de soude et le guano ont encore le grand mérite d'éloigner les insectes.

Manière d'empêcher une vache de beugler lorsqu'on lui a ôté son veau.

On assure que le moyen d'empêcher une vache à qui on a enlevé son veau, de beugler, consiste à lui envelopper les cornes avec la corde qui attachait le veau.

Culture du thimoty.

Le thimoty ou fléole des prés, est une plante très-productive et très-nourrissante, mais il ne convient en mélange avec le trèfle que lorsqu'on conserve cette prairie artificielle pendant deux années, car le thimoty produit plus la seconde année ; il préfère les terres fraiches. On le sème, en Amérique, dans le froment, et en même temps ; on en sème cent trente-cinq litres par hectare.

J'ai vu chez MM. Durand, près Lignières, en Berry,

planter la graine de betteraves à la main, sur des billons qui avaient été roulés avec un léger rouleau attelé d'un cheval, pour en aplatir les crêtes. Un homme armé d'une petite pioche formait les trous, et des femmes mettaient quatre graines par trou, ce qui employait de sept à huit kilos de graine par hectare. Les trous étaient le plus possible à six pouces les uns des autres sur le billon, et la pointe de ceux-ci à soixante-six centimètres l'une de l'autre. Cette plantation leur revenait à 4 fr. 50 par hectare. Lorsqu'on veut très-bien faire, on bouche les trous en y jetant une poignée de bon compost, ce qui empêche qu'une pluie ne durcisse la terre qui couvre la graine, et par suite ne rende la levée difficile et inégale. Cette amélioration peut en doubler la dépense, mais augmente beaucoup le produit de la récolte.

— M. Desmesmay, fabricant de sucre ; excellente culture : l'an dernier récolte moyenne de 36 hect. 50 litres
de froment. 100 hect. en avoine ; pas de prés ; 2 chevaux flamands traînant sur pavé 4,000 kilos. — Culture
de M. Desmoutiers, propriétaire. — Ferme de M. Lecat, 20 médailles d'or et d'argent. Une de ses vaches
flamandes donne 40 litres de lait, produisant 1 k. 50
par jour. 4 hectares de tabac. — Culture de M. Casier, à la porte de Lille ; ferme de 35 hectares ; il a
payé 50 mille francs pour la garniture de la ferme de
M. Cornille, fermier venant de mourir ; 5,500 fr. de
loyer et d'impôts.................................... 113 à 119

Lens. Culture de M. Decrombecque ; sucrerie, distillerie ;
guérison des chevaux poussifs. — Prix du charbon à
la fosse. — Visite à M. Pilat, à Brebière ; le plus habile engraisseur de moutons connu ; MM. Pilat et
Decrombecque ont obtenu la croix d'honneur comme
habiles cultivateurs. Troupeau dishley-mérinos, admirable. — Grande sucrerie de Somain ; M. Picot, directeur. — Valenciennes ; MM. Hamoir père et fils, à
Saultain ; fabrique de sucre ; excellente culture. Nourriture cuite pour le bétail...................... 119 à 130

MM. Baillet, à Denain ; excellente fabrication de fumier,
comme chez M. Decrombecque ; ils nourrissent leurs
chevaux et les bœufs avec du pain. Ces messieurs inoculent toutes les bêtes bovines qu'ils achètent. —
Concours de cinq moissonneuses de divers inventeurs. — Magnifique ferme de M. Delincelle. Chevaux
de culture de 1,000 à 1,500 fr. — Jolie ferme fort
bien cultivée de M. Courtin jeune, fermier, près Denain. Visité M. Gouvion, le plus ancien sucrier de Denain ; il fabrique son sucre par macération, système
Chutzenbach, de même que MM. Baillet. Trente-deux
souscripteurs ont payé les primes et autres frais du
concours des moissonneuses, et ont donné un dîner aux
visiteurs. — M. Dervaud-Lefèvre, grand fabricant de
ferronnerie à Condé ; grande sucrerie et distillerie au
Grand-Wargny ; il cultive une grande ferme ; trois
moissonneuses de Hussey-Dray. 100 hectares drainés
et défoncés en travers........................ 130 à 136

Semailles des céréales au semoir ; économie de semence,
de moitié ; fort beau trèfle, quoique revenant tous les
cinq ans en terres fortes ; mais il est chaulé chaque

DEUXIÈME PARTIE. — VOYAGE EN BELGIQUE ET EN HOLLANDE.

TROISIÈME PARTIE. — ALLEMAGNE ET PRUSSE.

675 mille fr. — Croisements durham et cotswold-mé-
rinos, drainages, défoncements. — 75 hectares de
lupins jaunes tous les ans. — Grands composts de
tourbe, chaux et fumier; dépense de 100 mille fr.
pour bien remonter une distillerie de pommes de
terre. — Emploi pour le bétail du sel qui, dans les
salines, s'attache aux chaudières; on le jette, en France.
— Superbe récolte de serradelle, excellent fourrage
pour les terrains sablonneux, 4,000 kilos secs à l'hectare, de 4 à 500 kilos de semence. — Un excellent
régisseur, très-instruit, n'a que 750 fr.; nourriture des
domestiques; leurs gages........................ 210 à 229
Magdeburg, Neuhaltensleben. — Château de Hundisburg,
à M. de Nathuzius. — En y venant, vu beaucoup de
champs de lupins jaunes; 837 hectares de culture;
nombreux cheptels de durham, ayrshire; vaches hollandaises; 2,500 bêtes à laine croisées dishley et southdown. — Instruments d'agriculture anglais les plus
perfectionnés. — Prix des diverses laines. — Quarante
grandes truies anglaises. — M. de Nathuzius cultive
les lupins jaunes depuis 17 ans, et en a plus de 150
hectares par an sur deux terres. — Manière de les cultiver et d'en tirer parti. — Trois frères de M. de Nathuzius, tous bons cultivateurs; gages des domestiques... 229 à 239
La ville forte de Wittemberg sur l'Elbe. — Visite à un
Anglais, M. Bates, fermier du roi depuis dix ans; bail
de 36 ans, à 26,250 fr., avec augmentation de 5 0/0
chaque 12 ans. — Il doit entretenir et même renouveler les bâtiments; l'étendue de la ferme est de 600
hectares; capital insuffisant. — Bonnes terres et bons
prés sur les bords de l'Elbe; sables détestables sur
ceux de la rivière Aelster. — Université de Halle. —
Immense et excellente culture de M. Bolzé, à Salzmundé; 2000 hectares et diverses grandes fabriques,
tout cela admirablement conduit; mines de lignite, de
terre à gazettes et de kaolin. — 30 bateaux pour l'ex-
portation des produits. — On élève et instruit 100 garçons, à partir de l'âge de 14 ans jusqu'à 20. — Eta-
blissement hors ligne, qui mérite on ne peut plus
d'être visité et étudié. — Inoculation contre la pleuropneumonie; M. Villaret, savant vétérinaire; castration
des vaches. — Conservation de la liqueur destinée à

QUATRIÈME PARTIE. — RETOUR EN FRANCE.

instruments de culture; semoir à céréales et houe à
cheval de Garrett; semoir à engrais pulvérulents;
50 hectares de colza; 100 hectares de froment; pro-
preté des chaumes. — Visité M. Moll, professeur d'a-
griculture au conservatoire des Arts-et-Métiers, fermier
au Vert-Galant. — Il a établi avec une société l'irrigation des terres et des herbages, avec des vidanges
liquides, au moyen d'une machine à vapeur. — Visité
M. Nouel le Comte près d'Orléans; beau maïs et sorgho fourrage, venus en secondes récoltes, après seigle
coupé en vert, et trèfle incarnat. — Aplatisseur d'a-
voine, qui permet de diminuer notablement les rations
d'avoine. — Visité avec M. Calemard de Lafayette,
habitant du Puy, une propriété qu'il a près de Buzançay et qu'il améliore. — Il a loué une autre ferme à
un fermier belge, à 50 fr. l'hectare. — Visité ensuite
M. Lejeune, au château des Brosses; mille croisés
southdown, vendus à 2 ans de 70 à 75 fr. la paire....
Visite à M. Lestienne, au château d'Entraigue; M. Seurette, Lorrain, régisseur; terre de 520 hectares; distillerie; moulin; bons instruments; détails sur cette
culture. — M. de Saint-Larys a planté, entre Levroux et
Issoudun, plus de 100 hectares en vignes cultivés à
la charrue. — Lignières; M. François Durand; petite
culture très-soignée. — Sa terre de Bois-d'Habert,
bien cultivée par ses fils; 28 hectolitres de froment à
l'hectare. — Ray-grass d'Italie. — Culture du baron
Augier; excellentes terres, sorgho de Chine; vaches
qui labourent. — Beau troupeau croisé dishley. —
Grande culture à Loroy, à 7 lieues de Bourges; grands
troupeaux croisés southdown; grande culture de topinambours pour distillation. — Bâtiments couverts en
papier goudronné. — M. Perraut, vétérinaire à Bourges, arrête la maladie du sang dans un troupeau. —
Terre de la Lande, 250 hectares, achetée par des Belges
pour 100 mille fr.; ils la font améliorer par un régisseur de leur pays, qu'ils n'ont pas quitté. — Fabrication de chaux pour améliorer les terres. — Fabrication de tuyaux pour drainage. — Rencontré à Vierzon
le comte Roger, habitant une belle terre près de Paris;
il a acheté en Berry 3000 hectares. — Le comte de
Romanet cultive près de Salbris. — Terre de la Ferté-
Imbaut, 5000 hectares, à des Anglais; ils y résident

CINQUIÈME PARTIE. — NOTES AGRICOLES

TIRÉES DE JOURNAUX D'AGRICULTURE ANGLAIS.

ERRATA.

Page   5, *lisez* on renouvellerait, *au lieu de* on reproduirait.
    12, on ferme les boxes ou robinets. *Ces deux derniers mots ont été ajoutés par erreur.*
    15, *lisez* l'Orfrasière.
    17, *lisez* fabricants *au lieu de* ferblantiers.
    18, la meule se monte mieux et plus visite, *lisez* vite.
    41, Vaudeuvre, *lisez* Vandeuvre.
    53, mais afin d'obtenir en 2 voyages, *lisez* obtenir 2 voyages.
    64, Saint-Amour-sur-Cher, *lisez* Saint-Amand.
    99, mille 500 kilos, *lisez* 3500 kilos.
    127, Je lendemain, *lisez* Le lendemain.
    128, de la vapeur qui sort par le bas, *lisez* la nourriture cuite sort par le bas du générateur.
    153, elles sont très-grasses, *lisez* grosses.
    153, Oplien, *lisez* Oplieu.
    167, Audènes, *lisez* Andènes.
    197, d'Odawy, *lisez* d'Odeurs.
    222, sous un sous-sol, *lisez* sur un.
    273, il a donc économisé 500 fr., *lisez*, et sur les 50 hectares d'avoine 500 fr.; il a donc économisé sur les semailles de la première année 2500 fr. et si on y ajoute etc.
    324, Guano du Pérou 242 kilos, *lisez* 312 kilos.

Ouvrages du même auteur :

VOYAGE AGRICOLE en Belgique et dans plusieurs départements de la France, un volume in-8°. . . . . 3 fr. 50 c.

SECOND VOYAGE AGRICOLE en Belgique, en Hollande et dans quelques départements français, un volume. 5 fr.

NOTES extraites d'un voyage agricole dans l'Ouest, le Midi, le Centre de la France et dans le Nord de l'Espagne. . . . . 1 fr. 50 c.

PROMENADES AGRICOLES en France. . . . . 1 fr. 50 c.

RELATION d'un voyage en Angleterre et en Écosse. (*Épuisé.*)

JOURNAL du second voyage en Angleterre et en Écosse. *(Épuisé.)*

TROISIÈME VOYAGE AGRICOLE en Angleterre et en Écosse. . . . . . 5 fr.

ITINÉRAIRE destiné aux cultivateurs du continent qui désirent connaître l'agriculture anglaise et écossaise. . . . . 1 fr.

NOTES extraites de journaux agricoles anglais et allemands 1 fr. 50 c.

VOYAGE AGRICOLE en France, Allemagne, Hongrie, Bohême et Belgique. . . . . 3 fr. 50 c.

PÉRÉGRINATIONS AGRICOLES en France. . . . . 1 fr. 50 c.

VOYAGE AGRICOLE dans l'intérieur de la France. . . . . 3 fr. 50 c.

DEUXIÈME VOYAGE AGRICOLE en Allemagne, Prusse, Mecklembourg et Hollande . . . . 3 fr. 50 c.

VOYAGE AGRICOLE en France, dans les Pyrénées et le Midi. 3 fr. 50 c.

QUATRIÈME VOYAGE en Angleterre et en Écosse, ainsi qu'en Normandie et dans le Nord de la France. . . . . 4 fr.

VOYAGE en France et en Suisse . . . . 3 fr. 50 c.

TROISIÈME VOYAGE AGRICOLE en Allemagne, Bade, Wurtemberg, Bavière, Bohême, Saxe, bords du Rhin et Belgique. . 3 fr. 50 c.

VOYAGE AGRICOLE en Normandie, dans la Mayenne, en Bretagne, dans l'Anjou, la Touraine, le Berri, la Sologne et le Beauvoisis. 4 fr.

ANGERS, IMPRIMERIE DE COSNIER ET LACHÈSE.